高效晶体硅
太阳能电池技术

丁建宁　等著

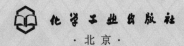

化学工业出版社

·北京·

《高效晶体硅太阳能电池技术》介绍了几种典型高效晶体硅太阳能电池的结构、关键制造技术及发展趋势，重点分析了电池效率损失因素，以及提高电池转换效率的技术途径。本书共分为6章，第1章绪论，介绍了晶体硅太阳能电池的理论基础、电池效率损失机制以及晶体硅太阳能电池的关键工艺进展。第2章p型钝化发射极及背面接触（PERC）太阳能电池技术，介绍了PERC太阳能电池发展历史，重点分析了p型PERC太阳能电池制造关键工艺对电池性能的影响，对化学返刻调控选择性发射极掺杂浓度分布和背面反射及叠层钝化层的制备与调控进行了详尽分析。第3章n型钝化发射极背面局部扩散（PERL）和钝化发射极背面整面扩散（PERT）结构太阳能电池技术，介绍了n型PERL和PERT结构太阳能电池发展现状，进行了PERT结构n型太阳能电池器件模拟及结构设计，重点分析了n型太阳能电池复合模型和电池电阻分析模型，对PERT结构n型电池工艺开展了详细的研究，包括绒面制备技术、关键金属化工艺、p型及n型掺杂等，最后对电池的制备和性能进行了详细的分析讨论。第4章硅基异质结(SHJ)太阳能电池技术，介绍了非晶硅/晶体硅异质结（SHJ）技术发展历程、原理与结构及SHJ太阳能电池的制造工艺与关键技术，对SHJ太阳能电池发展进行了展望。第5章n型隧穿氧化层钝化接触（TOPCon）太阳能电池技术，介绍了TOPCon太阳能电池技术的发展历程，详细分析了隧穿氧化层和多晶硅薄膜层对电池性能的影响。第6章背结背接触（IBC）太阳能电池技术，介绍了IBC太阳能电池的结构特征和IBC太阳能电池制造的关键工艺技术，介绍了IBC太阳能电池技术的发展展望。

　　本书可供光伏行业的科研人员和工艺人员参考学习，也可供各高等院校相关专业师生参考学习。

图书在版编目（CIP）数据

高效晶体硅太阳能电池技术 / 丁建宁等著. —北京：化学工业出版社，2019.10（2023.9重印）
　ISBN 978-7-122-34956-9

　Ⅰ.①高…　Ⅱ.①丁…　Ⅲ.①硅太阳能电池　Ⅳ.① TM914.4

中国版本图书馆 CIP 数据核字（2019）第 154644 号

责任编辑：袁海燕　　　　　　　　　　文字编辑：向　东
责任校对：杜杏然　　　　　　　　　　装帧设计：王晓宇

出版发行：化学工业出版社（北京市东城区青年湖南街13号　邮政编码100011）
印　　装：北京虎彩文化传播有限公司
710mm×1000mm　1/16　印张15¾　字数250千字　2023年9月北京第1版第6次印刷

购书咨询：010-64518888　　　　　　　　　　　　售后服务：010-64518899
网　　址：http://www.cip.com.cn
凡购买本书，如有缺损质量问题，本社销售中心负责调换。

定　　价：128.00元　　　　　　　　　　　　　　版权所有　违者必究

能源是世界经济和社会发展的基础，未来能源需求将随着世界经济的发展而增长，化石能源仍将是为世界经济提供动力的主要能量来源，但能源结构将发生转变。可再生能源增长迅速，将以年均 6.6% 的增长速度致使其在全球一次能源消费中的比重由 2015 年的 2.78% 升至 2035 年的 9%。光伏发电作为一种可持续的能源替代方式，近年来迅速发展。光伏产业发展一直面临发电成本相对较高的问题，随着晶体硅太阳能电池和组件的技术进步，产业升级加快，成本显著降低，最终将实现"平价上网"。

目前光伏发电所用的太阳能电池及组件主要是晶体硅太阳能电池及组件。晶体硅太阳能电池的规模发展起始于铝背场电池。铝背场电池制造工艺流程简单、技术成熟，但背面载流子的复合比较严重。随着正面陷光、金属化性能的改进，以及硅片质量的提升，电池界面复合对电池效率的影响凸显出来，促进了晶体硅太阳能电池结构和制造技术的革新，涌现出多种高效晶体硅太阳能电池技术，如钝化发射区和背面局域接触太阳能电池系列、背接触电池、硅异质结电池等。虽然有关太阳能电池，包括晶体硅太阳能电池的著作不少，但我们注意到针对高效晶体硅电池技术的著作还比较缺乏。

本书著者开展太阳能电池工艺及其制造装备研究多年，尤其关注高效晶体硅太阳能电池产业化技术的发展。基于产学研合作研究的积累，撰写本书，详细介绍了目前主流的高效晶体硅太阳能电池制造工艺，以期对光伏行业的发展奉献绵薄之力。

本书着重介绍晶体硅电池技术发展历程和来龙去脉，以使读者对晶体硅电池以及光伏产业发展现状有个清晰的了解。同时对几种典型高效晶体硅电池的结构、关键制造技术进行了详细的分析和讨论，重点分析了电池效率损失因素，以及提高电池转换效率的技术途径。

本书的编写，要特别感谢合作单位的技术人员，以及我所指导的学生，团队的老师们。我培养的学生分布在国内各个光伏行业，有从事光伏装备开发的，有从事高效晶体硅电池工艺研究的，有从事技术管理的，他们对本书的出版做出了巨大的贡献。其中叶枫于 2008 年师从于我，从事太阳能电池的研究，2011 年获硕士学位，毕业后进入天合光能有限公司工作，于 2013 年与我和冯志强博士开展高效晶体硅太阳能电池技术的研发，2018年获博士学位；盛健博士于 2015 年师从于我开展高效晶体硅太阳能电池技术的研究；他们参与了资料的收集和整理。贾旭光博士参与了第 4 章初稿部分内容的撰写，房香博士参与了第 6 章初稿部分内容的撰写。

　　由于书中涉及的电池技术广泛，难免有疏漏或不当之处，敬请学界同仁和行业技术人员指教。

丁建宁

2019-5-28

目录

第 3 章
n 型钝化发射极背面局部扩散（PERL）和钝化发射极背面整面扩散（PERT）结构太阳能电池技术

111

第 4 章
硅基异质结（SHJ）太阳能电池技术

154

第 5 章
n 型隧穿氧化层钝化接触（TOPCon）太阳能电池技术 ————181

第 6 章

背结背接触（IBC）太阳能电池技术

第 1 章

绪　论

1.1

引言

　　能源是世界经济和社会发展的基础，随着传统化石能源的消耗以及人类生存环境的恶化，发展清洁可再生能源引起世界各国政府的高度重视。清洁可再生能源包含太阳能、风能、水能、地热能等。太阳是一个通过其中心的核聚变反应产生热量的气体球，内部温度高达$2×10^7$K，图 1-1 是太阳光谱辐照图，辐射强度接近于温度为 6000K 的黑体辐射[1]。太阳内部不断发生核聚变反应，源源不断地向外辐射能量，所以太阳能取之不尽、用之不竭，是 21 世纪人类解决能源短缺问题的最佳选择。太阳能的利用主要分为光热转换和光电转换两种方式。光热转换是将太阳能转换成热能进行利用；光电转换是将太阳能转换成电能进行利用，即光伏发电。

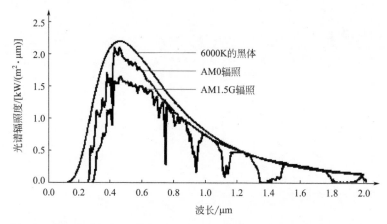

图 1-1　太阳光谱辐照图［6000K 黑体模型的模拟，地球大气层外的光谱辐照度（AM0），地表光谱辐照度（AM1.5G）[1]］

　　为了鼓励光伏发电技术的应用，欧洲及美国、日本等发达国家于 2000 年前后制定了一系列光伏补贴政策，极大推动了光伏行业的产业化进程。2002 ～ 2011 年这十年间，全球光伏产业的年平均增长率是 53%。中国光伏制造业在欧洲光伏装机量快速增长的背景下，迅速形成规模。2000 ～ 2007 年，我国光伏产业的平均增长率达到 190%。2007 年中国超越日本成为全球最大的光伏发电设备生产国。当时中国光伏产业产能巨大，但"两头在外"，即太阳能级高纯度多晶硅原料依赖国外市场供应，而生产的太阳能电池及组件产品严重依赖国外消费市场，这种状况为行业快速发展埋下了巨大隐患。2008年，全球金融危机爆发，光伏电站融资困难，欧洲需求减退，中国的光伏制造业遭到重挫，产品价格迅速下跌。2009～2010年期间，在全球市场回暖及国家政策的刺激下，中国掀起了新一轮光伏产业投资热潮。2011年末受欧债危机爆发影响，欧洲需求迅速萎缩，全球光伏发电新增装机容量增速放缓；而上一阶段的投资热潮导致我国光伏制造业产能增长过快，中国光伏制造业陷入严重的阶段性产能过剩状态，产品价格大幅下滑；然后世界贸易保护主义兴起，我国的光伏企业遭受欧美"双反"调查，光伏制造业再次经历挫折，几乎陷入全行业亏损状态，光伏产业自2011年下半年开始陷入低谷。2013年，受益于日本、我国相继出台的产业扶持政策，以及中欧光伏产品贸易纠纷的缓解，中国掀起光伏装机热潮，带动光伏产品价格开始回升，光伏产业在2013年下半年开始回暖。2013～2016年，中国连续四年光伏发电新增装机容量世界排名第一，2016年新增装机容量34.54GW，同比增126.31%，全球年新增装机总量的市场份额由2008年的0.60%增长到2016年的45.65%，累计装机容量在2016年末达到77.42GW，继2015年超越德国之后继续保持世界第一。根据国际可再生能源机构（IRENA）最新数据，2018年全球新增并网光伏装机量94.3GW，2018年全球所有可再生能源新增装机量171GW，太阳能新增装机量占可再生能源装机量的一半以上，累计光伏装机容量占全球可再生能源的1/3左右。光伏发电累计装机量从2013年的135GW，逐步增长到2017年的386GW，再飞跃到2018年的480GW，短短5年时间，实现了3.5倍的增长。IRENA数据显示，中国光伏累计装机从2017年的130GW增长至2018年的175GW。中国光伏产业经过市场洗牌，产业升级，产业格局发生了深刻的变化。2016年，中国光伏产业总产值达到3360亿元，同比增长27%，整体运行状况良好，产业规模持续扩大。2016年，我国多晶硅产量19.4万吨，占全球总产量37万吨的52.43%；硅片产量63GW，占全球总产量69GW的91.30%；太阳能电池产量49GW，占全球总产量69GW的71.01%；电池组件产量达到53GW，占全球总产量72GW的73.61%，产业链各环节生产规模全球占比均超过50%，继续位居

第1章 绪论

Chapter 02
Chapter 03
Chapter 04
Chapter 05
Chapter 06

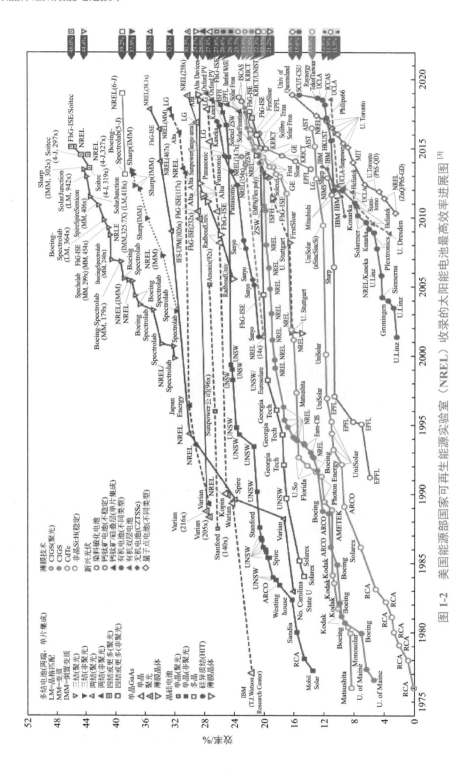

图 1-2　美国能源部国家可再生能源实验室（NREL）收录的太阳能电池最高效率进展图[3]

IBM（T J Watson Research Center）—国际商用机器公司（托马斯沃森研究中心）；Varian—美国瓦里安公司；Kopin—高平科技；Radboud Univ.—拉德堡德大学；LG—乐喜化学；No. Carolina State U.—北卡罗来纳州立大学；IES-UPM（1026x）—马德里理工大学太阳能研究所（1026x）；FhG-ISE—弗劳恩霍夫协会 - 太阳能系统研究所；Japan Energy—日本能源；Spectrolab—光谱实验室；Boeing Spectrolab—波音光谱实验室；SpireSemicon—Spire 半导体；Solar Junc—Solar Junction 公司；Sharp（IMM，302x）—夏普（IMM，302x）；Scitec（4-J，297x）—赛德（4 结，297x）；Stanford（140x）—斯坦福大学（140x）；Sunpower（96x）—Sunpower 公司（96x）；Amonix—美国 Amonix 公司；Alta—阿尔塔；Alta Devices—阿尔塔设备公司；Panasonic—松下；Kaneka—日本钟渊公司；Oxford PV—牛津光伏；Sanyo—三洋电气公司；Solexel—Solexel 公司；UNSW—新南威尔士大学；Mobil Solar—美国 Mobil 太阳能公司；Matsushita—松下公司；U. of Maine—缅因大学；Monosolar—美国 Monosolar 公司；RCA-RCA 实验室；Boeing—波音；Kodak—柯达；Sandia—桑迪亚；Westinghouse—西屋电气；ARCO—ARCO 公司；Spire—Spire 公司；Georgia Tech—佐治亚理工学院；UNSW/Eurosolare—新南威尔士大学 / 意大利 Eurosolare 公司；Solarex—美国 Solarex 公司；AMETEK—阿美特克有限公司；Photon Energy—光子能源；U. So. Florida—南佛罗里达大学；EPFL—洛桑联邦理工学院；UniSolar—联合太阳能公司；U. Stuttgart—斯图加特大学；Mitsubishi—三菱；First Solar—First Sloar 公司；GE—通用电气全球研究中心；NIMS—日本国立材料研究所；U. Linz—林茨大学；Groningen—格罗宁根；Siemens—西门子；Solarmer—Solarmer 公司；Konarka—科纳卡科技有限公司；Plextronics—美国 Plextronics 科技公司；U. Dresden—德累斯顿大学；Heliatek—德国 Heliatek 公司；Sumitomo—住友商事；UCLA—加州大学洛杉矶分校；MIT—麻省理工学院；U. Toronto—多伦多大学；AIST—产业技术综合研究所；KRICT—韩国化学技术研究所；Solar Fron—日本 Solar Frontier 公司；Solibro—汉能集团德国 Solibro 公司；ZSW—德国巴登 - 符腾堡州太阳能暨氢能研究中心；Trina—天合；UNIST—韩国蔚山科学技术院；ISFH—哈梅林太阳能研究所；EMPA（Flex poly）—瑞士国家联邦实验室（柔性多晶）；Philips 66—飞利浦 66；ICCAS—中国科学院化学研究所；PbS.QD—PbS 量子点；HKUST—香港科技大学；ISCAS—中国科学院半导体所；Raynergy Tek of Taiwan—台湾天光材料科技公司；SCUT-CSU—华南理工大学 - 中南大学；Univ. of Queensland—昆士兰大学

5

全球首位。2016 年，我国多晶硅进口约 13.6 万吨，多晶硅自给率已超过
50%；光伏电池组件出口约 21.3GW，光伏电池组件产量的自我消化率已
经超过 50%，中国光伏"两头在外"的局面得到大幅度的改善。2017 年
底，全球光伏装机总量已超过 400GW，新增装机约 102GW，比 2016 年
同比增长约 40%。2017 年的新增装机量中，我国贡献了 53GW，与 2016
年新增装机量相比，同比增长 56%。截至 2017 年底，我国累计装机容量
达 130GW，新增和累计装机容量均为全球第一 [2]。

　　光伏发电的核心部件是太阳能电池和组件，其目标是不断提升电
池组件转换效率、降低发电成本，最终实现"平价上网"。据 2019
年 1 月美国能源部国家可再生能源实验室（NREL）发布的太阳能电
池最高效率进展图（图 1-2）所示 [3]，非聚光单晶硅太阳能电池最高转
换效率已经达到 26.1%，电池结构为多晶氧化层钝化接触电池。该
电池是由德国哈默林太阳能研究所（ISFH）与汉诺威莱布尼兹大学
于 2018 年 2 月共同开发的，开路电压 V_{oc} 为 726.6mV，短路电流密度 J_{sc}
为 42.62mA/cm^2，填充因子 FF 为 84.28%[4]。多晶硅太阳能电池的最高转
换效率已达 22.3%，电池结构为隧穿氧化层钝化接触电池，由德国弗
劳恩霍夫太阳能研究所（Fraunhofer ISE）于 2017 年 9 月开发，V_{oc} 为
674.2mV，J_{sc} 为 41.1mA/cm^2，FF 为 80.5%[5]。硅基异质结（SHJ）太阳
能电池的最高转换效率达到 26.6%，由日本 Kaneka 公司于 2017 年 8 月开发，
V_{oc} 为 740.3mV，J_{sc} 为 42.5mA/cm^2，FF 为 84.65%[6]。

1.2

晶体硅太阳能电池的理论基础

1.2.1　工作原理

　　太阳能电池工作原理的基础是半导体的光生伏特效应，所谓光生伏
特效应就是当物体受到光照时，物体内的电荷分布状态发生变化而产生
电动势和电流的一种效应。晶体硅太阳能电池本质上就是一个大面积的
二极管，由 pn 结、钝化膜、金属电极组成 [7]。在 n 型衬底上掺杂硼源，
p 型衬底上掺杂磷源，分别形成 p$^+$ 或 n$^+$ 型发射极，并与硅衬底形成 pn

结。该 pn 结形成内建电场,将光照下产生的光生载流子(电子 - 空穴对)进行分离,分别被正面和背面的金属电极收集[8]。图 1-3 是常规晶体硅太阳能电池的结构示意图,从上到下依次为正面栅线电极、正面减反膜 SiN_x、pn 结、硅衬底、背表面场(back surface field,BSF)以及背面金属电极。

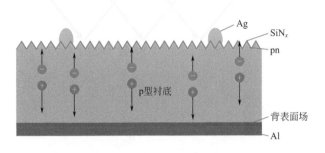

图 1-3　常规晶体硅太阳能电池的结构示意图

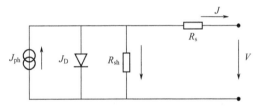

图 1-4　晶体硅太阳能电池的电路模型

图 1-4 是晶体硅太阳能电池的电路模型,电路模型主要包含五个部分,分别是恒流源、二极管、并联电阻 R_{sh}、串联电阻 R_s 和外界负载。其中 J_D 为流过二极管的电流密度,J_{ph} 为光生电流密度,J 为流过外界负载的电流密度,V 为外界负载两端的电压值。

上述各参数关系如式(1-1)所示:

$$J = J_{ph} - J_D - \frac{V + \dfrac{J}{R_s}}{R_{sh}} \qquad (1\text{-}1)$$

n 为二极管理想因子,k_B 为玻尔兹曼常数,则

$$J_{\mathrm{D}} = J_0\left[\exp\left(\frac{qV + JR_{\mathrm{s}}}{nk_{\mathrm{B}}T}\right) - 1\right] \tag{1-2}$$

V 与 J 随着外界负载的改变而改变。当外界负载短路时，$V=0$，此时的 J 称为短路电流密度 J_{sc}；当外界负载断开时，$J=0$，此时的 V 称为开路电压 V_{oc}。输出功率存在最大值，称之为最大功率点 P_{max}，对应最大工作电压 V_{mpp} 和最大工作电流 I_{mpp}。引入填充因子 FF，定义如下：

$$\mathrm{FF} = \frac{P_{\mathrm{max}}}{V_{\mathrm{oc}}J_{\mathrm{sc}}} \tag{1-3}$$

其中，假设为理想的太阳能电池（即 $R_{\mathrm{s}}=0$，$R_{\mathrm{sh}}=+\infty$）时，此时的填充因子 $\mathrm{FF_0}$ 有以下的经验公式：

$$\mathrm{FF_0} = \frac{v_{\mathrm{oc}} - \ln(v_{\mathrm{oc}} + 0.72)}{v_{\mathrm{oc}} + 1} \tag{1-4}$$

其中

$$v_{\mathrm{oc}} = \frac{qV_{\mathrm{oc}}}{k_{\mathrm{B}}T} \tag{1-5}$$

当考虑到串联电阻时

$$\mathrm{FF} = \mathrm{FF_0}\left(1 - \frac{R_{\mathrm{s}}J_{\mathrm{sc}}}{V_{\mathrm{oc}}}\right) \tag{1-6}$$

太阳能电池最重要的外部参数包括开路电压 V_{oc}、短路电流密度 J_{sc}、填充因子 FF、电池光电转化效率 η、最大工作电压 V_{mpp}、最大工作电流 I_{mpp}、串联电阻 R_{s} 和并联电阻 R_{sh}。

1.2.1.1　光电流

光生载流子的定向运动形成光电流。如果入射到电池的光子中，能量大于禁带宽度 E_{g} 的光子均能被电池吸收，激发出数量相同的光生电子空穴对，且可以被全部收集，则光生电流密度的最大值为：

$$J_{\mathrm{L(max)}} = qN_{\mathrm{ph}}(E_{\mathrm{g}}) \tag{1-7}$$

式中，$N_{ph}(E_g)$ 为每秒入射到电池上能量大于 E_g 的总光子数。考虑光的反射、材料的吸收系数及光生载流子的产生率等，光电流密度可以表示为：

$$J_L = \int_0^\infty \left[\int_0^H q\Phi(\lambda)Q[1-R(\lambda)]a(\lambda)e^{-a(\lambda)x}dx \right]d\lambda$$
$$= \int_0^\infty \left[\int_0^H qG_L(x)dx \right]d\lambda \tag{1-8}$$

$$G_L(x) = \Phi(\lambda)Q[1-R(\lambda)]a(\lambda)e^{-a(\lambda)x} \tag{1-9}$$

式中，$\Phi(\lambda)$ 为入射到电池上波长为 λ、带宽为 $d\lambda$ 的光子数；Q 为量子产额，即能量大于 E_g 的一个光子产生一对光生载流子的概率，通常情况下可以令 $Q=1$；$R(\lambda)$ 为和波长有关的反射因子；$a(\lambda)$ 为对应波长的吸收系数；dx 为距电池表面 x 处厚度为 dx 的薄层；H 为电池总厚度；$G_L(x)$ 为 x 处的光生载流子的产生率。

在如图 1-5 所示的简化太阳能电池结构图中：①太阳能电池的 n 区、耗尽区和 p 区中均能产生光生载流子；②各区中的光生载流子在复合之前越过耗尽区，才能对光电流有贡献，所以求解实际的光生电流必须考虑 n 区、耗尽区和 p 区中的光生载流子的产生和复合、扩散和漂移等各种因素。为简单起见，先讨论波长为 λ 带宽 $d\lambda$、光子数为 $\Phi(\lambda)$ 的单色光入射到晶体硅太阳能电池的情况。

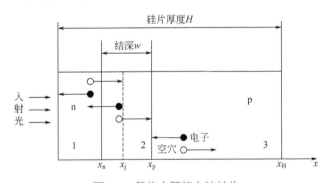

图 1-5　简化太阳能电池结构

类似 pn 结正偏，在单位面积的太阳能电池中把 $J_L(\lambda)$ 看作为各区贡献的光电流密度之和：

$$J_L = J_n(\lambda) + J_c(\lambda) + J_p(\lambda) \tag{1-10}$$

式中，$J_n(\lambda)$、$J_c(\lambda)$、$J_p(\lambda)$ 分别为 n 区、耗尽区、p 区贡献的光电流密度。在考虑各种产生和复合后，即可以求出每一区中光生载流子的总数和分布，从而求出电流密度。

先考虑 J_n 和 J_p，根据肖克莱关于 pn 结的理论，假设图 1-5 所示的太阳能电池满足：

① 光照时太阳能电池各区均满足 $p_n > n_i^2$，即满足小注入条件。

② 耗尽区宽度 $W <$ 扩散长度 L_p，并满足耗尽近似。

③ 基区少子扩散长度 $L_p >$ 电池厚度 H，结平面为无限大，不考虑周界影响。

④ 各区杂质均已电离。

于是可列出在一维情况下，描述太阳能电池工作状态的基本方程。

（1）n 区

电流密度方程

$$J_p = q\mu_p p_n \varepsilon_n - qD_p \frac{\mathrm{d}p_n}{\mathrm{d}x} \tag{1-11}$$

电流密度等于空穴的漂移分量与扩散分量的代数和。

连续性方程

$$\frac{\mathrm{d}p_n}{\mathrm{d}t} = G_L - U_n - \frac{1}{q}\frac{\mathrm{d}J_p}{\mathrm{d}x} \tag{1-12}$$

（2）p 区

$$J_n = q\mu_n n_p \varepsilon_p + qD_n \frac{\mathrm{d}n_p}{\mathrm{d}x} \tag{1-13}$$

$$\frac{\mathrm{d}n_p}{\mathrm{d}t} = G_L - U_p + \frac{1}{q}\frac{\mathrm{d}J_n}{\mathrm{d}x} \tag{1-14}$$

泊松方程：
$$\frac{\mathrm{d}\varepsilon}{\mathrm{d}x} = \frac{q}{\varepsilon_r \varepsilon_0}(N_D - N_A + p + n) \tag{1-15}$$

太阳能电池被短路时，pn 结处于零偏压。这时，短路电路密度等于光电流密度，正比于入射光强，即：

$$J_{sc} = J_L \propto N_{ph} \propto \Phi \tag{1-16}$$

1.2.1.2 光电压

由于光照而在电池两端出现的电压称为光电压，太阳能电池开路状态的光电压称为开路电压 V_{oc}。

在开路状态下，有光照时，内建电场所分离的光生载流子形成由 n 区指向 p 区的光电流 J_L，而太阳能电池两端出现的光电压即开路电压 V_{oc} 却产生由 p 区指向 n 区的正向结电流 J_D。在稳定光照时，光电流和正向结电流相等（$J_L=J_D$）。pn 结的正向电流可由下式得出：

$$J_D = J_0 \left(e^{\frac{qV}{AkT}} - 1 \right) \qquad (1\text{-}17)$$

于是有

$$J_L = J_0 \left(e^{\frac{qV_{oc}}{AkT}} - 1 \right) \qquad (1\text{-}18)$$

两边取对数整理后，当 $A \rightarrow 1$ 时，得

$$V_{oc} = \frac{AkT}{q} \ln \left(\frac{J_L}{J_0} + 1 \right) \qquad (1\text{-}19)$$

在 AM 1 条件下，$\dfrac{J_L}{J_0} \gg 1$，所以

$$V_{oc} = \frac{AkT}{q} \ln \frac{J_L}{J_0} \qquad (1\text{-}20)$$

显然，V_{oc} 随 J_L 的增加而增加，随 J_0 的增加而减少。似乎开路电压也随着曲线理想因子 A 增加而增加，实际上 A 因子的增加，也是与 J_0 的增加有关，所以总的来说，A 因子大的电池开路电压不会大。在略去产生电流影响时，反向饱和电流密度为：

$$J_0 = qD_n \frac{n_i^2}{N_A L_n} + qD_p \frac{n_i^2}{N_D L_p} \qquad (1\text{-}21)$$

因为

$$n_i^2 = N_A N_D e^{-\frac{qV_D}{kT}}$$

所以

$$J_0 = \left(qD_n \frac{N_D}{L_n} + qD_p \frac{N_A}{L_p} \right) e^{-\frac{qV_D}{kT}} = J_{00} e^{-\frac{qV_D}{kT}} \qquad (1\text{-}22)$$

$$J_{00} = qD_n \frac{N_D}{L_n} + qD_p \frac{N_A}{L_p}$$

式中，V_D 为最大 pn 结电压，等于 pn 结势垒高度。把式（1-22）代入式（1-20），当 $A=1$ 时可得

$$V_{oc} = V_D - \frac{kT}{q} \ln \frac{J_{00}}{J_L} \qquad (1\text{-}23)$$

在低温和高光强时，V_{oc} 接近 V_D，V_D 越高 V_{oc} 越大。因为 $V_D \approx \frac{kT}{q}$

$\ln \frac{N_D N_A}{n_i^2}$，所以 pn 结两边掺杂浓度越大，开路电压也越大。

1.2.2 参数的测量及计算

1.2.2.1 电池性能外部参数测量

当受到光照的太阳能电池接上负载时，光生电流流经负载，并在负载两端产生电压。当负载 R_L 连续变化时，经过测量得到一系列 $I\text{-}V$ 数据，由此可以作出如图 1-6 所示的太阳能电池的负载特性曲线，可计算出电池性能的外部参数如：开路电压 V_{oc}、短路电流 I_{sc}、最佳工作电压 V_m、最佳工作电流 I_m、最大功率 P_m、填充因子 FF，以及串联电阻 R_s、并联电阻 R_{sh} 和电池效率 η。

图 1-6 曲线上的每一点称为工作点，工作点和原点的连线称为负载线，斜率为 $\frac{1}{R_L}$，工作点的横坐标和纵坐标即为相应的工作电压和工作电流。$I\text{-}V$ 曲线与 V、I 两轴的交点即开路电压 V_{oc}、短路电流 I_{sc}。若改变负载电阻 R_L 到达某一个特定值 R_m，此时，在曲线上得到一个点 M，对应的工作电流与工作电压之积最大（$P_m = I_m V_m$），我们就称点 M 为该太阳能电池的最大功率点；其中，I_m 为最佳工作电流，V_m 为最佳工作电压，R_m 为最佳负载电阻，P_m 为最大输出功率。P_m 与开路电压、短路电流之积（$V_{oc} I_{sc}$）的比值就称为填充因子（FF），在图 1-6 中就是四边形 $OI_m M V_m$ 与四边形 $OI_{sc} A V_{oc}$ 面积

之比。

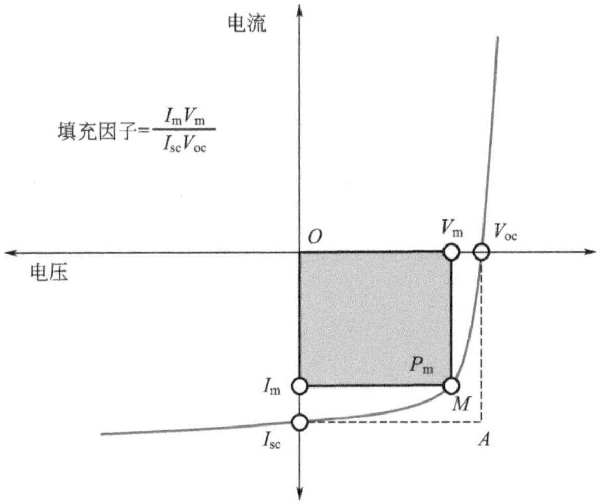

$$\text{填充因子} = \frac{I_m V_m}{I_{sc} V_{oc}}$$

图 1-6　太阳能电池负载特性曲线

$$FF = \frac{P_m}{V_{oc} I_{sc}} = \frac{V_m I_m}{V_{oc} I_{sc}} \tag{1-24}$$

1.2.2.2　并联电阻 R_{sh} 与串联电阻 R_s 的计算

（1）近似解法

当流入负载 R_L 的电流为 I，负载端压为 V 时：

$$I = I_L - I_D - I_{sh} = I_L - I_0\left(e^{\frac{q(V+IR_s)}{AkT}} - 1\right) - \frac{I(R_s + R_L)}{R_{sh}} \tag{1-25}$$

$$V = IR_L \tag{1-26}$$

考虑在 $V \to 0$ 时，式（1-25）的渐进行为。

对于硅太阳能电池，一般情况下，满足：

$$\begin{cases} \dfrac{I_D}{I_L} = \dfrac{I_0\left(e^{\frac{q(V+IR_s)}{AkT}} - 1\right)}{I_L} \ll 1 \\[4mm] \dfrac{R_s}{R_{sh}} \ll 1 \\[2mm] 1 \leqslant A \quad 2 \end{cases} \tag{1-27}$$

第 1 章　绪论

Chapter 02

Chapter 03

Chapter 04

Chapter 05

Chapter 06

根据式（1-27）很容易得到，在 $V \to 0$ 时，式（1-25）可以写为

$$I \approx I_L - \frac{V + IR_s}{R_{sh}}$$

$$= \left(1 + \frac{R_s}{R_{sh}}\right)^{-1} \left(I_L - \frac{V}{R_{sh}}\right)$$

$$\approx I_L - \frac{V}{R_{sh}}$$

$$= I_{sc} - \frac{V}{R_{sh}} \tag{1-28}$$

式（1-28）表明，在 $V \to 0$ 时，曲线具有较好的线性关系。

对式（1-28）求微分，可以得到 $\frac{dI}{dV}\Big|_{V=0} = -\frac{1}{R_{sh}}$，即

$$R_{sh} = \left|\left(\frac{dI}{dV}\right)^{-1}_{V=0}\right| = \left|\left(\frac{dV}{dI}\right)_{I=I_{sc}}\right| \tag{1-29}$$

因此，只要测量出在 $V \to 0$ 附近的 $I\text{-}V$ 曲线的斜率，就可以由式（1-29）求出 R_{sh} 的值了。

串联电阻的解法同并联电阻相类似，考虑 $V \to V_{oc}$ 的情况下，式（1-25）的渐进行为。

在 $V \to V_{oc}$ 时，式（1-25）可以近似写为

$$I_L - I_0 \frac{q(V + IR_s)}{AkT} = 0 \tag{1-30}$$

化简式（1-30），可得

$$I = I_L \frac{AkT}{qI_0R_s} - \frac{V}{R_s} \tag{1-31}$$

对式（1-28）求微分，可以得到 $\frac{dI}{dV}\Big|_{V=V_{oc}} = -\frac{1}{R}$，即

$$R_s = \left|\left(\frac{dI}{dV}\right)^{-1}_{V=V_{oc}}\right| = \left|\left(\frac{dV}{dI}\right)_{I=0}\right| \tag{1-32}$$

所以，测量出在 $V \to V_{oc}$ 附近的 $I\text{-}V$ 曲线的斜率，就可以由式（1-32）

求出 R_s 的值了。

（2）数值解法

上面的算法因为连续使用了两次近似，计算结果会有较大的系统误差。为了获得更精确的结果，可以采用数值解法。

考虑太阳能电池的双指数模型，负载电流为

$$I = I_L - I_{01}\left[e^{\frac{q(V+IR_s)}{AkT}} - 1\right] - I_{02}\left[e^{\frac{q(V+IR_s)}{2AkT}} - 1\right] - \frac{V+IR_L}{R_{sh}} \quad （1-33）$$

1.3

晶体硅太阳能电池效率损失机制

造成太阳能电池效率损失的原因主要有：①能量小于电池吸收层禁带宽度的光子不能激发产生电子 - 空穴对。②能量大于电池吸收层禁带宽度的光子被吸收，产生的电子 - 空穴对分别被激发到导带和价带的高能态，多余的能量以声子形式释放，高能态的电子 - 空穴又回落到导带底和价带顶，导致能量的损失。③光生载流子在 pn 结内分离和输运时，会发生复合损失。④半导体材料与金属电极接触处的非欧姆接触引起电压降损失。⑤光生载流子输运过程中由于材料缺陷、界面缺陷等导致的复合损失。总的来说，可分为两大类，即光学损失和电学损失。单结晶体硅太阳能电池的能量损失图见图 1-7。

第 1 章 绪论

Chapter 02

Chapter 03

Chapter 04

Chapter 05

Chapter 06

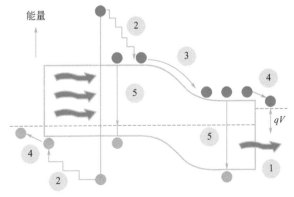

图 1-7　单结晶体硅太阳能电池的能量损失示意图

（①为低能光子损失；②为热弛豫损失；③、④为接触电压损失；⑤为载流子对的复合损失）

1.3.1 光学损失

晶体硅是光学带隙为 1.12eV 的间接带隙半导体材料。对晶体硅太阳能电池而言，太阳光中低于 1.12eV 能量的长波段光子能量太低，不足以提供足够的能量来产生自由载流子。这部分光子占比大约 30%，电池无法利用。而短波的光子能量高，激发一个电子从价带到导带只需 1.12eV 的能量，多余的光子能量又无法利用，在晶格弛豫中以热量形式散发出来。如图 1-8 所示，只有图中红色部分的太阳光，才能被晶体硅太阳能电池充分利用。在 AM1.5G[9] 光谱中，权重最大的是 400～800nm 的可见光，其次是 800～1116nm 的近红外线，权重最低的是波长 400nm 以下的紫外线。

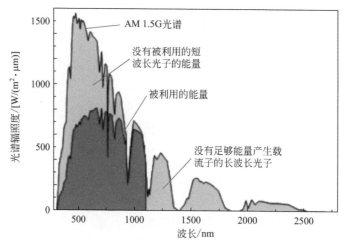

图 1-8　AM1.5G 的太阳光谱图 [9]

光学损失的另一方面还来自晶体硅太阳能电池的结构和工艺。首先，对于晶体硅而言，硅折射率在 3.8 左右，空气折射率略大于 1，两者差值很大。当太阳光照射在晶体硅表面时，由于折射率的差异，会导致入射光中很大一部分（30%～40%）光被反射出去。其次，晶体硅是间接带隙半导体材料，光吸收系数相对较低。长波长光入射进硅片不能被充分吸收，导致部分光从电池背面透出。最后，晶体硅太阳能电池的正面金属栅线会遮挡入射光。这些都导致了电池的光学损失。

1.3.2 电学损失

1.3.2.1 复合损失

半导体内的缺陷和杂质能够俘获载流子，增大载流子的复合概率。复合陷阱浓度越高，陷阱能级越靠近禁带的中央，陷阱的俘获截面积就越大；载流子的运动速度越快，被陷阱俘获的数量就会越多，从而陷阱辅助复合的速率越大，载流子寿命越短。硅片体内由于存在掺杂、杂质、缺陷等因素，光生少数载流子在硅片内运动时，很容易被复合掉。另外，半导体材料表面高浓度的缺陷，称之为表面态。电子和空穴会通过表面这些缺陷复合，称为表面复合或者界面复合。复合损失主要有辐射复合、俄歇复合、SRH复合（Shockley-Read-Hall，非平衡载流子复合）和表面复合，如图 1-9 所示。

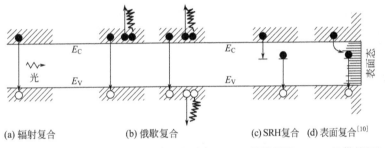

(a) 辐射复合　　　　(b) 俄歇复合　　　　(c) SRH复合　(d) 表面复合[10]

图 1-9　晶体硅太阳能电池的四种复合过程（E_C：导带能级；E_V：价带能级）

① 辐射复合：光生载流子的逆过程，对于直接带隙的半导体而言，辐射复合是半导体材料内部复合的主要方式；但对于间接带隙的硅来说，辐射复合需要声子的参与，所以其辐射复合相对要小很多，在晶体硅太阳能电池复合中不起主导作用[10]。

② 俄歇复合：当电子与空穴复合时，复合产生的能量会传递给另外一个电子或空穴，使其获得足够的动能，跃迁到更高能态，成为热载流子，然后在弛豫时间内，以声子的形式发散到晶格中，这就是所谓的俄歇复合。俄歇复合速率与载流子的浓度有关，是高掺杂浓度区域（发射极）的主要复合方式。

③ SRH 复合：晶格缺陷会在禁带中产生额外的能级，这些能级也会成为复合的中心。电子和空穴通过禁带中的陷阱能级进行复合，导

带中的电子可通过这些复合中心跃迁至价带，这就是所谓的 SRH 复合。Shockley、Read[11] 和 Hall[12] 提出并首先用公式（1-34）描述了这一复合过程。SRH 复合是硅的主要体内复合方式。

$$R_{SRH} = \frac{np - n_{i,eff}^2}{\tau_p(n + n_1) + \tau_n(p + p_1)} \qquad （1-34）$$

n_1 和 p_1 分别定义为：

$$n_1 = n_{i,eff}e^{\left(\frac{E_{trap}}{kT}\right)}, \quad p_1 = n_{i,eff}e^{\left(\frac{-E_{trap}}{kT}\right)} \qquad （1-35）$$

式中，$n_{i,eff}$ 为硅的有效本征载流子浓度；τ_n、τ_p 分别为电子和空穴的寿命；E_{trap} 为缺陷能级。

④ 表面复合：晶体硅的表面同样也存在大量的位错、悬挂键、晶格损伤等缺陷而导致载流子复合，这一复合可以用 SRH 模型来描述。当假设这些表面复合中心在 E_C 和 E_V 之间连续分布时，其表面复合速率可用式（1-36）来描述 [10]。

$$S = \frac{U_s}{\Delta n} = \frac{(n_s p_s - n_i^2)v_{sh}}{\Delta n}\int_{E_V}^{E_C}\frac{D_{it}(E_T)}{(n_s + n_1)/\sigma_p(E_T) + (p_s + p_1)/\sigma_n(E_T)}d(E_T) （1-36）$$

式中，n_s 和 p_s 为表面处电子和空穴的浓度；D_{it} 为缺陷的表面界面密度；n_i 为本征态电子/空穴浓度比。

1.3.2.2　电阻损失

太阳能电池实际工作中，还会遇到串联电阻 R_s 和并联电阻 R_{sh} 等寄生电阻的问题。R_s 源于大面积太阳能电池电流流向的电阻和金属栅线等的接触电阻；并联电阻 R_{sh} 是来自 pn 结结构和制备过程中的工艺。电阻损失包括串联电阻和并联电阻两大部分。串联电阻的情况比较复杂一点，如图 1-10 所示，主要由 Si 的体电阻（r_b）、前后电极的接触电阻（r_c 和 r_{rc}）、发射极电阻（r_e）、细栅电阻（r_f）、主栅电阻（r_{bus}）和焊接带电阻（r_{tab}）组成。Ansgar Mette 使用解析的方法计算了这些串联电阻的组成 [13]。串联电阻的高低与电池的填充因子有强相关性，当串联电阻过高时，电池的填充因子会非常低。

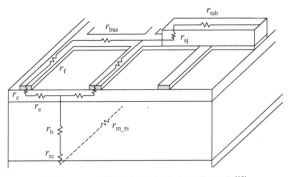

图 1-10 太阳能电池串联电阻的组成 [13]

并联电阻的形成较为简单,一般认为是在晶体硅太阳能电池边缘产生的。以 p 型硅片为例,由于发射极中的电子能够通过表面态与基区甚至是背面电极的空穴进行复合,产生电流通道,导致电池的局部漏电。不恰当的工艺也会导致并联电阻的形成,包括边缘漏电、边缘 pn 结的残留、硅片隐裂和空洞、pn 结烧穿、表面刮伤、铝对前表面的污染、严重的晶体损伤和表面反型层的形成等等,都有可能降低并联电阻,形成漏电。

串联电阻增大和并联电阻减小都会对电池的填充因子有很大的影响。在相同的变化幅度下,电池效率对串联电阻比并联电阻更加敏感。串联电阻变大时,电池的短路电流逐步变小,开路电压保持不变。而当并联电阻变小时,电池的短路电流基本维持不变,而开路电压则显著下降。这是因为并联漏电会增加电池额外的复合,而开路电压对复合是非常敏感的。早期的产业化电池,并联漏电是很大的问题,但随着技术的发展,在目前的产业化电池中,背面和边缘去结的工艺能很好地控制并联漏电的问题。

太阳能电池材料内部由于并联电阻 R_{sh} 和串联电阻 R_s 等本身寄生电阻的影响,在太阳能电池工作过程中也会造成一部分电子 - 空穴对复合损失。通常硅片表面由于晶格断裂造成的悬挂键是严重的复合中心,需要对其表面进行钝化以降低表面复合速率。但在硅与金属接触的位置,不存在介质钝化膜,因而硅金属接触区域复合速率很高,这将对电池性能产生影响,造成电学损失。

为了降低太阳能电池效率损失,需从降低光学损失及降低电学损失两

第 1 章 绪 论

Chapter 02
Chapter 03
Chapter 04
Chapter 05
Chapter 06

方面着手，如前表面低折射率的减反射膜、前表面绒面结构、背部高反射等陷光结构及技术降低光学损失，同时优先选择优良硅基材料，优化发射极、新型钝化材料与技术及金属接触技术等较少载流子的复合，从而提高太阳能电池转化效率。

1.4

界面钝化结构

界面钝化对于晶体硅太阳能电池来说意义重大，少数载流子的复合是影响电池性能的关键因素。晶体硅材料体内的缺陷，包括杂质、空位、晶格畸变等；材料表面缺陷，如吸附杂质、悬挂键等。这些缺陷会成为载流子的复合中心，从而影响材料的少数载流子寿命。硅晶体的各种缺陷［图 1-11（a）］在能带中引入的缺陷能级如图 1-11（b）所示。由于这些缺陷能级的存在，载流子在这些中间能态发生跃迁所需的能量远小于禁带宽度的能量，从而大大增加了少数载流子发生间接复合的概率。

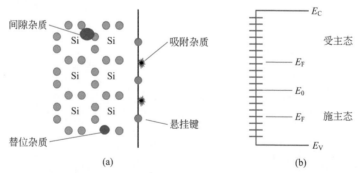

图 1-11　硅晶体缺陷示意图（a）和硅半导体能态示意图（b）

（E_F 为费米能级；E_C 为导带能级；E_V 为价带能级；E_0 为中间能级）

在晶体硅结构中，硅原子都是以共价键结合的方式互相连接，硅基体内原子的排列是非常有序的，硅体内复合的概率很小。而在悬挂键、晶格畸变等缺陷富集的区域，因为在禁带中引入了中间能态，少数载流子复合概率大大提高。晶体硅太阳能电池中表面或者晶界的局域态缺陷主要由以下三方面原因引起：

①悬挂键，主要是由于基体表面断键引起的晶体缺陷。

②器件制备过程中由工艺引入的杂质掺杂，在高浓度掺杂的情况下会引入死层（未激活的掺杂剂）缺陷从而引起晶格发生畸变。另外，高浓度掺杂情况下会引入俄歇复合。

③硅晶体在硅锭制备的过程引入了杂质、晶体不良等缺陷。

针对太阳能电池表面的钝化，各国科学家开展了大量研究工作。1985年，日本科学家 Yablonovitch 提出了一种理想的太阳能电池钝化结构[14]，如图 1-12 所示，界面采用异质结构进行钝化，正背表面采用掺杂的宽禁带材料，形成合适的势垒高度，只允许多数载流子通过，有效地避免了少数载流子运动至材料表面，在表面高缺陷密度处发生复合，从而解决了界面复合的问题。

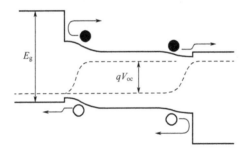

图 1-12　理想太阳能电池钝化结构能带示意图[14]

（E_g 为带隙宽度；q 为电荷电量；V_{oc} 为开路电压）

对于晶体硅太阳能电池，利用传统的技术，实现这样的结构有较大的困难。在半导体的器件工艺中，为了改善金属和半导体接触界面处的少数载流子复合，在金属和半导体之间增加一层超薄的介质膜，同时超薄介质膜的隧穿特性又能保证载流子的传输。这个技术在一定程度上缓解了金属和半导体接触引起的复合问题，这种接触结构被称为 MIS（metal-insulating layer-semiconductor）结构，M 为金属接触层，I 为中间的介质层，S 为半导体。图 1-13 是 MIS 接触结构的能带示意图。

第 1 章　绪论

Chapter 02

Chapter 03

Chapter 04

Chapter 05

Chapter 06

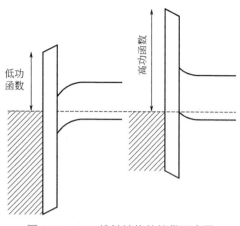

图 1-13　MIS 接触结构的能带示意图

除此之外，还有 SIS（semiconductor-insulating layer-semiconductor）结构，在半导体与半导体接触处引入一层介质层，这样就可利用介质层有效地对双面半导体材料进行界面钝化。基于这种钝化结构技术的进一步变化，可采用本征的非晶硅层作为介质膜进行表面钝化，再利用掺杂的非晶硅层形成势垒，促使载流子选择性通过，如图 1-14 所示。对这种钝化结构最成功的应用就是 HIT（heterojunction with intrinsic thin-layer）电池[15]。该电池正面采用 5nm 左右厚的本征非晶硅层对 n 型单晶硅片表面进行钝化，再采用 5 ～ 10nm 厚的 p 型掺杂非晶硅层形成选择性接触势垒，同时形成正面的 pn 结；背面也同样采用一层本征的非晶硅层对 n 型单晶硅片表面进行钝化，再采用 5 ～ 10nm 的 n 型掺杂非晶硅层形成背面选择性接触势垒。

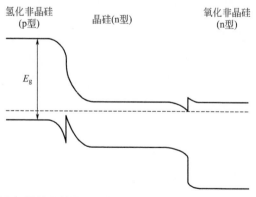

图 1-14　采用本征层钝化的异质钝化结构（示意图基体以 n 型晶体硅为例）[15]

由于本征非晶硅对于晶体硅的表面缺陷钝化效果非常理想，基于这样的钝化结构，n 型 HIT 电池的开路电压可达 750mV 以上。但这种结构也有一个致命的缺点，即电池正面的掺杂非晶硅层会带来非常严重的寄生光吸收[16]，由此导致的短路电流密度损失在 2.5mA/cm² 左右。正面掺杂非晶硅膜的厚度不同，对短路电流密度的影响也有所差异。除此之外，这种非晶硅钝化膜还有另一个缺陷，即温度稳定性较差。当温度超过 200℃ 时，非晶硅结构发生变化，钝化效果随之减弱。这个结构的缺陷限制了其在产业化晶体硅电池中的应用，目前只有 HIT 电池采用此钝化结构。

采用晶化的多晶硅取代非晶硅在早期半导体的器件工艺中就已有研究，即温度稳定的 SIPOS（semi-insulating polysilicon）钝化结构，这种钝化结构对硅基器件非常有效[17]。掺杂的非晶硅被掺杂的多晶硅所替代，同时采用 1 ~ 2nm 的 SiO₂ 层来替代本征非晶硅层，这样就形成了 poly-Si/SiO₂/c-Si 钝化接触结构[18 ~ 20]。与金属接触的过程中形成 MSIS（metal-doped semiconductor-insulating layer-semiconductor）接触结构。多晶硅可以耐受超过 900℃ 的高温[21]，这样的钝化结构可与传统的晶体硅电池工艺相兼容。钝化接触太阳能电池的隧穿过程如图 1-15 所示，为理想钝化接触结构，在电池的正面和背面均采用了钝化接触的方案，从而在一侧表面形成空穴选择性通过的钝化接触结构，另一侧形成电子选择性通过的钝化接触结构。这个能带结构与 n 型 HIT 电池的能带结构相似。正表面如果采用钝化接触的结构，掺杂的多晶硅片也会带来非常严重的光学寄生吸收问题。

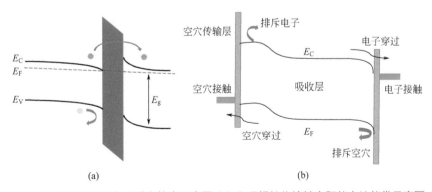

图 1-15　钝化接触太阳能电池隧穿效应示意图（a）和理想钝化接触太阳能电池能带示意图（b）

1.5

晶体硅太阳能电池的关键工艺进展

晶体硅太阳能电池的规模发展起始于铝背场电池（aluminum-back surface field，Al-BSF）。铝背场电池具有工艺流程简单、技术成熟、成本低等多方面的优势，但是其背面为金属全接触，背面复合速率较高，且铝背场层的反射率较低，长波响应差。随着正面陷光、金属化浆料性能改进、硅片少子寿命提升等对效率的提升达到瓶颈，迫使电池结构和技术进行革新。高效电池技术有很多种，如钝化发射区和背面局域接触太阳能电池（PERC 电池系列）、背接触电池（back contact cells）、硅异质结（silicon hetero-junction，SHJ）电池等，而 PERC 系列又细分为：钝化发射极及背面（passivated emitter and rear cell，PERC）太阳能电池、钝化发射极背面局部扩散（passivated emitter and rear locally-diffused，PERL）太阳能电池、钝化发射极背面整面扩散接触（passivated emitter and rear totally-diffused，PERT）太阳能电池等。下面简单介绍高效电池涉及的一些通用工艺。

1.5.1 抛光去损伤工艺

晶体硅电池常规清洗工艺包括硅片去损伤层、抛光、制绒、背结刻蚀、发射极刻蚀、高效电池的 O_3 及 RCA 清洗等。在整套太阳能电池工艺中，硅片从头到尾需经过多道不同的清洗工艺。

切割硅锭形成的硅片，其损伤层厚度大约 10μm，需要用氢氧化钾（KOH）等碱性溶液去除损伤层。去损伤层的常规量产技术采用低浓度的 KOH 加双氧水（H_2O_2），利用其强氧化性，可以有效去除表面沾污，同时将损伤层去除，是比较经济的工艺方案。四甲基氢氧化铵（TMAH）因具有良好的抛光制绒效果，且属于有机碱，杂质浓度低，因此开始逐渐替代 KOH 并应用于电池量产工艺中，特别是一些高效电池工艺，例如 IBC、PERC、HIT 等。但是由于其成本相对较高，且毒性较大，大规模的使用有所限制。相对于常规的槽式抛光机台，目前也有很多单面链式的抛光机台。硅片扩散后，先在氢氟酸（HF）溶液中漂洗，表面有磷硅玻璃（PSG）

水膜保护，然后背面 PSG 去除后，再浸没在带抛光添加剂的 KOH 药液中抛光，由于前表面有保护所以不被抛光，最后 HF 去除正面 PSG。

1.5.2 制绒工艺

对于单晶硅片而言，通过无机碱如 KOH、NaOH 与 IPA 的混合溶液在 70 ～ 85℃下一定时间内可以制备出大小均匀、形貌一致的正金字塔绒面，如图 1-16 所示，这种工艺方案已被光伏企业广泛地采纳并应用。为了提升制备出绒面的均匀性或者控制绒面尺寸的大小，需要在碱制绒过程中使用碱制绒添加剂。目前，碱制绒添加剂已广泛应用于晶体硅电池的生产制造，其可以有效缩短制绒时间，提高生产效率。利用制绒添加剂结合 TMAH 代替 KOH，可以在硅片表面获得大小均匀的金字塔绒面结构[22]。目前，添加剂的发展可以将碱制绒的清洗时间大大缩短，做到快速制绒，时间控制在 300s 以内。同样通过设备改进也可将制绒时间从 600s 降低到 420s[23]。

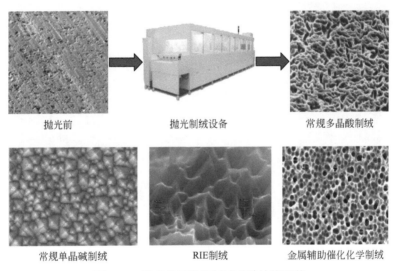

抛光前　　　　　　　抛光制绒设备　　　　　　常规多晶酸制绒

常规单晶碱制绒　　　　　RIE 制绒　　　　　金属辅助催化化学制绒

图 1-16　抛光前及抛光制绒后硅片的形貌

常规多晶酸制绒一般由 HNO_3、HF 的混合溶液完成，其利用多晶硅片在切割过程中形成的损伤缺陷，在刻蚀过程中不断将缺陷放大，从而形成虫状绒面结构，如图 1-16 所示。这种制绒方式一定需要硅片本身的损伤点，所以只能用于砂浆切割的晶体硅片。目前因为硅片切片技术的发展，光伏行业的硅片切割技术已由砂浆切割转变为金刚线切割。对于金刚线切割的硅片，这种由传统的酸制绒方式制备出的绒面的反射率较高，已无法适应技术的发展，于是行业里提出了更先进的黑硅制绒工艺。

反应离子刻蚀制绒 RIE[24]，俗称干法黑硅。早在 2004 年，日本京瓷公司引入了 RIE 多晶制绒技术。在 2008 年，以韩国公司周星、IPS 为代表的设备厂家开始在中国推广 RIE 技术。2015 ～ 2018 年间，因为硅片厂家推广的金刚线切片技术以及电池、组件技术的快速发展，RIE 黑硅技术又逐渐进入业内技术人员的视野。同时，国内设备制造公司如常州比太科技股份有限公司开发出了大产能的 RIE 国产化设备，也促进了该技术发展。但 RIE 设备的综合性价比始终制约着该技术的大规模推广。RIE 工艺通过高频电场电离 SF_6、Cl_2 等反应气体形成活性等离子体，对硅衬底进行物理轰击和化学反应双重作用刻蚀，从而形成 RIE 黑硅绒面，如图 1-16 所示。此工艺同时兼有各向同性和选择性好的优点。干法刻蚀后，硅片表面具有较低的反射率。RIE 形成的表面反射率可以在 5% ～ 13%（反射率测试波长 300 ～ 1200nm）的区间内人为调整。低的反射率容易导致高的表面复合速率，所以在完成 RIE 工艺后需要对 RIE 形成的绒面进行去损伤修饰，以达到反射率与表面复合速率间的平衡。损伤修饰一般采用 KOH 溶液或者 BOE（buffered oxide etch，缓冲氧化物刻蚀液，由氢氟酸与水或氟化铵与水混合而成）、H_2O_2 混合化学溶液，在 25 ～ 30℃下，通过浸泡时间来调整刻蚀量，以达到对反射率的有效控制。

另外一种可大规模产业化的黑硅技术是 MACE（metal-assisted wet-chemical etching，金属辅助催化化学刻蚀），俗称湿法黑硅技术。早在 2006 年，德国的 Stutzmann 小组即提出了金属催化化学腐蚀的概念，并在实验室进行了初步的研究[25]；直到 2009 年，美国能源部国家可再生能源实验室（NREL）的 Branz 博士提出了全液相黑硅制备方法[26]，将湿法黑硅技术朝产业化方向又推进了一步。但是，他们一直未能解决好黑硅表面钝化难题，使得湿法黑硅技术一直停留在实验室阶段，直到 2012 年，基于 MACE 技术的多晶硅电池才有效率上的明显突破，效率达到 18.2%[27]。产业化的 MACE 技术制备的多晶 BSF 结构电池效率超过 19%[28, 29]。湿法黑硅技术是采用 Au、Ag、Cu 等金属离子，在 HF、H_2O_2 的混合溶液中对硅片进行刻蚀。金属离子随机附着在硅片表面，反应中金属粒子作为阴极、硅作为阳极，同时在硅表面构成微电化学反应通道，在金属粒子下方快速刻蚀硅基底，从而形成纳米结构；再通过 HF、HNO_3 的混合溶液对纳米结构进行修饰，从而得到兼顾低反射率以及易钝化的绒面结构，如图 1-16 所示。

激光制绒是黑硅技术的另一种可选择方案，其通过激光技术在硅片表面制备出小孔状或者线状绒面，再通过酸或者碱的刻蚀溶液对表面修饰，从而得到均匀的小孔或者 V 形沟槽绒面。激光制绒可以获得更低的反射率，但激光制绒的同时也存在激光损伤，大规模应用中存在激光设备产能的问题，所以一直未被规模化推广。

除了正面金字塔形的制绒技术外，倒金字塔形和蜂窝状绒面也在广泛研究。多晶因存在较多的晶界，无法使用碱溶液；利用各向异性腐蚀得到类似单晶的金字塔，就特别适合采用这种蜂窝状的绒面。美国的 1366 公司开发了这种可制备蜂窝状绒面的设备，应用在多晶硅上，并配合扩散和金属化工艺的优化，电池的绝对效率可提升 1%[30]；而日本的三菱公司开发的激光制备蜂窝技术，应用在多晶硅电池上，效率达到了 19.1%[31]。采用等离子制绒技术也能在硅片表面获得类似蜂窝状绒面，一些公司也在积极开发应用[32]。

1.5.3 扩散工艺

晶体硅电池的 pn 结通常是通过扩散方式在硅衬底表面制备一层均匀的掺杂层形成的。扩散掺杂浓度分布一般呈余误差分布和高斯分布，即硅片表面的掺杂浓度较高，随着深度增加，浓度逐渐降低，可利用四探针来监控扩散的方块电阻和均匀性。由于扩散后的硅片表面杂质浓度很高，俄歇复合比较严重，为了有效降低复合，研究人员开发了两种优化的晶体硅发射极，一种是浅掺的均匀发射极（homogenous emitter, HE），另一种是选择性发射极（selective emitter, SE）[33~37]。HE 电池需要持续降低表面掺杂浓度来获得较低的表面复合，相应的扩散方块电阻（以下简称方阻）逐渐增加，从 40Ω（外文资料、文献单位写作 Ω/sq 或 Ω/□）发展到目前的 100～120Ω。正面银浆的发展也保证正面掺杂浓度能持续地降低。选择性

第 1 章 绪论

Chapter 02

Chapter 03

Chapter 04

Chapter 05

Chapter 06

发射极是在正面栅线下采用重扩，而非栅线区采用轻扩，这样既可以保证轻扩区具有降低的复合电流，同时栅线区由于重掺又具有良好的接触性能。相对于高方阻 HE 工艺，SE 工艺相对复杂，但电池的绝对光电转换效率可提高 0.2% 左右。SE 的制备方法，目前大规模使用的有激光掺杂[38]、化学返刻[39] 以及离子注入[40] 等。

离子注入法一般应用于半导体行业，设备成本较高，需通过退火工艺激活掺杂的原子，但能实现精准控制发射极的掺杂浓度分布。早在 20 世纪 80 年代，就有报道将离子注入技术应用于光伏领域[41~43]，但由于当时的产量限制，一直进展缓慢。最近由于设备厂商的发展，离子注入技术又重新回到电池制造领域[44]。美国的 Suniva 公司利用离子注入技术，晶体硅电池的平均效率达 18.7%，第一次将离子注入技术成功应用在电池生产中[45]。由于离子注入是单面掺杂，非常适用于 n 型高效电池，可解决绕扩问题，极大简化了电池的制造工艺。图 1-17 为扩散炉和离子注入机示意图。

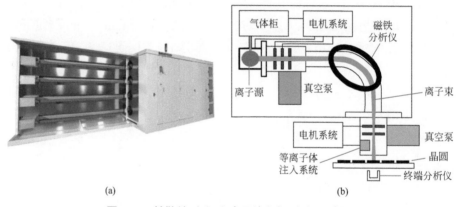

图 1-17　扩散炉（a）和离子注入机（b）示意图

1.5.4　钝化技术

常规 p 型晶硅电池的正面钝化膜采用氢化氮化硅（SiN_x:H）薄膜。p 型晶硅电池正面除了可采用氮化硅钝化外，二氧化硅（SiO_2）由于能很好地钝化硅片表面悬挂键，降低表面缺陷态密度，也已经大规模应用于量产。目前主流的 p 型晶硅电池正面钝化膜是 SiO_2/SiN_x 叠层膜[46]。此外，由底层高折射率 SiN_x 膜和顶层低折射率 SiN_x 组合而成的叠层 SiN_x 薄膜也广泛应用于电池正面，底层高折射率 SiN_x 膜具有良好的钝化效果，厚度通常较薄，只有 $10 \sim 20nm$，而顶层低折射率 SiN_x 膜则具有良好的光学反射效果。Junghänel 等 [47] 采用 SiN_x/SiO_xN_y 叠层膜作为减反膜，利用了 SiO_xN_y 良好的光学效果，制备得到的电池，平均效率提高 0.24%。

对于背面钝化层的材料选择，最简单和最适合于工业化生产的为氮化硅（SiN_x）薄膜，但是由于其固定正电荷密度极高（$10^{12}cm^{-3}$ 量级），会在界面下面形成一个反转层，如果该反转层与基层接触，就会导致寄生分流，引发额外短路电流密度损耗，所以不适合用于 p 型表面钝化。热氧化生长氧化硅可以有效对电池背面进行钝化，最早 UNSW 的 PERC 电池结构就是基于该方法，并且取得了很好的钝化效果和电池效率。但是热氧化生长氧化膜是个缓慢的过程，且需要 900℃ 以上的高温，这将会影响硅片的少子寿命，所以该方法不适用于普通 CZ 或多晶硅片，限制了该技术的发展。PECVD（plasma enhanced chemical vapor deposition，等离子体增强化学气相沉积法）利用笑气（N_2O）与甲硅烷（SiH_4）反应，可在低温下沉积氮氧化膜，既包含氢也包含氮，可以钝化硅片表面态缺陷，实现化学钝化，但由于氮氧化膜只有正电荷，因此不能提供场钝化。在 PERC 电池量产化的早期，Solar World 等厂商使用的是氮氧化硅作为背面钝化层的材料，但是由于其效率提升的局限性，特别是氧化铝材料被应用于太阳能电池的表面钝化后，氮氧化硅被慢慢取代。

随着氧化铝材料被引入太阳能电池作为介质钝化层 [48, 49]，并取得良好的钝化效果，其钝化机理也得到了深入研究 [50]。如图 1-18 所示，大多数钝化膜都带正电荷，如氧化硅、氮化硅等，但是氧化铝则不同。在氧化铝和晶硅表面生成的氧化硅界面的交界处存在高密度的负电荷，实现了场钝化。同时氧化铝的化学钝化效果也非常好，通过饱和硅表面悬挂键（缺陷复合中心），降低了界面态密度。氧化铝对于 p 型硅表面来说是绝佳的钝化材料。

氧化铝由于具有良好的钝化效果，已广泛应用于 PERC、IBC、PERT 电池的 p 型层。其制备技术要主要包括原子层沉积（ALD）和等离子气相沉积（PECVD）[51]。由于 Al_2O_3 的沉积速率较慢，而且三甲基铝 $[Al(CH_3)_3]$ 成本又高，因此在实际生产过程中，一般采用 Al_2O_3/SiN_x 叠层膜 [52] 来钝化硅片表面，降低成本。除此之外，非晶硅（a-Si）薄膜目前也广泛应用于光伏电池上，包括异质结 HIT 电池。日本三洋公司开发的 n 型异质结电

第 1 章 绪论

Chapter 02

Chapter 03

Chapter 04

Chapter 05

Chapter 06

池利用非晶硅钝化，其开压高达 750mV。

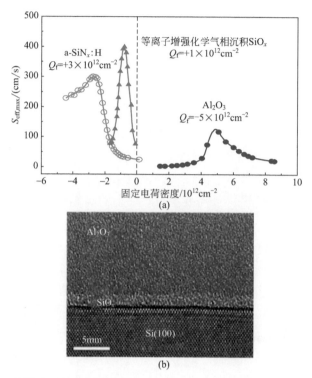

图 1-18　不同介质钝化层电荷密度（a）和 Al_2O_3 与硅界面 TEM 图（b）[50]

除了常规应用的薄膜，其他一些薄膜材料也可以作为晶体硅电池的钝化和减反薄膜。如多孔硅[53]、TiO_2 纳米线[54]、ZnO 薄膜[55]、Si 纳米线[56～58]等都具有良好的减反和钝化效果。但是，单层膜在较宽的光谱范围内很难保证减反效果，因此研究人员广泛开展了叠层膜的研究比如 SiO_2/SiN[59]、MgF_2/ZnS[60, 61]、MgF_2/CeO_2[62] 等。

表面钝化技术经过快速的发展后，已在高效电池中广泛应用，它在降低表面复合速率、提高太阳能电池光谱响应、减少表面缺陷方面有着很大的优势。在现有的表面钝化技术中，一般可以分为场钝化如现在工业化上规模化采用的硼、磷扩散或者铝掺杂形成的浓度差场钝化，介质膜的界面钝化如 SiO_2、Al_2O_3 等[58, 63～67]，还有 SiN_x 的氢钝化[68] 等。这些钝化方式在产业化上都实现了规模化的应用。

1.5.5 介质膜开膜工艺

PERC、PERL/PERT 电池等利用背面整面钝化来降低背表面复合速率，但需要在背面局部开膜来实现良好的电接触。开膜的图形对背面局部接触影响很大。钝化膜的开膜方法主要有激光开膜[69]、腐蚀液开膜[70]以及腐蚀浆料开膜[71]等。Alison J. Lennon 等[72]利用喷墨打印方法在钝化膜上实现孔径为 40 ~ 50μm 的开膜。Merck 浆料公司开发出一种用于刻蚀钝化膜的浆料，该浆料通过印刷的方式印刷在钝化膜表面，然后静置一段时间进行刻蚀，再用碱液清洗去除。这两种方法由于浆料等耗材的成本较高，未获得规模化应用。而激光开膜技术由于其较低的运营成本，已经在量产上大规模使用。激光作用在钝化膜或硅衬底上，可以使钝化膜或硅吸收能量而发生蒸发或崩裂。激光主要采用皮秒（ps）和纳秒（ns）激光，皮秒激光对硅的损伤较小，可直接作用在钝化膜上开膜；纳秒激光对硅片损伤较大，但成本相对皮秒激光低。但是随着浆料技术的发展，纳秒激光对电池表面的损伤会大大降低，不影响电池的效率。图 1-19 为铝背场介质背钝化结构形成流程。

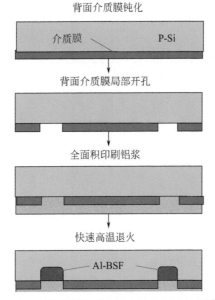

图 1-19　铝背场介质背钝化结构形成流程[70]

1.5.6　金属化工艺

丝网印刷技术（screen printing, SP）是目前晶体硅电池的主流金属化技术。如何将丝网印刷技术应用在 PERC 电池上是解决 PERC 电池产业化的关键技术之一。针对 PERC 电池，背面印刷 Al 浆，正面印刷 Ag 浆。背面的 Al 浆需要具有良好的局部电接触性能[73]，对钝化膜有一定的渗透以保证足够的拉力，但又不能破坏或烧穿背面钝化膜[74]。随着网版和浆料技术的改进，正面金属 Ag 栅线的宽度逐渐降低。但栅线变细后，栅线的高宽比会受到限制，栅线自身的电阻会逐渐增加，成为电池电阻损失的重要来源。Ag 浆料的发展方向依然是持续降低 Ag-Si 的接触电阻和提高栅线的高宽比。同时为了满足高方阻发射极越来越高的方阻要求，对 Ag 浆的要求越来越高。目前，主流的浆料厂家均能实现方阻高达 100Ω 以上的接触要求，且具有较高的栅线高宽比。两次印刷叠加浮栅技术目前也已大规模应用。两次印刷可以有效降低栅线的宽度。底层浆料采用接触性能较好的 Al 浆，顶层采用塑性能力较好的 Ag 浆，这样既可以保证良好的欧姆接触，又可以保证较高的栅线高宽比[75, 76]。而浮栅技术则是主栅的浆料采用非烧穿型浆料，可以有效降低主栅下的金属复合，提升电池开路电压。

金属化工艺，除了丝网印刷法外，还有如激光转印[77]、移印[78]、喷墨[79]、电镀[80]、喷雾[81]等方法（见图 1-20）。激光转印和喷墨打印可以有效降低栅线的宽度，减少硅片碎片率，但目前技术尚不成熟，还不具备规模量产的条件。电镀工艺一般以 Ni/Cu/Sn 或 Ni/Cu/Ag 为电极材料，其中底层的 Ni 为接触层，退火后可实现良好的电接触，同时可将栅线宽度降至 30μm，有效降低光损失。但电镀工艺成本高，运营成本大，废液处理困难，还需与蒸镀背铝工艺相结合，这些因素限制了电镀工艺的大规模应用。

电池成本中，硅材料和金属浆料特别是 Ag 浆占比最高，而随着光伏行业的扩张，金属 Ag 的需求量剧增，其价格受国际贵金属市场价格影响很大。因此，开发新的替代 Ag 浆的金属非常必要。通过电镀 Ni/Cu/Sn 制备电池电极已得到一些应用，另外，采用丝网印刷 Cu 浆的方式也得到广泛研究。Cu 浆的应用将会大幅降低电池的生产成本，但需要关注铜离子的污染问题，其扩散能力远远大于其他杂质离子。

(a) 丝网印刷机

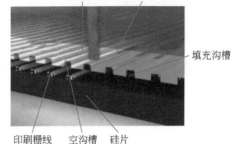

扫描激光束　传输类型(U形)

填充沟槽

印刷栅线　空沟槽　硅片

(b) 激光转印机

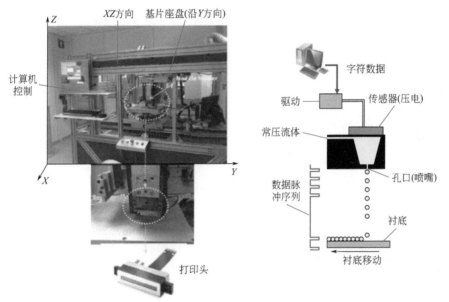

Z

XZ方向　基片座盘(沿Y方向)

计算机
控制

X　　　　　　　Y

打印头

(c) 喷墨打印设备

字符数据

驱动　　传感器(压电)

常压流体

孔口(喷嘴)

数据脉
冲序列

衬底

衬底移动

(d) 喷墨打印原理

图 1-20　金属化工艺仪器及原理

第 1 章　绪论

Chapter 02

Chapter 03

Chapter 04

Chapter 05

Chapter 06

《参考文献》

[1] （澳）伟纳姆（Wenham S R），等 . 应用光伏学 [M]. 狄大卫，等译 . 上海：上海交通大学出版社，
2008：3.

[2] 2018 年中国光伏发电行业发展现状及发展前景分析 . 中国产业信息网，2018，http：//guangfu.bjx.
com.cn/news/20180418/892631.shtml.

[3] Best Research-Cell Efficiency Chart，NREL，https：//www.nrel.gov/pv/cell-efficiency.html.

[4]   Felix Haase，Christina Hollemann，et al. Laser contact openings for local poly-Si-metal contacts enabling 26.1%-efficient POLO-IBC solar cells[J]. Solar Energy Materials and Solar Cells，2018，186：184-193.

[5]   Benick J，Schindler F，Richter A，et al. Approaching 22% Efficiency with Multicrystalline n-Type Silicon Solar Cells[C]. 33th EUPVSEC，2017.

[6]   Kunta Yoshikawa，WataruYoshida，et al. Exceeding conversion efficiency of 26% by heterojunction interdigitated back contact solar cell with thin film Si technology[J]. Solar Energy Materials and Solar Cells，2017，173：37-42.

[7]   Martin A. Green，Silicon solar cells：Advanced Principles and practice [M]. Centre for Photovoltaic Devices and Systems，University of New South Wales，1995.

[8]   沈辉，曾祖勤. 太阳能光伏发电技术 [M]. 北京：化学工业出版社，2005.

[9]   IEC stand 60904-3，Part 3：Measurement principles for terrestrial photovoltaic（PV）solar devices with reference spectral irradiance data [Z]. 2008.

[10]   Green M A. Solar Cells-Operating Principles [M]. Technology and System Application，1987.

[11]   Shockley W，Read W. Statistics of the recombination of holes and electrons [J]. Physical Review，1952，87：835-842.

[12]   Hall R. Electron-hole recombination in germanium [J]. Physical Review，1952，87：387.

[13]   Mette A. New Concept for Front Side Metallization of Industrial Silicon Solar Cells [D]. Ph.D thesis. Fraunhofer ISE，2007.

[14]   Yablonovitch E，Gmitter T，Swanson R M，Kwark Y H.A 720mV open circuit voltage SiO_x：c-Si：SiO_x double hetero structure solar cell，Applied Physics Letters，1985（47）：1211-1213.

[15]   Kinoshita T，Fujishima D，Yano A，Ogane A，Tohoda S，Matsuyama K，Nakamura Y，Tokuoka N，Kanno H，Sakata H，Taguchi M，Maruyama E. The approaches for high efficiency HIT™ solar cell with very thin（o100μm）silicon wafer over 23%，in：Proceeding of the 26th EU-PVSEC，Hamburg，Germany，2011：871-874.

[16]   Maki K，Fujishima D，Inoue H，et al. High-efficiency HIT solar cells with a very thin structure enabling a high Voc [J]. Conference Record of the IEEE Photovoltaic Specialists Conference，2011：000057-000061.

[17]   Matsushita T，Aoki T，Otsu T，et al. Highly reliable high-voltage transistors by use of the SIPOS process[C]// International Electron Devices Meeting. IEEE，1975.

[18] Feldmann F, Simon M, Bivour M, et al. Efficient carrier-selective p- and n-contacts for Si solar cells[J]. Solar Energy Materials & Solar Cells, 2014, 131: 100-104.

[19] Nemeth B, Young D L, Hao-Chih Y, LaSalvia V, Norman A G, Page M, Lee B G, Stradinsp P. Low temperature Si/SiO$_x$/pc-Si passivated contacts to n-type Si solar cells. Proceedings of the 40th IEEE Photovoltaic Specialist Conference（PVSC）, Denver, USA, 2014: 3448-3452.

[20] Yang G, Ingenito A, Isabella O, Zeman M. IBC c-Si solar cells based on ion-implanted poly-Si passivating contacts. Solar Energy Materials & Solar Cells, 2016（158）: 84-90.

[21] Feldmann F, Bivour M, Reichel C, Hermle M, Glunz S W. Passivated rear contacts for high-efficiency n-type Si solar cells providing high interface passivation quality and excellent transport characteristics. Solar Energy Materials and Solar Cells, 2014（120）: 270-274.

[22] Papet P, et al. Pyramidal texturing of silicon solar cell with TMAH chemical anisotropic etching [J]. Solar Energy Materials & Solar Cells, 2006, 90: 2319-2328.

[23] Dennis Richard. Bath time for wafers [J]. Photon international, 2012, 12: 88-116.

[24] Jinsu Yo oa, Gwonjong, Yu a, Junsin Yi. Large-area multi-crystalline silicon solar cell fabrication using reactive ion etching（RIE）[J]. Solar Energy Materials & Solar Cells, 2011, 95: 2-6.

[25] Koynov S, Brandt M S, Stutzmann M. Appl. Phys. Lett, 2006, 88, 203107 .

[26] Branz H M, Yost V E, Ward S, Jones K M, To B, Stradins P. Appl. Phys. Lett. 2009, 94, 231121.

[27] Oh Jihun, Hao-Chih Yuan, Branz Howard M. An 18.2%-efficient black-silicon solar cell achieved through control of carrier recombination in nanostructures. Nature nanotechnology, 2012, 7（11）: 743.

[28] Zhao J, Wang A, Campbell P, et al. A 19.8% Efficient Honeycomb Multicrystalline Silicon Solar Cell with Improved Light Trapping [J]. IEEE Transactions On Electron Devices, 1999, 46（10）: 1978-1983.

[29] Jian Sheng, Wei Wang, Quanhua Ye, Jiangning Ding, Ningyi Yuan, Chun Zhang. MACE texture optimization for mass production of high efficiency multi-crystalline cell and module [J]. IEEE Journal of Photovoltaics, 2019, 10: 1109.

[30] Sachs E M, Gabor A M, Madden P, et al. 1366-Texture and 1366-Metallization: Superior Light Trapping and 30-Micron Fingers for Any Silicon Wafer Type at Low Cost [C]. 25th EU PVSEC, Valencia, Spain, 2010: 1475-1478.

[31] Niinobe D, Morikawa H, Hiza S, et al. Large-size multi-crystalline silicon solar cells with

honeycomb textured surface and point-contacted rear toward industrial production [J]. Solar Energy Materials & Solar Cells, 2011, 95（1）: 45-52.

[32] Kumaravelu G, Alkaisi M M, Bittar A. Surface texturing for silicon solar cells using reactive ion etching technique [C]. 29th IEEE PVSC, New Orleans, Louisiana, 2002: 258-261.

[33] Graf S, Junge J, Seren S, et al. Emitter optimization for mono- and multicrystalline silicon: a study of emitter saturation currents [C]. 25th EU PVSEC, Valencia, Spain, 2010: 1770-1773.

[34] Nguyen V, Reuter M, Gedeon P, et al. Heavily doped emiter analysis and optimization for crystalline silicon solar cells [C]. 25th EU PVSEC, Valencia, Spain, 2010: 2028-2031.

[35] Komatsua Y, Koorna M, Vlooswijkb A H G, et al. Efficiency Improvement by Deeper Emitter with Lower Sheet Resistance for Uniform Emitters [J]. Energy Procedia, 2011, 8: 515-520.

[36] Nguyen V, Reuter M, Gedeon P, et al. Analysis of screen-printed silicon solar cell emitters [C].24th EU PVSEC, Hamburg, Germany, 2009: 1923-1925.

[37] Komatsu Y, Galbiati G, Lamers M, et al. Innovative diffusion process for improved efficiency on industrial solar cells by doping profile manipulation [C].24th EU PVSEC, 2009: 1063-1067.

[38] Isenberg J, Ehling C, Esturo-Breton A, et al. Laser diffused selective emitters with efficiencies above 18.5% in industrial production [C]. 26th EU PVSEC, Hamburg, Germany, 2011: 890-894.

[39] Tjahjono B, Haverkamp H, Wu V, et al. Optimizing selective emitter technology in one year of full scale production [C]. 26th EU PVSEC, Hamburg, Germany, 2011: 901-905.

[40] Gupta A, Low R J, Bateman N P, et al. High efficiency selective emitter cells using in-situ patterned ion implantation [C]. 25th EU PVSEC, Valencia, Spain, 2010: 1158-1162.

[41] Douglas E C, Aiello R V D. A Study of the factor which control the efficiency of Ion-Implanted Silicon solar cells [J]. IEEE Transaction on Electron Device, 1980, 27（4）: 792-802.

[42] Nielsen L D. Ion Implanted Polycrystalline Silicon Solar Cells [J]. Physics Scripta, 1981, 24: 390-391.

[43] Spitzer M B, Tobin S P, Keavney C J. High-efficiency ion-implanted silicon solar cells [J]. IEEE Transaction on Electron Devices, 1984, 31（5）: 546-550.

[44] Anssens T, Posthuma N E, Pawlak B J, et al. Implantation for an excellent definition of doping profiles in Si solar cells [C]. 25th EU PVSEC, Valencia, Spain, 2010: 1179-1181.

[45] Yelundur V, Damiani B, Chandrasekaran V, et al. First implementation of ion implantation to produce commercial silicon solar cells [C]. 26th EU PVSEC, 2011: 831-834.

[46] Jan Schmidt, Mark Kerr, Andrés Cuevas. Surface passivation of silicon solar cells using plasma-enhanced chemical-vapour-deposited SiN$_x$ films and thin thermal SiO$_2$/plasma SiN$_x$ stacks [J].Semicond. Sci. Technol, 2001, 16: 164.

[47] Junghänel M, Schädel M, Stolze L, et al. Black multicrystalline solar modules using novel multilayer antireflection stacks [C]. 25th EU PVSEC, Valencia, Spain, 2010: 2637-2641.

[48] Agostinelli G, Delabie A, et al.Very low surface recombination velocities on p-type silicon wafers passivated with a dielectric with fixed negative charge[J]. Solar Energy Materials & Solar Cells, 2006, 90: 3848-3443.

[49] Hoex B, Heil S B S, et al. Ultralow surface recombination of c-Si substrates passivated by plasma-assisted atomic layer deposited Al$_2$O$_3$[J]. Applied Physics Letters, 2006, 89.

[50] Dingemans G, Kessels W M M. Status and prospects of Al$_2$O$_3$-based surface passivation schemes for silicon solar cells[J]. J. Vac. Sci. Technol, 2013, A 30（4）.

[51] Saint-Cast P, Benick J, Kania D, Weiss L. High-efficiency c-Si solar cells passivated with ALD and PECVD aluminum oxide [J]. IEEE electron device letters, 2010, 31（7）.

[52] Schmidt J, Veith B, Brendel R. Effective surface passivation of crystalline silicon using ultrathin Al$_2$O$_3$ films and Al$_2$O$_3$/SiN$_x$ stacks [J]. Phys. Status Solidi RRL, 2009, 3（9）: 287-289

[53] Kwon J H, Lee S H, Ju B K. Screen-printed multicrystalline silicon solar cells with porous silicon antireflective layer formed by electrochemical etching [J]. Journal of Applied Physics, 2007, 101（10）: 104515.

[54] Li H, Jiang B, Schaller R, et al. Antireflective photoanode made of TiO$_2$ nanobelts and a ZnO nanowire array [J]. Journal of Physical Chemistry C, 2010, 114（26）: 11375-11380.

[55] Minemoto T, Mizuta T, Takakura H, et al. Antireflective coating fabricated by chemical deposition of ZnO for spherical Si solar cells [J]. Solar Energy Materials & Solar Cells, 2007, 91（2-3）: 191-194.

[56] Ding JN, Zhang FQ, Yuan NY, Cheng GG, Wang XQ, Ling ZY, Zhang ZQ. Influence of Experimental Conditions on the Antireflection Properties of Silicon Nanowires Fabricated by Metal-Assisted Etching Method. CURRENT NANOSCIENCE, 2014, 10（3）: 402-408.

[57] Srivastava S K, Kumar D, Singh P K, et al. Excellent antireflection properties of vertical silicon nanowire arrays [J]. Solar Energy Materials & Solar Cells, 2010, 94（9）: 1506-1511.

[58] Xiang Fang, Yan Li, Xiuqin Wang, Jianning Ding, Ningyi Yuan. Ultrathin interdigitated back-

contacted silicon solar cell with light-trapping structures of Si nanowire arrays[J]. Solar Energy，2015，116：100-107.

[59]　Chen Z，Sanna P，Salami J，et al. A novel and effective PECVD SiO$_2$/SiN antireflection coating for Si solar-cells [J]. IEEE Transaction on Electron Device，1993，40（6）：1161-1165.

[60]　G Z，J Z，MA G. Effect of substrate heating on the adhesion and humidity resistance of evaporated MgF$_2$/ZnS antireflection coatings and on the performance of high-efficiency silicon solar cells [J]. Solar Energy Materials & Solar Cells，1998，51：393-400.

[61]　Zhao J，Wang A，Green M A. Double layer antireflection coating for high-efficiency passivated emitter silicon solar cells [J]. IEEE Transaction on Electron Device，1994，41（9）：1592-1594.

[62]　Lee I，Lim D G，Kim K H，et al. Efficiency improvement of buried contact solar cells using MgF$_2$/CeO$_2$ double layer antireflection coatings [C]. 28th IEEE Photovoltaic Specialists Conference，Alaska，USA，2000：403-406.

[63]　Dingemans G，Sanden M C M V D，Kessels W M M. Excellent Si surface passivation by low temperature SiO$_2$ using an ultrathin Al$_2$O$_3$ capping film[J]. physica status solidi（RRL）- Rapid Research Letters，2011，5（1）：22-24.

[64]　Vermang B，Loozen X，Allebe C，et al. Characterization and implementation of thermal ALD Al$_2$O$_3$ as surface passivation for industrial Si solar cells[J]. Microcirculation，2009，17（5）：358-366.

[65]　Dingemans G，Kessels W M M. Status and prospects of Al$_2$O$_3$-based surface passivation schemes for silicon solar cells[J]. Journal of Vacuum Science & Technology A Vacuum Surfaces & Films，2012，30（4）：040802.

[66]　KunTang Li，XiuQin Wang，PengFei Lu，JianNing Ding，NingYi Yuan. Influence of the microstructure of n-type Si：H and passivation by ultrathin Al$_2$O$_3$ on the efficiency of Si radial junction nanowire array solar cells. Solar Energy Materials & Solar Cells，2014（128）：11-17.

[67]　Dingemans G，Engelhart P，Seguin R，et al. Stability of Al$_2$O$_3$ and Al$_2$O$_3$/a-SiN$_x$：H stacks for surface passivation of crystalline silicon[J]. Journal of Applied Physics，2009，106（11）：044903.

[68]　Mäckel H，Lüdemann R. Detailed study of the composition of hydrogenated SiN$_x$ layers for high-quality silicon surface passivation[J]. Journal of Applied Physics，2002，92（5）：2602-2609.

[69]　Neckermann K，Correia S A G D，Andrä G，et al. Local structuring of dielectric on silicon for improved slar cell metallization [C]. 22th EU PVSEC，Milan，Italy，2007.

[70]　Jianhua Zhao，Aihua Wang，Green Martin A. 24.5% Efficiency Silicon PERT Cells on MCZ

Substrates and 24.7% Efficiency PERL Cells on FZ Substrates [J]. Prog. Photovolt: Res. 1999, 7: 471-474.

[71] Meemongkolkiat V, Nakayashiki K, Kim D S, et al. Investigation of modified screen- printing Al pastes for local back surface field formation [C]. 4th world conference on photovoltaic energy conversion, 2006: 1338-1341.

[72] Lennon A, Rodriguez J, Allen V, et al. New dielectric patterning technique for silicon solar cells [C]. 24th EUPVSEC, Hamburg, Germany, 2009.

[73] Lauermann T, Lüder T, Scholz S, Raabe B, Hahn G, Terheiden B. Enabling dielectric rear side passivation for industrial mass production by developing lean printing-based solar cell processes [C]. 35th IEEE PVSC Honolulu, 2010: 28-33.

[74] Agostinelli G, Szlufcick J, Choulat P, Beaucarne G. Local contact structures for industrial PERC-type solar cells Proc [C]. 20th EU PVSEC Barcelona, 2005: 942-945.

[75] Ju M, Lee Y, Lee J, et al. Double screen printed metallization of crystalline silicon solar cells as low as 30μm metallize width for mass production [J]. Solar Energy Materials & Solar Cells, 2012, 100: 204-208.

[76] Hannebauer H, Falcon T, Hesse R, et al. 18.9% efficient screen-printed solar cells applying a print-on-print process [C]. 26th EUPVSEC, Hamburg, Germany, 2011: 1607-1610.

[77] Schmid group, http: //www.schmid-group.net.

[78] Mette A. New Concepts for Front Side Metallization of Industrial Silicon Solar Cells [C]. Angewandte Wissenschaften der Albert-Ludwigs-Universität Freiburg, Breisgau, 2007.

[79] Gizachew Y T, Escoubas L, Simon J J, et al. Towards ink-jet printed fine line front side metallization of crystalline silicon solar cells [J]. Solar Energy Materials & Solar Cells, 2011, 95 (SUPPL.1): S70-S82.

[80] Lee J D, Kwon H Y, Lee S H. Analysis of front metal contact for plated Ni/Cu silicon solar cell [J]. Electronic Materials Letters, 2011, 7 (4): 349-352.

[81] Hörteis M, Glunz S W. Fine line printed silicon solar cells exceeding 20% efficiency [J]. Progress in Photovoltaics: Research and Applications, 2008, 16 (7): 555-560.

第 1 章 绪论

Chapter 02

Chapter 03

Chapter 04

Chapter 05

Chapter 06

第 2 章

p 型钝化发射极及背面接触（PERC）太阳能电池技术

2.1

PERC 太阳能电池的发展历程

　　PERC 太阳能电池（PERC 电池）结构最早于 1989 年由新南威尔士大学 Martin Green 所领导的研究小组[1] 提出，电池结构图如图 2-1 所示。该电池正面采用光刻工艺制备"倒金字塔"陷光结构，双面生长高质量氧化硅层，正面氧化硅层作为减反膜，进一步改善正面的陷光效果。背面氧化硅层作为钝化膜，避免背面金属电极与硅片全接触。背面采用光刻工艺对背面钝化层进行开孔，然后蒸镀铝电极。在 FZ 硅片上制备的面积为 $4cm^2$ 的电池，转换效率为 23.1%，开路电压 V_{oc} 为 688mV，短路电流密度 J_{sc} 为 $40.8mA/cm^2$，填充因子为 82.1%。相对传统 BSF 电池，PERC 电池结构有很多创新：①倒金字塔陷光结构搭配减反射氧化硅层增强正面陷光，提高 J_{sc}。同时，正表面氧化硅层对绒面结构进行表面缺陷钝化。②选择性发射极。金属接触区采用重掺杂，改善接触，降低 R_s；发射区采用低表面浓度浅结，降低表面复合，改善短波光谱响应，提高 V_{oc} 和 J_{sc}。③正面采用光刻法制作细密电极栅线，降低正面遮光面积和电流横向传导电阻。④采用 SiO_2 作为背面钝化层，叠加氢注入工艺，降低背面与硅接触的缺陷密度，避免金属电极与硅全接触，大大降低了表面复合速率。而 SiO_2/Al 作为背面背反射器，提高了背面反射率，从而提高了长波响应。

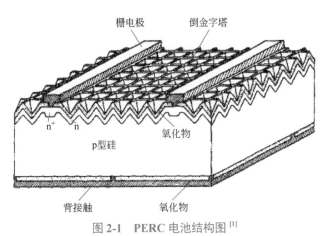

图 2-1　PERC 电池结构图 [1]

UNSW 开发的 PERC 系列电池虽然转换效率高，但是技术复杂，工艺流程烦琐，成本高，特别是需要利用多次光刻和高温热氧钝化工艺。硅材料对高温较敏感，多次高温过程会造成硅片的少子寿命降低，这些因素最终导致该系列电池没有走向产业化。真正使 PERC 电池产业化取得突破性进展的是氧化铝应用于太阳能电池做界面钝化层。2006 年 G. Agostinelli 等利用原子层沉积（atomic layer deposition，ALD）技术在 p 型单晶硅表面沉积 Al_2O_3 薄膜，将表面复合速率降低至约 10cm/s[2]。

2010 年，Thomas Lauermann 等率先将 Al_2O_3 钝化用于 125mm×125mm 的 p 型 CZ 硅片，背面采用 15nm ALD-Al_2O_3/80nm PECVD-SiN$_x$ 叠层钝化，效率为 18.6%[3]，从而促进了大尺寸 PERC 电池的产业化进展。随着氧化铝规模应用于工业级大尺寸电池制造领域，PERC 效率快速提升，极大地降低了单瓦制造成本，促进光伏产业的发展和规模应用。2012年 Schott Solar 报道了其单晶 PERC 电池效率已达到 21%[4]。2014 年，哈梅林太阳能研究所（ISFH）与合作伙伴制备的大面积（156mm×156mm）PERC 电池，转换效率创纪录达 21.2%[5]。该电池正面采用五主栅设计的细线和二次丝网印刷工艺，栅线的宽度大约 46μm，大幅降低了正面的遮挡损失，从而提升了转换效率。

我国作为全球光伏产业领先的大国，也涌现出了一批优秀的企业，如天合光能、晶科、阿特斯、通威、隆基乐叶等，在其自身不断发展壮大的过程中，也对 PERC 的研发和产业化发展做出了突出贡献，特别是天合光能光伏科学与技术国家重点实验室研发团队，曾多次打破大尺寸单晶和多晶 PERC 的世界电池记录，为光伏产业做出了突出贡献，这也奠定了天合光能在光伏行业内的领先地位。2014 年，天合光能在大面积 CZ 硅片（156mm×156mm）衬底上制备的单晶 PERC 电池，光电转换效率为 21.4%[6]，打破了同年 4 月由德国 ISFH 创造的 21.2% 的世界纪录。此后天合光能便一直遥遥领先，先后在 2015 年和 2016 年获得了由 Fraunhofer ISE CalLab 测试标定实验室确认的效率世界纪录，效率分别是 22.13%[7] 和 22.61%[8, 9]。最近隆基乐叶在 Fraunhofer 认证的大面积 PERC 电池最高效率达 22.71%[10]。

2014 年，天合光能在工业级大面积方形多晶硅（156mm×156mm）衬底上制备的多晶 PERC 电池，光电转换效率为 20.8%，打破了 Fraunhofer 保持了近 10 年的 20.4%（2mm×2mm）的世界纪录。随后，2015 年，天合光能又在大面积方形多晶硅（156mm×156mm）衬底上将 p 型多晶

PERC 电池的效率世界纪录提高到了 21.2%[11]，这个结果打破了当时人们认为的多晶硅电池效率不可能超过 21% 的认知，为多晶硅电池的发展增强了信心。

据统计，PERC 电池从 2010 年产业化方案的提出，到 2016 年全球产能约为 15GW，截至 2017 年底全球产业化产能达到 34.81GW，而 2017～2018 年在建产能约 32.89GW，高效产品的产业化飞速扩张。其非硅成本也降至 0.35 元 /W 以下，和常规多晶等产品基本持平，高效产品被市场所广泛认同。

2.2

p 型 PERC 太阳能电池制造关键工艺

对比其他高效电池技术，PERC 技术受到推崇主要是因为只需在普通全铝背场（Al-BSF）电池生产线基础上增加背面钝化膜沉积和介质层开槽设备。利用现有产线设备，即可实现单晶硅和多晶硅电池转换效率大幅度提升，新增设备投资相对 IBC、HIT 等 n 型电池技术低得多。PERC 效率提升的同时，也使其制造产能得到大幅度提升。随着电池制造装备的国产化，PERC 电池产线投资大幅度降低，加上市场对高功率电池组件的强劲需求，PERC 电池产能迅速扩张，PERC 电池将取代 BSF 成为新一代的常规电池。PERC 高效组件由于节省了 BOS 成本（balance of system，指除光伏组件外的系统成本）和土地成本，以及具有更强的单瓦发电能力，在合理的组件价差下，更具性价比优势，电站投资回报率也更优，具有更低的度电成本。PERC 技术的优势还体现在与其他高效电池和组件技术的兼容性，以及进一步提升效率的潜力。通过与多主栅、选择性发射极和先进陷光等技术的叠加，PERC 电池效率可以进一步提升。而双面 PERC 电池在几乎不增加制造成本的情况下实现双面发电，提升发电量，极大地提升了 PERC 技术的竞争力与未来发展潜力。

2.2.1 选择性发射极的制备

常规晶体硅太阳能电池采用均匀高浓度掺杂的发射极。发射区掺杂浓度对太阳能电池转换效率的影响是多方面的，较高浓度的掺杂可以改善硅片和电极之间的欧姆接触，降低电池的串联电阻。但是在高浓度掺杂的情况下，电池的顶层掺杂浓度过高，造成俄歇复合严重，少子寿命也会大大降低，使得发射极区所吸收的短波长效率降低，降低短路电流。同时重掺杂表面浓度高，造成了表面复合提高，降低了开路电压，进而影响了电池的转换效率。为了解决均匀高浓度发射极对电池效率的限制，研究人员提出了选择性发射极（SE），即在金属栅线（电极）与硅片接触部位及其附近进行高浓度掺杂深扩散，而在电极以外的区域进行低浓度掺杂浅扩散。图 2-2 显示了常规太阳能电池和选择性发射极太阳能电池的结构图。

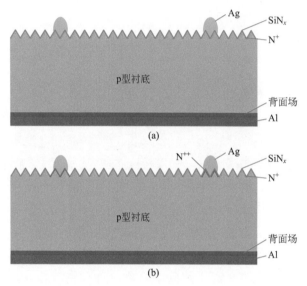

图 2-2　常规太阳能电池结构图（a）和选择性发射极太阳能电池结构图（b）

SE 结构有如下优势：①降低接触电阻，提升填充因子。金属-半导体接触电阻与金属势垒和表面掺杂浓度有关，势垒越低，表面掺杂浓度越高，接触电阻越小。所以 SE 结构电池的电极下方的重掺杂使得接触电阻较常规电池有所下降，从而提高填充因子。②降低少数载流子复合，改善表面钝化。SE 结构的电极间轻掺杂可以有效降低载流子在扩散层横向流动时的复合概率，提高载流子收集效率；另外，低表面掺杂浓度可以使表面态密度较低，降低表面复合速率，改善表面钝化。③改善电池短波光谱响应。太阳光短波段基本都在硅片正表面被吸收，SE 结构的浅扩散浅结可以提高短波段太阳光的量子效率，从而提高短路电流；同时，由于 SE 结构电池存在一个横向的 n^{++}-n^+ 高低结，可以降低电极下方的少数载流子复合，提高开路电压。SE 相对常规电池更好地平衡了金属半导体间的接触电阻和光子收集之间的矛盾。

SE 在高效电池领域的应用已经非常成熟，早期的 PERC 和 PERL 都是基于 SE 结构开发，并取得较高的电池效率。但是将该结构应用于工业化生产中，必须考虑以下几个方面：①工艺简单，增加的工艺流程不宜太多；②要与原有电池生产线兼容；③丝网印刷对准精度高，保证重掺区与金属栅线电极重合。目前选择性发射极的实现方法有：化学返刻蚀法、氧化掩膜法、激光掺杂法、硅墨水扩散法、离子注入法等，由于技术的进步和产业成本的降低，一些 SE 技术已被逐渐淘汰。以下介绍几种在量产上应用比较成功的制备技术。

2.2.1.1　化学返刻蚀法

化学返刻蚀法是一种较成熟的 SE 制备技术。其工艺流程是，首先在硅片表面进行热扩散实现重掺杂，表面方块电阻控制在 $40\sim70\Omega$；然后在栅线处印刷一层保护性浆料保证重掺杂层在化学刻蚀过程中不被腐蚀，而未被保护的重掺杂层区域会被部分刻蚀，以形成需要的选择性轻重掺杂区域。刻蚀后的方阻为 $120\sim160\Omega$。化学返刻蚀法包括干法和湿法两种。

干法刻蚀技术最早是由 D. Ruby[12] 提出的，电池正面重掺杂后，印刷正电极，然后用等离子体刻蚀发射极而形成 SE 结构。但此法工艺控制较难，没有得到推广应用。

湿法技术是由 Konstanz 大学和 Fraunhofer ISE 研究所共同开发的[13]，在重扩区印刷一种蜡保护层，然后通过 $HF/HNO_3/H_2O$ 刻蚀未保护区。目前德国 Schmid 公司开发了完整的生产线并大规模应用，其制备工艺流程图如图 2-3 所示。主要流程为：硅片制绒后，先进行重掺杂扩散，然后在硅片表面采用喷墨打印或者丝网印刷技术按金属电极图形局部印刷蜡层，保护正面金属区；接下来利用 $HF/HNO_3/H_2O$ 混合溶液刻蚀轻扩区，再用碱液去除重扩区的保护浆料；最后用 HF 去除剩余的磷硅玻璃（PSG）层，从而形成选择性发射极结构。其最大的优点是能很好地调控重扩区、轻扩区的磷掺杂浓度，可以有效去除高浓度的非激活磷，使得轻扩区的饱和电流密度尽可能低。

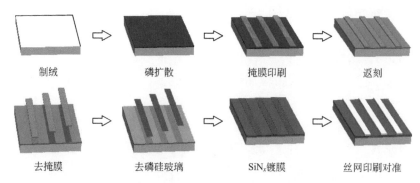

制绒　　　　　　磷扩散　　　　　掩膜印刷　　　　　返刻

去掩膜　　　　去磷硅玻璃　　　SiN_x镀膜　　　丝网印刷对准

图 2-3　返刻蚀法制备选择性发射极电池的工艺流程图 [13]

2.2.1.2　氧化掩膜法

氧化掩膜法是先通过高温热氧化技术生长一层 SiO_2 层作为掺杂掩膜层，通过光 [14] 或者化学刻蚀浆料按照电极图形局部去除掩膜；然后进行掺杂源重扩散掺杂形成电极重掺杂区域，重掺杂区域的方块电阻可控制在 $40 \sim 70\Omega$ 范围内；去除掩膜再轻扩散形成非电极接触的轻掺杂区域，最终形成选择性发射极。掩膜一般采用高温湿氧形成的 SiO_2，厚度通常在 $60 \sim 100nm$ 范围。氧化硅被腐蚀掉的区域，硅裸露出来，然后重扩，方阻尽可能低以便后续形成良好的欧姆接触；再用氢氟酸去除氧化硅层，然后轻扩。此方法由赵建华博士开发推广并实现部分量产应用 [15]。此法工艺相对简单、易于控制，适合大规模量产，但是需要两次高温扩散，对硅片本身寿命具有一定的影响，同时能耗较高、成本较高，因此这种方法没有大规模应用于光伏制造企业。

2.2.1.3　激光掺杂法

激光掺杂法（laser doping）是在硅片表面利用激光辐照进行选择性重掺，主要包括激光掺杂 [16,17]、旋涂磷源掺杂以及激光化学法（laser chemical process，LCP）掺杂 [18]。旋涂磷源掺杂是将液态磷源旋涂在硅片表面，烘干后利用激光按金属电极图形进行局部掺杂。硅片表面的磷源会在激光高温作用下扩散进硅体内，形成重掺区。此方法由澳大利亚新南威尔士大学开发，早期在尚德应用 [19]。但这种技术需要增加额外的磷浆和多步工序，成本较高，没有大规模应用。激光化学法是利用含磷溶液对激光进行导向，激光在化学溶液中经过多次反射后烧蚀表面 SiN_x 膜，然后将硅熔化，使磷原子向硅片里面扩散形成重掺杂区，再电镀制作金属电极。相比于旋涂磷源方法，此技术可以有效减少磷源的消耗，不会产生较多的浪费，同时能形成较好的重扩区。Fraunhofer ISE 利用此技术，将电池效率提升 0.3%[20]，但是由于设备成本和运营成本较高，未获得大规模应用。PSG 激光掺杂是由 Stuttgart 大学 IPV 研究所开发出的掺杂技术[16]，其主要特点是利用扩散后的 PSG 作为掺杂源，激光辐照进行掺杂，掺杂后的区域形成重扩区，见图 2-4。此 SE 形成技术已经成为目前主流公司的首选方案，在单晶 PERC 产品上广泛应用。

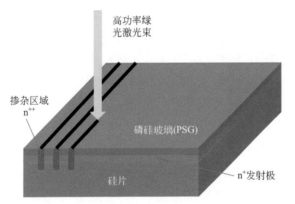

图 2-4　磷硅玻璃（PSG）激光掺杂示意图

2.2.1.4　硅墨水扩散法

硅墨水扩散法是由美国 Innovalight 公司开发出的一种利用印刷型硅墨水（silicon ink）在硅片表面热扩散后形成重扩区的方法。硅墨水的主要成分是 5～10nm 的硅纳米颗粒，在有机溶液中成浆料形状。硅墨水中掺有高浓度的磷原子，印刷在硅片表面，烘干后再进入扩散炉内进行扩散。硅墨水中的磷原子在高温下向晶体硅中运动形成重掺区。这种技术被 Innovalight 公司应用在 Cougar 电池上，效率提升接近 1%[21]。这种方法需要增加印刷机、烘干机以及硅墨水材料，其运营成本相对较高，目前也没有大规模量产应用。

2.2.1.5 离子注入法

离子注入法（ion implantion）是一种常见于半导体行业中的掺杂技术，见图 2-5。离子注入[22]制备 SE 电池的步骤相对简单，只需要在硅片的表面附上一个掩膜板遮挡离子源，掩膜板一般采用石墨材料。通过电场将离子加速，直接注入硅片未被掩膜板遮挡的区域。离子注入既可以用来掺硼也可以掺磷。这些掺杂的原子通常都是未激活的，以原子基团的形式注入硅片表面，同时硅片表面由于受到高能量离子的轰击而非晶化，所以离子注入后需要经过高温退火。退火既可以修复表面的损伤层，又可以激活掺杂原子，并且在表面形成一层氧化膜。

利用离子注入方法掺杂的元素在硅片中分布的深度通常要高于热扩散。离子注入掺杂相对热扩散掺杂有优势也有劣势[23]，通常热扩散掺杂会有绕扩问题，扩散后硅片需要经过后清洗去除背结、边缘隔离和 PSG；而离子注入没有绕扩问题，可以单面掺杂且可以精确控制，在一些需要双面掺杂的 n 型高效电池上优势很明显，工艺步骤简单。但离子注入法缺点也很明显，设备成本高，维护难度大，故障率高，所以离子注入也没有大规模应用。但随着高效技术的要求越来越高，设备的问题得以解决，成本下降，离子注入技术还是非常具有应用前景的。

上述各种选择性发射极的制备路线都是经过各个研究所和大公司量产验证的，只是随着技术的进步和成本的降低，一些技术已逐渐被淘汰。化学返刻蚀法和 PSG 激光掺杂法是目前主流的量产 SE 制备技术。

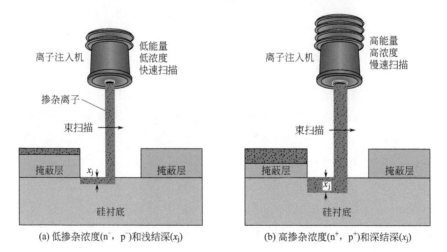

(a) 低掺杂浓度(n⁻, p⁻)和浅结深(x_j)   (b) 高掺杂浓度(n⁺, p⁺)和深结深(x_j)

图 2-5 离子注入掺杂示意图

2.2.2 背面钝化膜的结构与制备

少子寿命（少数载流子寿命）是指在一均匀半导体中少数载流子在产生和复合之间的平均时间间隔，而少数载流子扩散长度表征少数载流子从产生直至复合所运动的平均距离。太阳能电池工作机理包含几个条件：光生载流子、光生载流子能够被收集形成电流、光生电流能够产生光生电压等。光生载流子的"收集能力"决定了太阳能电池的性能和转换效率：对于靠近 pn 结或者电势场区域产生的电子和空穴运动至这些区域的距离较短，远远小于其扩散长度，能够依靠电场实现有效分离被收集；对于远离 pn 结或者电势场区域的少子，其扩散长度必须大于其到这些区域的距离，才能被收集。晶体硅太阳能电池的少子复合分为体内复合和表面复合，体内复合主要由硅片体内缺陷、掺杂浓度等决定，可以用硅片体少子寿命 τ_{bulk} 表征；表面复合是指发生在电池表面的复合，受硅片表面缺陷、掺杂浓度和表面钝化等影响，少子寿命越长，扩散长度越长，电池效率越高。光生载流子收集能力与扩散长度和表面钝化有直接相关性。

晶体硅太阳能电池由于少数载流子复合而不能被收集，导致光生少数载流子损失严重，大大影响了电池的转换效率，太阳能电池转换效率由硅片的有效少子寿命 τ_{eff} 决定。有效少子寿命由硅片体少子寿命 τ_{bulk}、前表面少子寿命 $\tau_{surface(front)}$ 和背表面少子寿命 $\tau_{surface(rear)}$ 共同决定，其关系公式如下：

$$\frac{1}{\tau_{eff}} = \frac{1}{\tau_{bulk}} + \frac{1}{\tau_{surface(front)}} + \frac{1}{\tau_{surface(rear)}}$$

（2-1）

为了降低成本，推进工业化的进程，迫切需要降低硅片的厚度。但是新的问题出现了，随着硅片厚度的降低，少数载流子的扩散长度接近或者大于硅片的厚度，部分少数载流子将扩散电池的背面而产生复合，表面复合速率对电池效率有极大的影响，根据 Armin G. Aberle[24] 的研究结果，硅片厚度越薄，扩散长度与表面复合速率对电池效率影响越大。降低表面速率有以下两种方法：①降低表面态密度，在硅片表面由于晶体缺陷产生悬挂键，形成缺陷复合中心，表现为复合速率与表面缺陷密度成正比，通过化学钝化方法在硅片表面生长或者沉积合适的钝化层，对界面的各种缺陷态进行饱和，降低界面缺陷浓度，从而减少表面复合中心；②降低太阳能电池表面的少子载流子浓度，表面复合中心除了缺陷复合以外，实际上还存在电子和空穴的复合，当电子和空穴浓度比较

Chapter 01

第 2 章　p 型钝化发射极及背面接触（PERC）太阳能电池技术

Chapter 03

Chapter 04

Chapter 05

Chapter 06

接近时，复合速率增大，而当电子和空穴浓度相差比较大的时候，则复合速率降低，通过场钝化效应即通过表面电荷累积，在界面处形成电场，根据电学属性，分离电子或者空穴，从而提高电子和空穴的浓度差，降低表面复合速率。随着晶体硅太阳能电池降低成本和薄片化的推进，利用表面钝化技术对电池背面进行钝化，降低背表面复合速率成为电池效率继续提升的关键。

图 2-6 为 PCID 模拟背表面复合速率对电池效率的影响图。

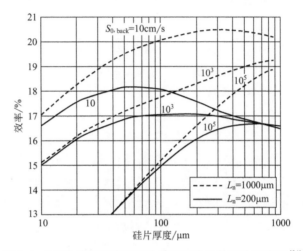

图 2-6　PCID 模拟背表面复合速率对电池效率的影响图 [24]

Al-BSF 电池是光伏产业工业化量产最成熟的电池结构，由于 Al-BSF 电池结构的先天缺陷，其效率提升局限性慢慢就体现出来了，如背面硅和金属铝接触复合速率高、铝背场对长波的反射能力较弱等。通过在电池背部沉积介质钝化层，可大大减少这种电学和光学损失。在具体的实施过程中，通常先对电池背面采用化学刻蚀的方法进行抛光处理，降低背面比表面积，然后在电池背面沉积介质钝化膜，最后在钝化膜上开孔实现背面局域接触；其中最核心的技术是背面叠层钝化膜的沉积，目前工业化生产的 PERC 电池结构如图 2-7 所示。

对于背面钝化膜的材料选择，最简单且最适合于工业化生产的为氮化硅（SiN_x）薄膜，但是由于其固定正电荷密度极高（高达 $10^{12}cm^{-3}$ 量级），会在 p 型界面下方形成一个反转层，如果该反转层与基层接触，就会导致寄生电流，引发额外短路电流密度损耗，所以 SiN_x 不适合用于 p 型表面钝化。热氧化生长 SiO_2 可以有效对硅片表面进行悬挂键钝化，但是加热条件下氧化层的生长是个缓慢过程，氧化膜生长需要 900℃以上的高温，将会严重影响硅片的少子寿命，所以该方法不适合用于普通 CZ 或者多晶硅片，这也限制了该技术的发展。PECVD（plasma enhanced chemical vapor deposition，等离子体增强化学气相沉积法）在低温状态下沉积 SiN_x，采用笑气（N_2O）与甲硅烷（SiH_4）反应，这层氮氧化硅膜既包含氢也包含氮，可以钝化表面态缺陷（化学钝化），但是由于其正电荷属性，因此不能对 p 型表面提供场钝化。早期 SolarWorld 等厂商使用氮氧化硅作为 PERC 电池背面钝化膜的材料，但是由于其钝化能力的局限性，特别是氧化铝材料被应用于太阳能电池的表面钝化[25, 26]后，其慢慢被淘汰。

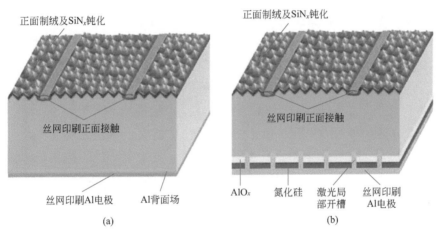

图 2-7　全铝背场电池结构示意图（a）和工业化的 PERC 电池结构示意图（b）

大多数钝化膜都带正电荷，如氧化硅、氮氧化硅、氮化硅等，但是氧化铝则不同，在沉积过程当中，负电荷恰好处在氧化铝和硅晶表面生成的氧化硅界面的交界处，并且负电荷密度高，可确保产生高效的场钝化效果[27]。氧化铝的化学钝化效果也非常好，饱和了晶体硅表面的悬空键，降低了界面态密度。氧化铝对于 p 型表面来说是最佳的钝化材料。

无论采用哪种材料和钝化膜沉积技术，单独一层介质钝化膜都不能满足背面钝化的需求。在介质钝化层表面需要沉积一定厚度的保护膜，以保护背部钝化膜，使其与丝网印刷的金属铝浆隔离，否则在烧结过程中，丝网印刷的铝浆将渗入介质钝化膜，破坏其钝化作用。另外背部钝化层还应在电池背面起到增强光学内反射的作用，为了达到这个光学背反射的要求，需要增加背面钝化膜的厚度，达到100nm以上。最有效的解决方法就是沉积较薄的氧化铝膜，并覆盖氮化硅薄膜，其中氮化硅覆盖层技术采用工业化低成本的PECVD方法，氮化硅可以加厚背部钝化层以保证电池背部的内反射，采用氧化铝并覆盖氮化硅结构的叠层钝化膜来实现对p型表面的钝化和增强光学背反射已经成为PERC电池的标准工艺。目前工业化采用AlO_x/SiN_x叠层钝化膜对电池的背面进行钝化，该叠层钝化膜与金属铝的光学背反射结构也相对BSF结构提高了背反射能力，改善了长波响应，PERC技术从电学和光学角度综合提高了电池效率。

氧化铝的制备方法有以下几种：溅射（sputtering）、APCVD, atmospheric-pressure chemical vapor deposition，常压化学气相淀积）、PECVD、ALD等。溅射法是唯一不需要化学气体的氧化铝沉积技术，只需让铝靶材在氧气和氩气环境中接受轰击即可，不需要废气处理系统，溅射设备尚未应用于大规模生产。而APCVD技术的需求也不高，在APCVD系统中，前驱体在反应室中被注于加热硅片表面，热能离解反应物，得到所需的介质沉积膜。目前广泛用于规模工业化生产的两种氧化铝沉积技术是PECVD和ALD。PECVD的机理是借助微波或射频等方法，使含有薄膜成分原子的气体，在局部形成等离子体，而等离子体化学活性很强，很容易发生反应，在基片上沉积出所期望的薄膜。PECVD不仅仅可以沉积氧化铝薄膜，而且可以在同一设备中同时完成背面覆盖层氮化硅的薄膜沉积，实现叠层钝化膜，工艺集成性好；但是PECVD沉积的氧化铝致密性略差，钝化效果相比ALD略差，采用PECVD方法必须沉积足够厚度的AlO_x，一般需要大于15nm，才能达到优异的钝化效果。ALD技术沉积膜的质量比PECVD更佳，但该技术需要在生产线上额外增加一套氮化硅沉积的PECVD设备，由于氧化铝对背面钝化的敏感性，所以ALD沉积氧化铝完成后，切换到PECVD机台沉积SiN_x时，不可避免的污染和划伤等会对背面钝化质量有较大的影响，造成良率降低。ALD沉积过程由两个自限半反应组成：在前一个半反应中，水蒸气附着于硅片表面，形成羟基群（复合Si—O—H）。当TMA通过反应腔体后与附着的羟基群反应，生成氧化铝。第一个半反应完成之后，羟

Chapter 01

第2章 p型钝化发射极及背面接触（PERC）太阳能电池技术

Chapter 03

Chapter 04

Chapter 05

Chapter 06

基群附着在表面，腔体中多余的TMA不能再与基片表面发生反应，反应限制在一层，过量的TMA以及反应产生的其他气体物质被抽走。为了完成后一个半反应，ALD方法可以采用加热辅助（thermal ALD）或者等离子辅助方式（plasma ALD），水蒸气被通入反应腔体后与附着的羟基群发生反应生成氧化铝薄膜。ALD方法中氧化铝这样一层一层生长，所以其结构致密，钝化效果好。Jan Schmidt等[28]对工业化不同制备方法的氧化铝钝化质量进行了对比，通过对p型FZ硅片双面氧化铝钝化，对比了其有效少子寿命和最大表面复合速率，ALD的钝化能力略优于PECVD。

ALD、PECVD和溅射三种不同制备方法的钝化对比见图2-8。

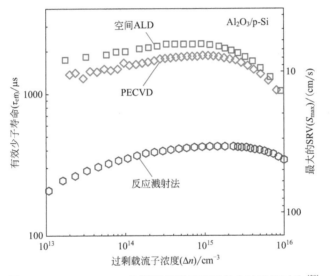

图 2-8 **ALD、PECVD和溅射三种不同制备方法钝化对比** [28]

2.2.3 背面局域金属接触技术

PERC电池从实验室走向工业化除了背面钝化技术的进步和发展，另外一个核心是背面局域金属接触技术的成熟。采用高质量的钝化介质层对背面进行钝化，降低背面复合，提高背表面反射，从而提高电池效率。全界面钝化对背面钝化效果是最好的，但是不能满足金属化的要求，这就需要对背面钝化层进行开孔并实现局域金属接触，一方面局域接触面积较小，将电极接触处复合降至最低，另一方面也满足了电流传导的金属化要求。实现背面局域接触的方法有很多种，如光刻[29,30]、腐蚀浆料开孔[31]、激光烧结[32,33]、激光开孔[34]等。光刻是实验室中较为成熟的一种实现局域接触的方法，早期 UNSW 的 PERC 就是基于此技术开发的，但是其工艺的复杂性以及较高成本限制了其在大规模工业生产中的应用。腐蚀浆料开孔通过丝网印刷腐蚀浆料对背面进行开孔，需要额外增加丝网印刷和清洗设备，工艺较烦琐，而且开孔的大小和质量受到限制。激光烧结（laser fired contact，LFC）最早由德国 Fraunhofer ISE 研究所开发，涉及真空蒸镀铝和退火等复杂工艺，也限制了其发展，不适合于工业化生产。

激光开孔配合丝网印刷金属浆料烧结是最适合工业化使用的局域金属接触方法[35]，只需增加一台激光开孔设备，采用激光开孔图形化设计对背面钝化膜进行开孔，可以实现背面不同图形的局域接触。但是在局域接触条件下高温烧结时，基体硅材料易溶于铝，使得铝和基体材料接触界面形成"空洞"[36]，增大了铝硅的局域接触电阻；另外在烧结过程中铝浆会对背面钝化层有腐蚀作用，从而影响背面钝化效果，所以针对 PERC 的铝浆的开发尤为关键和重要。对于背面局域接触，另外一个重要机理是 LBSF（local Al-BSF）的形成[37]，在烧结过程中，开孔区域铝浆与硅互溶，铝对硅基体背面进行局域掺杂，类似于 PERL 结构，LBSF 的形成提升了背面局域接触的场钝化效应，降低了接触的复合，改善了开路电压；另外，局域区域 Al 掺杂，改善了局域区域的接触电阻，通过铝浆的改进，可以改善 LBSF[38] 和"空洞"[39]，所以 PERC 电池背面的局域接触性能对电池的性能有较大的影响。

PERC 电池为了保证背面钝化，背面采用局域接触，其相对 BSF 电池的电流传导发生了重大变化，BSF 电池采用全 Al 背场，其电流传导为纵向一维，而 PERC 电池的电流传导又增加二维横向，导致其串联电阻增加，其结构如图 2-9 所示。Aberle 等[40]对背面局域接触的图形化设计进行了研究，其中背面局域接触的宽度、间距、开孔的面积等对电池性能有较大的影响。在激光开孔图形化设计中，需考虑开孔间距、开孔深度、开孔大小等，综合评估电流收集、场钝化效果以及硅衬底损伤层引起的复合等多方面的影响。

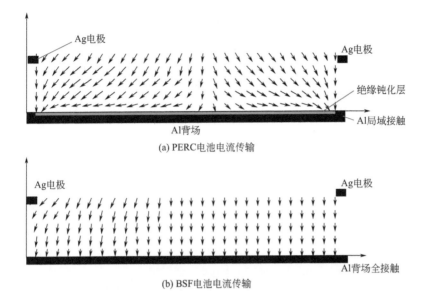

图 2-9　PERC 电池和 BSF 电池的电流传输示意图

2.3

化学返刻调控选择性发射极掺杂浓度分布研究

本节重点讨论和分析如何通过优化扩散过程和工艺[9, 41, 42]，配合化学返刻，进行掺杂浓度的分布调控，在尽可能降低发射极能的饱和电流密度的情况下，提高正面金属区的接触性能。

首先研究了两步扩散工艺，并且应用在 PERC 电池的选择性发射极上。研究采用的硅片为 p 型 156mm×156mm 单晶硅，电阻率为 2Ω·cm，厚度为 180μm。图 2-10 显示了 SE PERC 电池的制备流程，在制绒清洗后利用 POCl₃ 进行扩散。选择性发射极的形成是通过 HF/HNO₃/H₂O 溶液刻蚀发射极形成的。背面采用 AlOₓ/SiNₓ 叠层膜钝化，并经激光开槽，正面镀 SiNₓ 膜，再用丝网印刷完成正反面电极的制备、烧结，最终形成电池。

图 2-11 和图 2-12 分别显示了利用电化学电容电压分析（ECV）测试的不同方式扩散的磷掺杂曲线以及刻蚀发射极后的磷掺杂曲线。一步扩散发射极方阻为 60Ω；两步扩散的表面浓度比一步扩散低，结深更深。对比三种方阻分别为 45Ω、55Ω、65Ω 的两步扩散，其表面浓度随着方阻增加

而降低，并且 n^{++} 层的厚度也逐渐降低。而由于表面浓度和 n^{++} 层的厚度会影响发射极的俄歇复合和 SRH 复合，所以会直接影响发射极的饱和电流密度 J_{0e}。为此，控制刻蚀后的轻扩区方阻在 140Ω 左右。可以看出，一步扩散刻蚀后，其表面掺杂浓度高于 $1 \times 10^{20} \text{cm}^{-3}$，刻蚀深度为 27nm。而两步扩散刻蚀后表面掺杂浓度均低于 $1 \times 10^{20} \text{cm}^{-3}$，刻蚀深度也均比一步扩散要深。

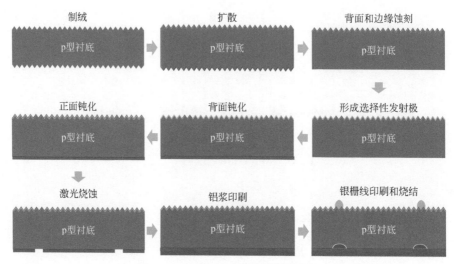

图 2-10　SE PERC 电池的制备流程

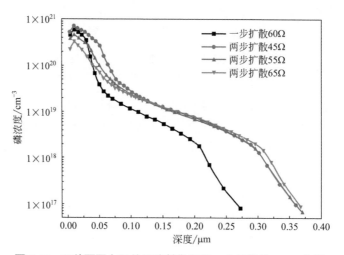

图 2-11　三种不同方阻的两步扩散以及一步扩散的 ECV 曲线

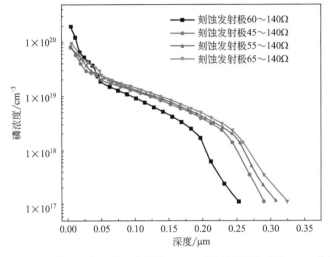

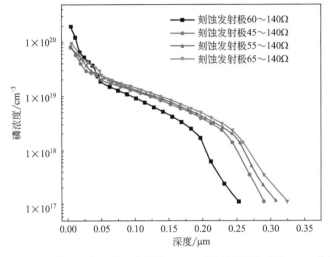

图 2-12　三种不同方阻的两步扩散以及一步扩散刻蚀后的 ECV 曲线

金属电极 Ag 通过烧结渗透进硅片的深度为 25 ~ 50nm，这个深度的发射极区域掺杂浓度须达到 $3 \times 10^{20} cm^{-3}$ 左右，才能形成良好的接触。扩散方阻越大，说明硅片表面掺杂浓度越低、n^{++} 层的厚度越小，这会直接导致接触电阻的上升，最终影响电池的串阻 R_s。从图 2-13 中可以看到，方阻为 45Ω 的两步扩散具有最低的接触电阻率 R_c，而方阻为 65Ω 的最高。不同的 Ag 浆，由于其渗透能力不同，对与之接触的发射极区域所需的掺杂浓度的要求也不一样。图 2-14 为不同方阻刻蚀时间与刻蚀方阻之间的关系。一步扩散形成的表面浓度高、结深浅，所需的刻蚀时间明显少于两步扩散，但两步扩散的均匀性明显优于一步扩散。

图 2-15 比较了不同扩散方式形成的发射极的饱和电流密度 J_{0e}，计算了不同扩散方式形成的发射极的总的反向饱和电流密度 $J_{0e,total}$，它包括金属下的饱和电流密度 $J_{0e,metal}$，靠近金属区域的重扩区饱和电流密度 $J_{0e,diffusion}$，以及轻扩刻蚀区的饱和电流密度 $J_{0e,etch}$。对于重扩区，两步扩散掺杂方阻 45Ω 一组的 $J_{0e,diffusion}$ 最高，是因为其表面浓度较高、n^{++} 层厚度较宽，所以死层相对较厚，非激活的磷含量较高，俄歇复合和 SRH 复合相对较大，导致其饱和电流密度最高。而随着掺杂方阻的上升，表面浓度和 n^{++} 层的厚度均有所降低，所以 $J_{0e,diffusion}$ 也逐渐降低，两步扩散掺杂方阻 65Ω 一组的最低。两步扩散方法在刻蚀后的饱和电流密度 $J_{0e,etch}$ 相差不大，但都低于一步扩散刻蚀后的 $J_{0e,etch}$。金属下的饱和电流密

57

度 $J_{0e,metal}$ 是以 45Ω 一组的最低，随着掺杂方阻的升高，$J_{0e,metal}$ 是逐渐增加的。

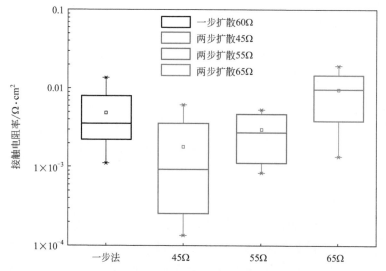

图 2-13　三种不同方阻的两步扩散以及一步扩散的接触电阻率 R_c

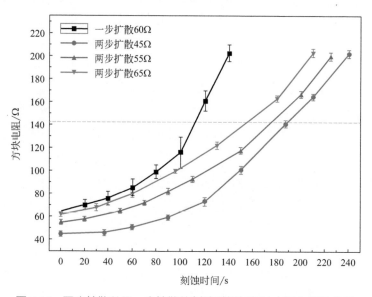

图 2-14　两步扩散以及一步扩散的刻蚀时间与刻蚀方阻之间的关系

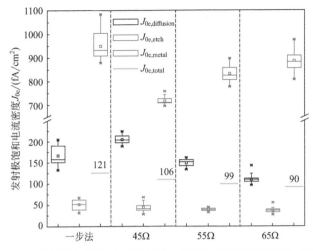

图 2-15　三种不同方阻的两步扩散以及一步扩散的发射极饱和电流密度 J_{0e}

　　为了对比总发射极饱和电流密度 $J_{0e,total}$，假设不同扩散工艺后的金属化面积占电池总面积比均为 6%，SiN_x 钝化的重扩区面积占比为 10%，轻扩刻蚀区面积占比为 84%。通过计算对比，相对于所参考的一步扩散法工艺制备的电池的饱和电流密度 $J_{0e,metal}$，方阻为 45Ω、55Ω 和 65Ω 的两步扩散工艺得到的 $J_{0e,metal}$ 分别降低了 $15fA/cm^2$、$22fA/cm^2$ 和 $31fA/cm^2$。

　　表 2-1 显示了两步扩散工艺制备的 PERC 电池与一步扩散工艺制备的 PERC 电池电性能的差异。从表中可以看到，不同方阻的两步扩散工艺制备的电池的开压相对于一步扩散的开压分别提高了 1.9mV、2.5mV 以及 3.5mV。由于方阻为 45Ω 工艺对应的返刻蚀到所需方阻的时间长，金字塔绒面结构被刻蚀得较多，导致短波反射率偏高，短路电流偏低一点。但由于接触电阻小，填充因子 FF 有所提高。方阻为 65Ω 的扩散工艺对应的开压最高，有 3.5mV 的提升，但是因接触电阻较高，FF 最低。最终从效率来看，方阻为 45Ω、55Ω 和 65Ω 的两步扩散相对于 60Ω 一步扩散制备的 PERC 电池分别增加了 0.07%、0.15% 和 0.10%。图 2-16 显示了方阻为 55Ω 的两步扩散和参考的一步扩散的 PERC 电池的内量子效率（IQE）和反射率。虽然两步扩散在短波段的反射率比一步扩散高，但短波段的 IQE 还是更高。

表 2-1　两步扩散工艺和一步扩散工艺制备的 PERC 电池的电性能参数

性能参数	V_{oc}/V	J_{sc}/ (mA/cm²)	FF /%	η/%
一步法 60Ω	0	1	1	1
两步法 45Ω	1.9	-0.083	0.25	0.07
两步法 55Ω	2.5	0.045	0.18	0.15
两步法 65Ω	3.5	0.043	-0.08	0.10

注：V_{oc} 为开路电压；J_{sc} 为短路电流密度；FF 为填充因子；η 为转换效率。

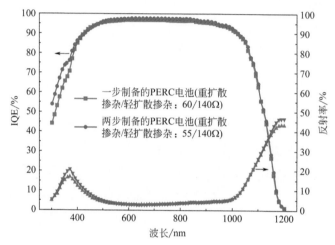

图 2-16　两步扩散和一步扩散 PERC 电池的内量子效率（IQE）以及反射率对比

　　相较于一步扩散方法，两步扩散法具有更低的表面浓度以及饱和电流密度 J_{0e}，并且在刻蚀发射极后，其轻扩刻蚀区的 J_{0e} 更低。而从电池的电性能结果看，两步扩散的开压相对于一步扩散增加。优化电池的短波 IQE 要比参考电池的高。

　　两步扩散工艺包含一个较低温度的磷硅玻璃沉积和较高温度的推进，这样可以明显降低硅片表面的磷掺杂浓度，提高 pn 结的结深且提高扩散方阻的均匀性。因此，其轻扩区在返刻后的表面浓度通常低于 $1 \times 10^{20} \mathrm{cm}^{-3}$，并且其饱和电流密度 $J_{0,light}$ 在刻蚀方阻 140～150Ω 的条件下为 20～30fA/cm²。但是，重扩区过低的表面磷掺杂浓度也会增加金属与硅的接触复合以及接触电阻率 R_c。因此，在获得较高的开路电压 V_{oc} 的同时，填充因子 FF 会有所损失，制约了电池效率的进一步提升。

Chapter 01

第2章 p型钝化发射极及背面接触（PERC）太阳能电池技术

Chapter 03

Chapter 04

Chapter 05

Chapter 06

考虑到两步扩散的局限性，可在两步扩散工艺的基础上，在推进步骤后增加一个低温沉积步骤，开发三步扩散工艺，从而可实现金属下表面掺杂浓度更高、轻扩区的饱和电流密度更低。同时，金属下的饱和电流密度 $J_{0,metal}$ 由于较高的表面浓度也能降低明显。三步扩散工艺避开了两步扩散工艺的缺点，很好地平衡了电池的开路电压 V_{oc} 和填充因子 FF，在保持较低的发射极饱和电流 $J_{0,emitter}$ 的同时，也能增加金属与硅的电接触性能。

图 2-17 是两步扩散和三步扩散工艺的示意图。对比两步扩散工艺，我们可以看到，三步扩散工艺具有较低的 PSG 沉积温度、较高的推进温度，并且在推进后还增加了另一步 PSG 的低温沉积步骤。这步低温 PSG 沉积可以获得较高的表面磷掺杂浓度，这对金属与硅的接触有很大的益处，而且由于较窄的高浓度区域能轻易被返刻掉，其轻扩区的饱和电流密度 $J_{0,light}$ 同样很低。

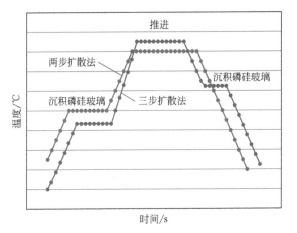

图 2-17　两步扩散和三步扩散工艺的示意图

制备和对比两种不同扩散工艺下的 PERC 电池及各项电性能参数。研究采用的硅片为 p 型 156mm×156mm 的 CZ 单晶硅，电阻率为 1.6Ω·cm，厚度为 180μm。正面采用常规工业化碱制绒工艺，然后采用磷扩散工艺形成正面 pn 结，扩散的平均方阻在 65Ω 左右。扩散后，背面的磷硅玻璃 PSG 层采用单面链式设备，被稀释后的氢氟酸去除，但正面的 PSG 层则被保留下来；然后背面再采用量产槽式的碱溶液进行抛光，而正面有 PSG 保护，绒面不会被影响。

电池正面采用选择性发射极结构，重扩区采用喷蜡方式保护，轻扩区采用 HF/HNO$_3$/H$_2$O 体系进行刻蚀，最后采用碱溶液将蜡去除形成选择性发射极。轻扩区的平均方阻在 150Ω 左右。细栅对应重扩区的宽度为 180μm，对应细栅的宽度约 50μm。主栅区域没有重扩区，而是采用浮栅技术，非烧穿型的浆料可以有效降低金属下的接触复合。重扩区的 PSG 层在蜡被去除后也通过最后一道 HF 去除。背面的 AlO$_x$/SiN$_x$ 叠层和正面的钝化减反层采用等离子体增强沉积法（PECVD）来制备，而电池背面则采用波长 532nm 的皮秒激光进行背面钝化层的选择性开膜。Ag-Si 和 Al-Si 接触则通过丝网印刷和在烧结炉内共烧形成。

参考组是两步扩散工艺，发射极方阻约为 65Ω。优化组是三步扩散工艺，其方阻约为 63Ω。为了测试发射极饱和电流密度 J_{0e}，采用厚度约 180μm、体电阻率 10Ω·cm 的 156mm×156mm p 型 CZ 单晶原硅片来表征。双面碱制绒、双面磷扩散（两步、三步扩散工艺）后，再双面钝化 SiN$_x$ 并烧结测试重扩区的 $J_{0,heavy}$。而轻扩区的 $J_{0,light}$ 则在双面扩散后进行双面返刻，再双面钝化 SiN$_x$ 并烧结测试。

通过 ECV 方法测试的两步扩散形成的发射极磷掺杂浓度曲线，包含两个明显的区域，一个是靠近表面的高掺杂浓度的 kink 区域，另一个是在其下面轻掺杂浓度的 tail 区域，见图 2-18。随着方阻 R_{sheet} 增加，其峰值的磷掺杂浓度降低，kink 区域和 tail 区域的边界通常在磷掺杂浓度大约 3×10^{19}cm^{-3} 处。随着方阻 R_{sheet} 的增加，V_{oc} 与 I_{sc} 都会有增益，其主要原

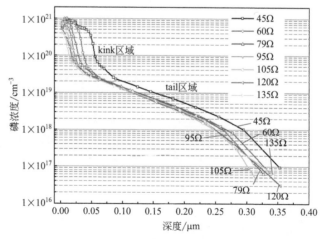

图 2-18　通过 ECV 方法测试的两步扩散形成的发射极磷掺杂
浓度曲线（曲线通过实测方阻校正）

因来自方阻的增加而带来的饱和电流密度 J_0 的下降。特别是在 kink 区域，掺杂浓度约 $1\times10^{20}\mathrm{cm}^{-3}$，窄能带效应非常显著，而且俄歇复合的影响不能忽略。过量的磷元素浓度大于 $5\times10^{20}\mathrm{cm}^{-3}$，电学上大多处于非激活状态，从而会导致 SRH 复合。

图 2-19 显示了两步扩散工艺在同质结下 $J_{0,\mathrm{diffusion}}$ 和 $J_{0,\mathrm{metal}}$ 在不同 R_{sheet} 的阻值下的变化趋势。图中每一个点都代表一个样品的数据对应的 $J_{0,\mathrm{diffusion}}$ 和 $J_{0,\mathrm{metal}}$ 的数值。通过改变扩散工艺中的沉积参数如 $\mathrm{POCl_3}:\mathrm{O_2}$ 的流量比、磷源沉积的温度和时间，来调控方阻 R_{sheet}。随着方阻 R_{sheet} 的增加，表面磷掺杂浓度降低，kink 区域变窄，从而降低了 $J_{0,\mathrm{diffusion}}$；但是，方阻 R_{sheet} 的增加会导致 $J_{0,\mathrm{metal}}$ 增加。从图 2-20 中可以看到，$J_{0,\mathrm{total}}$ 最低的区域在方阻大约 110Ω，通过传递长度法（transmission line model，TLM）测试的接触电阻率 R_{c} 与方阻 R_{sheet} 存在指数关系。

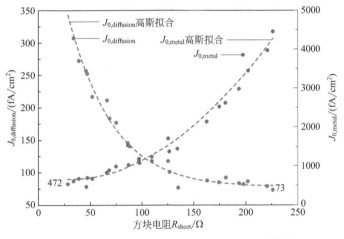

图 2-19　不同 R_{sheet} 下 $J_{0,\mathrm{diffusion}}$ 和 $J_{0,\mathrm{metal}}$ 的趋势

利用这些测试的参数，如方阻 R_{sheet}、接触电阻率 R_{c}、掺杂浓度曲线、硅片体寿命、表面复合速率等，进行模拟计算，可得到相应电池的电性能参数。可以看到最大开压 V_{oc} 对应的方阻 R_{sheet} 比最大效率对应的方阻 R_{sheet} 要高，见图 2-21，这是由于金属与硅高的接触电阻率 R_{c} 造成的。因此，需要进一步优化掺杂浓度曲线，提高表面掺杂浓度，同时保证较窄的 kink 区域，便于较低的轻扩区饱和电流密度 $J_{0,\mathrm{light}}$。

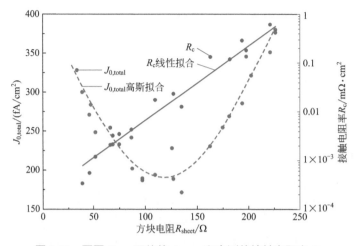

图 2-20 不同 R_{sheet} 下总的 $J_{0, total}$ 和实测的接触电阻率 R_c

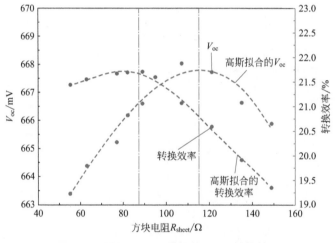

图 2-21 不同 R_{sheet} 下模拟的 V_{oc} 和转换效率

　　为了获得上述掺杂浓度曲线，进行了三步扩散掺杂的研究并和两步扩散法进行对比。图 2-22 显示了两种不同扩散工艺的重扩（扩散后）和轻扩（返刻后）掺杂浓度曲线。从图中可以看到，三步扩散工艺的峰值掺杂浓度比两步扩散工艺的峰值掺杂浓度高。但是，三步扩散工艺的 kink 区域相对更窄，结深更深，保证两种工艺的扩散方阻一致。返刻后，两种扩散工艺的掺杂曲线没有表现出明显的差异，但是刻蚀时间对应的方阻则完全不同，见图 2-23。在同样的刻蚀方阻下，三步扩散工艺的返刻时间要比两步扩散工艺时间更久。但是，三步扩散工艺返刻后的方阻均匀性相对两步扩散工艺有所提升，其表面绒面在返刻后大约被刻蚀50nm，正面反射率会略微提高。

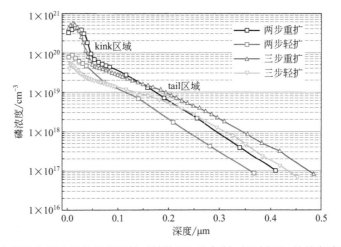

图 2-22　两步扩散和三步扩散工艺重扩（扩散后）和轻扩（返刻后）的掺杂浓度曲线对比

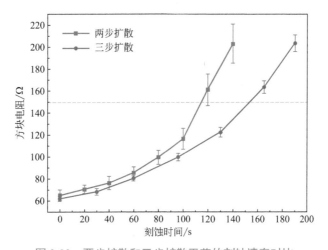

图 2-23　两步扩散和三步扩散工艺的刻蚀速率对比

图 2-24 显示了两步扩散和三步扩散工艺的重扩区和轻扩区的饱和电流密度 J_0 的测试结果。重扩监控和轻扩监控的样品各准备了 19 片和 22 片，样品在双面绒面上分别重扩和轻扩，再双面钝化烧结测试。对于重扩区来

说，三步扩散工艺相对更高一些，这是由于其表面的磷掺杂浓度相对两步扩散工艺更高，其 SRH 复合应该会更大一些。对于轻扩区来说，两种扩散工艺的饱和电流密度 J_0 差异不大，这是由于三步扩散工艺的表面磷掺杂浓度在返刻后也同样足够低，即使其具有较高的表面磷掺杂浓度也因较窄的 kink 区域而被刻蚀掉。我们通过计算得到两步扩散工艺和三步扩散工艺金属下的饱和电流密度 $J_{0,metal}$ 分别大约为 810fA/cm^2 和 750fA/cm^2。同时，考虑到重扩区和金属区在整个发射极的占比分别为 10% 和 4% 左右，计算得到这两种扩散工艺的整个发射极的饱和电流密度 $J_{0,emitter}$ 没有太大的差异，但两种扩散工艺的金属与硅的接触电阻率却完全不同。

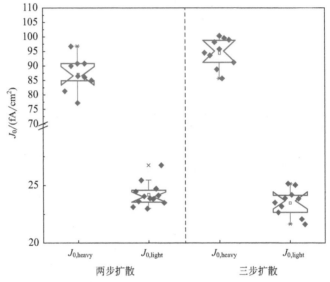

图 2-24　两步扩散和三步扩散工艺的 $J_{0,heavy}$ 和 $J_{0,light}$ 对比

采用 TLM 表征不同发射极金属与硅的接触电阻率 R_c。为了减少测试误差，保证测试探针与栅线具有良好的接触性能，可制作印刷宽度约 200μm 的金属栅线，测试的结果见图 2-25。采用有凹口的箱线图来对比两种不同的发射极的接触电阻率 R_c。凹口显示了中位值的置信区间，如果中位值是从更大的 n 个测量点获得的，那么它的置信区间会根据 ±1.57IQR/sqrt(n) 减少。因此，这两个实验只在两个凹口没有重叠的情况下才会产生统计上的显著差异。三步扩散的发射极曲线能够得到更低的接触电阻率 R_c。我们注意到，这种凹口的箱线图也同样可以用来确定样本的最小数量，

Chapter 01

第2章 p型钝化发射极及背面接触（PERC）太阳能电池技术

Chapter 03

Chapter 04

Chapter 05

Chapter 06

这对于得出有关这两个实验的相关结论是必要的。中位值期望差异越小，其样本数越大。

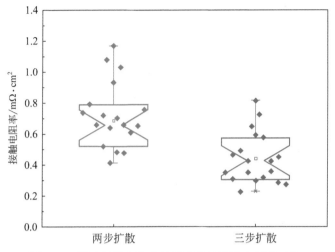

图 2-25　两步扩散和三步扩散工艺的接触电阻率对比

　　将两步扩散和三步扩散工艺应用于 PERC 电池的制备，对比的 *I-V* 特性见表 2-2。可以看到，三步扩散工艺电池的串联电阻 R_s 明显降低，填充因子 FF 显著提升了，这与不同发射极浓度曲线的接触电阻率的测试结果保持一致。而且三步扩散工艺的电池的 pFF（理论计算填充因子）也明显高于两步扩散工艺，这可能是由于其轻扩区和金属接触区的复合更低导致的。实际上，三步扩散工艺的开路电压 V_{oc} 应该略高于两步扩散工艺，但实际电池的结果却略低一些，这可能与电池制备过程的工艺控制等其他因素影响有关，最终三步扩散工艺的绝对效率相对两步扩散工艺提升大约 0.13%。同时这种三步扩散工艺也进行了量产转移，平均量产效率增益大约 0.2%。

表 2-2　两步扩散和三步扩散 PERC 电池的电性能参数

性能参数	V_{oc}/mV	J_{sc}/(mA/cm²)	FF/%	η/%	R_s/Ω
两步扩散法	686.6	39.85	80.44	21.99	0.574
三步扩散法	685.7	39.93	80.78	22.12	0.532

2.4

背面反射及叠层钝化层研究

PERC 电池在背面采用钝化膜与局域金属接触结构取代了常规全铝背场（Al-BSF）结构。这种背面钝化结构可以降低背表面的复合速率，提升背表面反射，从而提高了电池的开路电压和短路电流，提升电池效率。

2.4.1 背面反射结构研究

电池正面增加光吸收可通过构建高效的陷光结构、优化减反膜系、降低栅线遮光来实现，目的是为了使更多的光能进入硅片内部，从而产生更多的电子-空穴对。而增加背面结构的构造主要是为了增加长波段光在电池内部的光学路径以实现对光的二次利用。长波段光在硅片中的吸收系数比较低，有可能部分光会直接逃逸出硅片。背反射器的设计目的是能最大限度地利用长波光，增加光的利用率。常规 Al 浆烧结后在硅片背面形成的 Al-Si 合金层厚，长波光反射能力大大下降。硅片背面如果设计有Lambertian 漫反射器，由于其反射光的角分布遵循余弦定律，其有效光学厚度可能比它的实际厚度大 50 倍 [43]。然而，Lambertian 漫反射器实现起来非常困难。为此，考虑利用常规刻蚀工艺在硅片背面形成绒面结构，研究背面绒面结构对电池光吸收和电学性能的影响。

采用 $HF/HNO_3/H_2O$ 体系来腐蚀硅片，获得不同的形貌结构。采用此结构应用于电池背表面主要有三点优势：①背面由平面改变为凹坑面（图 2-26），对于光的长波反射有利，可以增加光的二次利用，提升短路电流；②与常规电池产线后清洗工序兼容，只需调整浓度时间等配比，即可获得所需的表面形貌，且不用额外增加抛光等工序，降低药液成本；③可增加双面电池的背面效率。

虽然背面改成凹坑面结构会带来一定的优势，但同时也会影响电池正面的效率。凹坑面结构会导致背表面的复合速率增加，从而降低电池的开路电压。因此，需要研究合适的背面形貌结构，在提高背反射和降低制造成本的同时，不影响电池的开路电压。针对 $HF/HNO_3/H_2O$ 刻蚀体系，考

Chapter 01

第2章　p型钝化发射极及背面接触（PERC）太阳能电池技术

Chapter 03

Chapter 04

Chapter 05

Chapter 06

虑到药液成本和时间成本，这里主要讨论适用量产的实验方案，HF 与 HNO_3 比例保持在 1∶3，然后改变水的总量，来改变最终药液的配比浓度。选择 HF∶HNO_3∶H_2O=1∶3∶2、1∶3∶4、1∶3∶6 的配比及不同刻蚀时间研究刻蚀的形貌、速率等。图 2-27 是 HF∶HNO_3∶H_2O=1∶3∶2 下不同刻蚀时间形成的表面形貌的 SEM 图。从图中可以看到，没有刻蚀的初始形貌是碱制绒结构，硅片表面簇拥着一个个小的金字塔。经过 60s 的酸刻蚀后，金字塔已基本被腐蚀成了一个个凹坑。这些坑的底部是原先金字塔的塔底，纵横之间的就是原来的金字塔塔尖。随着刻蚀时间增加，凹坑越来越大，深度越来越浅，但是 180s 后刻蚀基本达到了饱和。图 2-28 显示了 HF∶HNO_3∶H_2O=1∶3∶4 下不同刻蚀时间形成的表面形貌的 SEM 图。SEM 测试结果显示，这个配比下表面金字塔被腐蚀的速率大大降低了。虽然刻蚀的时间有所增加，但相对前一个配比，刻蚀更可控。图 2-29 显示的是 HF∶HNO_3∶H_2O=1∶3∶6 下不同刻蚀时间形成的表面形貌的 SEM 图，说明这个配比下，反应速率进一步下降。虽然刻蚀工艺更可控，但速率过慢不利于量产。所以从目前的实验结果看，HF∶HNO_3∶H_2O=1∶3∶4 的配比是最适合量产的工艺方案。

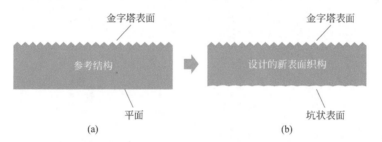

图 2-26　背表面抛光面（a）和背表面凹坑面（b）结构示意图

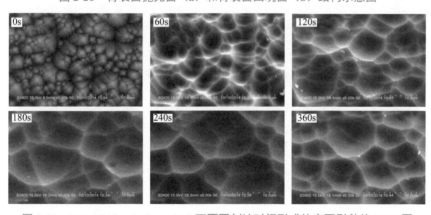

图 2-27　HF∶HNO_3∶H_2O=1∶3∶2 下不同刻蚀时间形成的表面形貌的 SEM 图

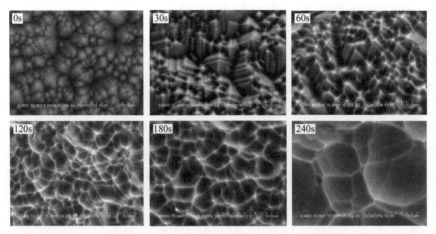

图 2-28　HF：HNO_3：H_2O=1：3：4 下不同刻蚀时间形成的表面形貌的 SEM 图

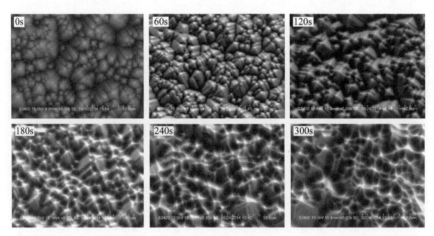

图 2-29　HF：HNO_3：H_2O=1：3：6 下不同刻蚀时间形成的表面形貌的 SEM 图

可以利用光学模拟确定合适的背面形貌。图 2-30 左图为刻蚀后的 SEM 图，右图为其凹面的示意图，如图定义高度、半宽度、θ。ω 定义为半球状的中心点的特征角。在 HF：HNO_3：H_2O=1：3：4 的配比下，刻蚀 180s 的形貌对应的高度为 2.18μm，半宽度为 5.36μm，θ=21.8°。

通过三角关系公式来算出特征角 ω 的数值。

$$\tan\theta \times \tan\omega = \frac{1}{\cos\omega} - 1 \qquad (2\text{-}2)$$

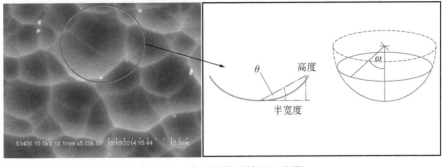

图 2-30 背面形貌计算的示意图

图 2-31 为不同特征角下，透射损失电流密度、正面反射损失电流密度和硅片吸收电流密度的变化趋势。可以看到，在 θ 为 20° 左右的时候，ω 约为 40°，硅片吸收的电流密度最高。HF：HNO_3：H_2O=1：3：4 配比下，180s 刻蚀形成的结构，其对应的 θ 值为 21.8°，比较接近理论模拟合适的结构。

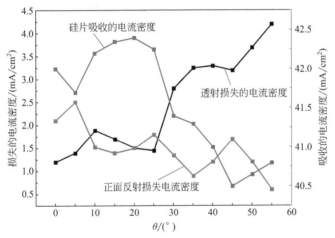

图 2-31 不同 θ 下对应的硅片透射损失电流密度、正面反射损失电流密度和硅片吸收电流密度

为了综合考虑光学、复合等因素影响，制备了不同背面形貌的 PERC 单晶硅电池，对比其电性能影响，同时也监控不同形貌下硅片的少子寿命。研究采用的硅片为 p 型 156mm×156mm CZ 单晶硅，电阻率为 1～2Ω·cm，厚度为 180μm。正面采用常规工业化的工艺流程，首先进行碱制绒，然后采用磷扩散工艺形成正面 pn 结。扩散后，进行背面抛光，参考组采用碱液抛光，对比组则采用 HF：HNO_3：H_2O=1：3：4 的配比，分

别腐蚀 60s、120s、180s。

电池正面采用选择性发射极结构，重扩区采用喷蜡方式保护，轻扩区采用 HF/HNO$_3$/H$_2$O 体系进行刻蚀，最后采用碱溶液将蜡去除形成选择性发射极。主栅区域没有重扩区，而是采用浮栅技术，非烧穿型的浆料可以有效降低金属下的接触复合。重扩区的 PSG 层在蜡被去除后也通过最后一道 HF 去除。背面的 AlO$_x$/SiN$_x$ 叠层和正面的钝化减反层采用等离子体增强沉积法（PECVD）来制备，而电池背面则采用波长 532nm 的皮秒激光进行背面钝化层的选择性开膜。Ag-Si 和 Al-Si 接触则通过丝网印刷和在烧结炉内共烧形成。

监控片在双面制绒后，双面扩散，再双面利用 HF：HNO$_3$：H$_2$O=1：3：4 进行刻蚀，刻蚀时间为 60s、120s、180s；然后用稀碱去除多孔硅，再双面钝化 AlO$_x$/SiN$_x$、烧结，测试少子寿命。图 2-32 为不同表面形貌对应的少子寿命图。双面抛光的硅片，由于其表面平整，复合速率低，具有较高的少子寿命。而酸刻组，少子相对偏低一些，但随着刻蚀时间的增加，少子寿命具有上升趋势，并且在 180s 时间下，少子寿命只比抛光组低了 40μs。

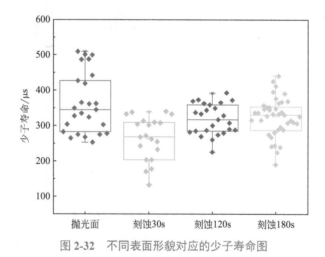

图 2-32　不同表面形貌对应的少子寿命图

表 2-3 显示了不同背面形貌 PERC 电池的电性能数据。从数据看，背面酸抛的电池，效率提升了 0.12 个百分点。背面从抛光面变为酸刻蚀绒面后，开路电压有所降低，但随着刻蚀时间的增加，开压会逐渐回升。当刻蚀时间为 180s 时，开压只比参考组低 1mV 左右，这与少子监控数据相吻合。短路电流得到了提升，180s 组电流提升了近 20mA，这主要是因为背面反

射导致长波光二次利用。背面酸刻蚀的电池，其串联电阻相对于抛光组有所降低，填充因子有所提升。这可能是背面比表面积更大，Al-Si 接触的面积相对增加，从而降低了串联电阻 R_s。所以，只要能保证量产背面后清洗工序的刻重在 0.35g 以上，基本就可以保证电池的效率有约 0.1 个百分点的提升。

Chapter 01

第 2 章　p 型钝化发射极及背面接触（PERC）太阳能电池技术

Chapter 03

Chapter 04

Chapter 05

Chapter 06

表 2-3　不同背面形貌 PERC 电池的电性能数据

项目	I_{sc}/A	U_{oc}/V	FF/%	η/%	R_s/Ω	R_{sh}/Ω
抛光面	9.702	0.6680	79.64	21.12	0.00198	331.2
刻蚀 30s	9.697	0.6591	79.24	20.73	0.00160	342.6
刻蚀 120s	9.718	0.6643	79.89	21.11	0.00167	314.9
刻蚀 180s	9.721	0.6669	79.98	21.24	0.00175	296.9

2.4.2　背面叠层钝化膜的研究

本节研究背面叠层钝化膜对电池效率性能的影响，主要是在 AlO_x 和 SiN_x 之间插入一层 SiO_x 层。图 2-33 显示了两种不同背面钝化膜结构的示意图。SiO_x/SiN_x 都是在等离子体化学气相沉积法（PECVD）内完成的，镀膜时需要通入 N_2O 和 SiH_4。SiO_x 的主要作用是降低入射光从背面透射出，尽可能地将入射光从硅背面反射回硅片内，进一步吸收，提高入射光长波段光的利用率。

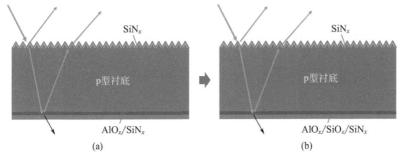

图 2-33　AlO_x/SiN_x 钝化膜（a）和 AlO_x/SiO_x/SiN_x 钝化膜（b）的结构示意图

考虑到硅片背表面的钝化效应，AlO_x 层在最里层，SiN_x 在最外层。

AlO$_x$/SiO$_x$/SiN$_x$ 三叠层结构模拟时，保持 AlO$_x$ 的厚度不变，通过改变 SiO$_x$/SiN$_x$ 的不同厚度来匹配实现最佳工艺。AlO$_x$ 的厚度保持在 20nm，AlO$_x$、SiO$_x$、SiN$_x$ 的折射率分别保持在 1.6、1.46、2.05。图 2-34 显示了不同 SiO$_x$ 厚度和 SiN$_x$ 厚度下，模拟得出的光生电流密度 J_{ph}。模拟结果显示，最高的光生电流密度 J_{ph} 为 41.87 mA/cm^2，对应的 SiO$_x$ 和 SiN$_x$ 的厚度分别为 220nm 和 80nm，而作为参考组的没有 SiO$_x$ 的 J_{ph} 是 41.63mA/cm^2。随着 SiN$_x$ 厚度的增加，光生电流密度增加，而随着 SiO$_x$ 厚度的增加，低 SiN$_x$ 的厚度是逐渐增加的，而高 SiN$_x$ 的厚度是先增加后减少。模拟结果可以看到，光生电流密度 J_{ph} 增加了 0.24mA/cm^2。

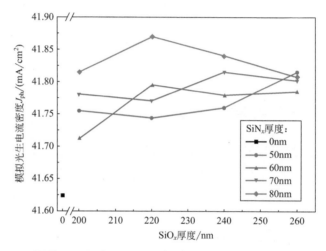

图 2-34　不同 SiO$_x$ 厚度和 SiN$_x$ 厚度下，模拟得出的光生电流密度 J_{ph}

　　实验研究采用的硅片为 p 型 156mm×156mm CZ 单晶硅，电阻率为 1～2Ω·cm，厚度为 180μm。正面采用常规工业化的工艺流程，首先进行碱制绒，然后采用磷扩散工艺形成正面 pn 结。进炉管利用液态磷源 POCl$_3$ 进行磷扩散。发射极的扩散方阻大约为 60Ω，在链式湿法清洗设备里采用氢氟酸（HF）水溶液来去除硅片背面和边缘的磷硅玻璃（PSG）层，而硅片正面 PSG 层则通过水膜保护不被去除。接下来，硅片再进 TMAH 水溶液抛光，去除背面和边缘的 pn 结，正面由于 PSG 存在且不与 TMAH 反应而不受影响，然后再用氢氟酸（HF）水溶液去除正面的 PSG 层。另外增加一组背面酸抛的结构进行对比。电池正面采用选择性发射极结构，重扩区采用喷蜡方式保护，轻扩区采用 HF/HNO$_3$/H$_2$O 体系进行刻蚀，最后采用碱溶液将蜡去除形成选择性发射极。采用 PECVD 方法在硅片背面沉积 AlO_x/SiN_x 和 $AlO_x/SiO_x/SiN_x$ 叠层薄膜，而正面的钝化膜 SiN_x 也采用 PECVD 系统沉积。

利用分光光度计分别测量 AlO_x/SiN_x 和 $AlO_x/SiO_x/SiN_x$ 叠层薄膜的反射率、透过率以及吸收率，如图 2-35 所示。两种结构的硅片正面的钝化膜一致，正面的光学差异很小。从图 2-35 中可以看到，不同背面叠层膜对短波的影响不大，但是 $AlO_x/SiO_x/SiN_x$ 叠层膜在长波段相对于 AlO_x/SiN_x 叠层膜的透过率明显降低，而且长波段的反射率也明显提升。最终 $AlO_x/SiO_x/SiN_x$ 叠层膜在长波段的吸收率更高。

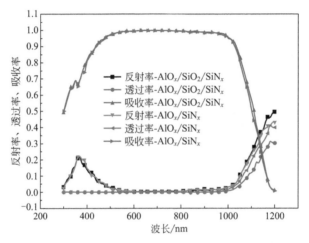

图 2-35　不同背面叠层膜的反射率、透过率及吸收率

电池背面采用波长为 532nm 的皮秒激光进行背面钝化层的选择性开膜。Ag-Si 和 Al-Si 接触通过丝网印刷和在烧结炉内共烧形成。主栅区域没有重扩区，而是采用浮栅技术，非烧穿型的浆料可以有效降低金属的接触复合。表 2-4 为背面结构和背面钝化膜对 PERC 电池的 I-V 特性的影响。从表中可以看到，在背面抛光的情况下，$AlO_x/SiO_x/SiN_x$ 叠层膜的效率只比 AlO_x/SiN_x 叠层膜的效率高 0.05 个百分点。效率提升主要是由短路电流的提高造成的，但开路电压、填充因子有所下降，且串联电阻 R_s 上升。当背面增加 220nm 的 SiO_x 薄膜后，背面钝化层总膜厚达到 320nm 左右，激光开膜工艺需要调整以完全打开三层复合钝化膜。

表 2-4　背面结构和背面钝化膜对 PERC 电池 I-V 特性的影响

性能参数	V_{oc} /mV	J_{sc}/(mA/cm^2)	FF/%	η/%	R_s/Ω	R_{sh}/Ω
背面抛光，AlO$_x$/SiN$_x$	663.4	39.39	80.55	21.05	0.00178	332.4
背面抛光，AlO$_x$/SiO$_x$/SiN$_x$	662.9	39.54	80.49	21.10	0.00193	356.8
酸刻蚀，AlO$_x$/SiO$_x$/SiN$_x$	662.1	39.66	80.69	21.19	0.00169	392.1

　　考虑背面形貌和背面叠层膜的综合效果，接着制备了一组背面用酸刻蚀陷光结构结合 AlO$_x$/SiO$_x$/SiN$_x$ 叠层膜钝化的 PERC 电池，其效率如表 2-4 所示。可以看到，相对抛光面 AlO$_x$/SiN$_x$ 钝化，陷光结构结合 AlO$_x$/SiO$_x$/SiN$_x$ 叠层膜钝化的提效效果更明显，效率提升 0.14 个百分点。虽然开路电压略有损失，但短路电流提升非常明显，有 0.27mA/cm^2 的提升。同时背面粗糙度增加，背面接触的比表面积相对更大，所以 R_s 降低，填充提升明显。图 2-36 对比了两种不同叠层膜 PERC 电池的量子效率曲线。从图中可以看到，三叠层膜在长波段效率更佳。

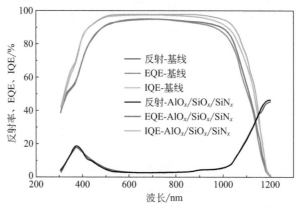

图 2-36　两种不同叠层膜 PERC 电池的量子效率曲线

EQE—外量子效率；IQE—内量子效率

　　背面采用 AlO$_x$/SiO$_x$/SiN$_x$ 三叠层钝化膜结构，从结构模拟上得出合适的膜厚、折射率分别是 20nm/220nm/80nm、1.6/1.46/2.05。模拟结果可以看到，光生电流密度 J_{ph} 增加了 0.24mA/cm^2。电性能模拟结果显示，短路电流密度 J_{sc} 提升了大约 0.63mA/cm^2，最终电池效率提升了 0.12 个百分点。制备 PERC 电池，AlO$_x$/SiO$_x$/SiN$_x$ 叠层膜的效率只比 AlO$_x$/SiN$_x$ 叠层膜的效率高 0.05 个百分点，主要提升在短路电流上，开路电压、填充因子都有所下降，且串联电阻 R_s 上升。在考虑酸刻蚀叠加 $AlO_x/SiO_x/SiN_x$ 钝化的 PERC 电池，相对抛光面 AlO_x/SiN_x 钝化，其提效效果更明显，效率提升 0.14 个百分点。如果采用纳秒激光开膜，可以完全解决背面厚膜不能完全去除的情况，其转换效率能进一步提升。

2.5

背面局域接触图形研究

PERC 电池的背面局域接触的比例为从 2% 到 5%。我们研究了背面三种不同的激光开膜图形，分别是线接触、分段线接触和点接触，见图 2-37。

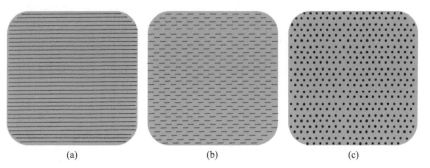

(a)　　　　　　　　(b)　　　　　　　　(c)

图 2-37 线接触（a）、分段线接触（b）和点接触（c）

PERC 电池开发初始采用线接触，线与线的间距 1mm 左右，线的宽度 40μm。随着激光设备的改进和开槽图形的优化，逐渐发展为分段线接触，分段线的间距、宽度，每个小线段的长度间隔，都是可设计优化的。但过短的分段线对 Al 浆来说是一个挑战，可能会出现空洞率过高、没法形成良好接触的情况。分段线再往细发展便是点接触，点接触的要求更高，一个是激光设备要能实现点的均匀开槽，且每行的点与点要错开，同时还需兼顾产能，激光加工时间要与分段线差异不大；另一个是 Al 浆的开发，Al 浆需填满每一个点坑，通过烧结与硅反应，形成良好接触。可利用理论模拟，设计出每种图形的尺寸，再与实验进行对比验证，优化背面激光开槽图形。

Chapter 01

第 2 章　p 型钝化发射极及背面接触（PERC）太阳能电池技术

Chapter 03

Chapter 04

Chapter 05

Chapter 06

　　设计模型时，光学、结构参数等都保持一致，只改变背面激光图形来进行模拟。线接触图形因只有一个激光开槽间距（pitch）的变量，所以模拟时，采用二维的建模即可。但是分段线和点接触除了一个激光开槽间距的变量，同时另一维度上也存在间隔的变量，因此这两种图形需要设计成三维建模。表 2-5 为实际输入模拟软件中电池各项参数。模拟的电池正面采用选择性发射极 SE 结构，考虑背面局部接触区没有空洞，不同图形电池的局部背表面场也保持一致。另外模拟三种图形只考虑激光开槽间距的差异，分段线的细线横向间隔和点的尺寸先固定不变。模拟三种不同图形在各自不同激光开槽的间距下的电性能变化。

表 2-5　实际输入模拟软件中电池各项参数

参数	值
硅片厚度	167μm
栅线宽度	60μm
栅线间隔	1600μm
主栅数量	5 个
轻扩散掺杂 R_{sheet}	140Ω
重扩散掺杂 R_{sheet}	60Ω
$J_{0,light}$	57fA/cm^2
$J_{0,heavy}$	179fA/cm^2
$J_{0,metal}$	773fA/cm^2
硅基底电阻率	2Ω·cm
体寿命	380μs
$J_{0,passivation}$	10fA/cm^2
$J_{0,LBSF}$	1000fA/cm^2
正面栅线特征接触电阻率	3mΩ·cm^2
背金属特征接触电阻率	5mΩ·cm^2
线接触线宽	60μm
短分段线接触宽度	60μm
短分段线接触长度	175μm
点接触	80μm×80μm

图 2-38 显示了背面三种不同激光开槽图形的效率趋势图。首先可以看到三种图形的效率随着间距的增加都出现了先增大后减小的趋势。线接触、分段线接触和点接触的模拟最高效率对应的间距分别是 800μm、400μm、230μm，最高效率分别是 20.56%、20.62%、20.63%。效率最高的图形为点接触图形，从线接触到分段线接触提升相对更明显。点接触的窗口相对较窄，目前浆料还在开发试用中。适合大规模量产，能提效且匹配常规 PERC Al 浆的，分段线接触是最合适的。

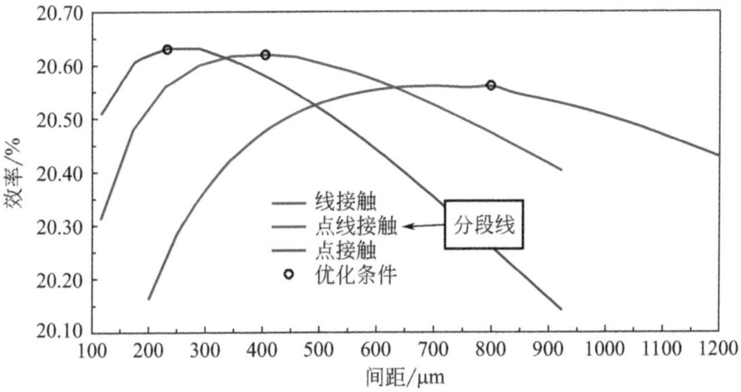

图 2-38　背面三种不同激光开槽图形的效率趋势图

图 2-39 显示了背面三种不同激光开槽图形的开压趋势图。可以看到，随着间距的增加，各种图形的开压是明显增加的，这与背面金属化比例有关，间距越大，金属化面积越小，自然开压越高，但需平衡与串联电阻的关系，所以这里三种图形最佳效率对应的开压分别是 663.1mV、664.5mV 和 664.1mV。这都不是最高的开压点，却是最合适的开压点。

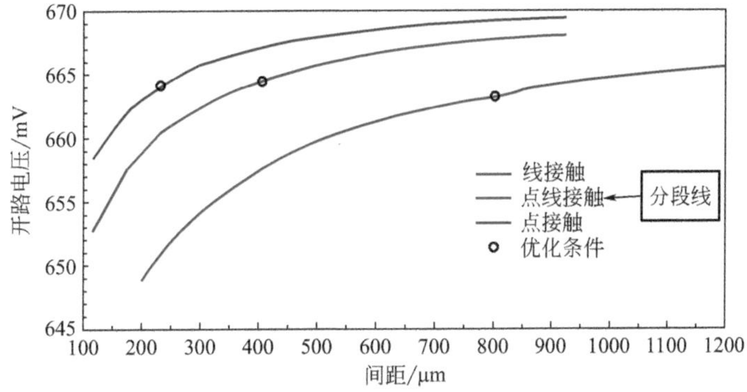

图 2-39　背面三种不同激光开槽图形的开压趋势图

图 2-40 显示了背面三种不同激光开槽图形的电流趋势图。可以看到，随着间距的增加，各种图形的电流也是明显增加的，这个趋势与开压的趋势一致，电流的变化也是受复合的影响。在最佳效率点对应的间距点，三种图形的短路电流差异不大。

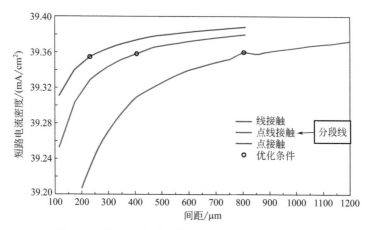

图 2-40 背面三种不同激光开槽图形的电流趋势图

图 2-41 显示了背面三种不同激光开槽图形的填充因子趋势图。可以看到，随着间距的增加，各种图形的填充反而是下降的。其变化趋势与开压和电流的趋势相反，主要也是受金属化面积的影响，间距越大，金属化面积越小，串联电阻越高，那就会导致填充因子逐渐变小。间距的变化实际是在平衡开压与填充的关系，以达到效率最高值的目的。三种不同的图形对应的最佳 FF 点分别是 80.3%、80.4% 和 80.5%。

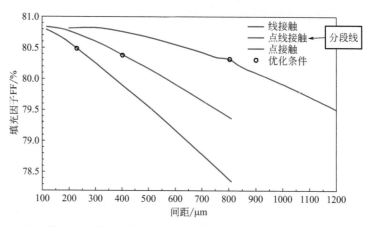

图 2-41 背面三种不同激光开槽图形的填充因子趋势图

图 2-42 显示了背面三种不同激光开槽图形的效率趋势图，同时增加了分段线不同线段长度的效率趋势。从图中可以看到，随着分段线的长度越来越小，其效率分布趋势是逐渐向点接触靠近的，当分段线长度低于100μm 时，基本和点接触是差不多的效果。

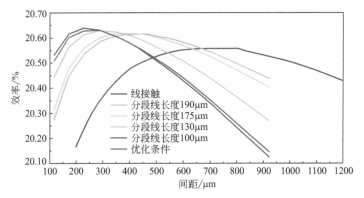

图 2-42　背面三种不同激光开槽图形的效率趋势图

图 2-43 显示了点接触不同点径大小的效率趋势图。从图中可以看到，点径在较小的情况下，效率最高点是在点径较小的尺寸下；随着点径的增加，最高效率点对应的点径值逐渐变大。这也是金属化面积的平衡结果，需维持一个合理的开膜面积，效率才会达到最佳值。

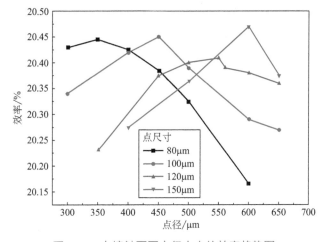

图 2-43　点接触不同点径大小的效率趋势图

实验研究采用的硅片为 p 型 156mm×156mm CZ 单晶硅，电阻率为

Chapter 01

第 2 章　p 型钝化发射极及背面接触（PERC）太阳能电池技术

Chapter 03

Chapter 04

Chapter 05

Chapter 06

$1 \sim 2\Omega \cdot cm$，厚度为180μm。正面采用常规工业化的工艺流程，首先进行碱制绒，然后采用磷扩散工艺形成正面pn结。进炉管利用液态磷源$POCl_3$进行磷扩散。发射极的扩散方阻大约为60Ω，在链式湿法清洗设备里采用氢氟酸（HF）水溶液来去除硅片背面和边缘的磷硅玻璃（PSG）层，而硅片正面PSG层则通过水膜保护不被去除。接下来，硅片再进TMAH水溶液抛光去除背面和边缘的pn结，正面由于PSG存在且不与TMAH反应而不受影响，然后再进HF水溶液去除正面的PSG层。电池正面我们采用选择性发射极结构，重扩区采用喷蜡方式保护，轻扩区采用$HF/HNO_3/H_2O$体系进行刻蚀，最后采用碱溶液将蜡去除形成选择性发射极。为了提升硅片背面的钝化效果和光学反射，我们采用PECVD系统在硅片的背面沉积AlO_x/SiN_x叠层薄膜，而正面的钝化膜SiN_x也采用PECVD系统来沉积。

电池背面则采用波长532nm的皮秒激光进行背面钝化层的选择性开膜。选择三种不同的激光图形进行对比。激光开槽后，Ag-Si和Al-Si接触通过丝网印刷和在烧结炉内共烧形成，主栅区域没有重扩区，而是采用浮栅技术，非烧穿型的浆料可以有效降低金属下的接触复合。

为了验证模拟结果的准确性和方向性，根据模拟的结果设计了三种不同的激光图形的PERC电池电性能对比。表2-6显示了背面三种不同激光图形的图形参数设计。因线接触图形前期做过很多研究也相对简单，我们根据模拟最佳结果，间距在800μm时为实验的参考组Lot1。Lot2为分段线图形，这里共设计了5组实验，固定分段线的线长175μm，变化间距；缩小分段线的线长至100μm，变化间距。Lot3为点接触的图形，按照模拟的结果，对比了点大小和点间距在不同数值下的电性能变化。

表2-6　背面三种不同激光图形的图形参数设计

样品	图形	线宽/μm	激光开槽的间距（pitch）/μm	分段线长度/μm
Lot1	线接触	60	800	
Lot2-1	分段线	60	200	175
Lot2-2	分段线	60	400	175
Lot2-3	分段线	60	600	175
Lot2-4	分段线	60	230	100

样品	图形	线宽/μm	激光开槽的间距（pitch）/μm	分段线长度/μm
Lot2-5	分段线	60	400	100
Lot3-1	点接触	80×80	230	
Lot3-2	点接触	80×80	400	
Lot3-3	点接触	100×100	400	

Chapter 01

第 2 章　p 型钝化发射极及背面接触（PERC）太阳能电池技术

Chapter 03

Chapter 04

Chapter 05

Chapter 06

点接触的浆料需特殊的含掺硅较多的 Al 浆来匹配，如果用常规的 PERC Al 浆，烧结后，会出现较多空洞的点，无法形成良好的局部背表面场 LBSF，会导致电池的电性能很低。因此，模拟考虑的是背面无空洞、LBSF 保持一致，实际电池制备中会存在差异。另外表中所标识的尺寸皆为最终 Al 浆烧结后的尺寸，激光开槽后的尺寸偏小一些。

表 2-7 显示了背面三种不同激光图形的 I-V 电性能参数。参考组线接触的平均效率为 20.85%，采用分段线接触和点接触的电池的最高效率在 20.95% 左右，比线接触提升了 0.1 个百分点。其增益主要来自开压和填充的提升，短路电流差异不大。背面图形的研究主要是为了平衡开压与填充的关系，电流的损失与光学关系更大，复合特别是背面复合相关的电流影响很小，所以这里电流的差异不大；且背面分段线和点接触更利于载流子的收集，合适的图形设计会使得载流子在背面以最短的路径方式收集到背面接触区，降低载流子传输的损失。实验结果趋势与上一节模拟的结果相似。

Lot2-1 ~ Lot2-3 在同样的分段线线长下，对比了不同间距的电性能。从实验结果看，随着间距增大，开路电压和短路电流逐渐增加，但是填充因子却逐渐降低，且 Lot2-3 降低得非常多，串联电阻也是逐渐增加的。电池效率是先增加后降低，效率最高的一组为 Lot2-2，对应的分段线尺寸是间距为 400μm 时，这同样与模拟的结果相一致，说明模拟的结果能指导我们实验设计方向，避免大量的实验工作。Lot2-4、Lot 2-5 是将分段线的线长降低到了 100μm，分别对应 230μm 和 400μm 的间距。实验结果显示，当线变短时，如果降低了间距的数值，其开膜的金属化面积也会达到间距 175μm 一样，Lot2-4 的结果与 Lot2-2 一致，两种图形的金属化面积也差不多，Lot2-5 则是间距变大，金属化面积变小，所以开压上升，但填充损失很多导致效率偏低。

表 2-7　背面三种不同激光图形的 I-V 电性能参数

样品	V_{oc}/mV	J_{sc}/(mA/cm^2)	FF/%	η/%	R_s/Ω	R_{sh}/Ω
Lot1	662.3	39.32	80.1	20.85	0.00195	467.2
Lot2-1	658.9	39.31	80.6	20.87	0.00173	543.2
Lot2-2	663.4	39.36	80.2	20.94	0.00190	445.9
Lot2-3	665.8	39.38	79.5	20.84	0.00235	398.8
Lot2-4	662.9	39.35	80.3	20.95	0.00188	453.6
Lot2-5	666.6	39.39	79.3	20.82	0.00239	412.7
Lot3-1	662.6	39.32	80.3	20.92	0.00186	465.9
Lot3-2	665.3	39.38	79.6	20.85	0.00228	377.8
Lot3-3	663.3	39.33	80.1	20.89	0.00192	398.9

　　由于 Lot2-4 的分段线长度已经很小了，只有 100μm，这与点接触的图形很接近，所以 Lot2-4 与 Lot3-1 的效率差异不大。Lot3-1～Lot3-3 是不同点径和间距的差异对比，其趋势也与模拟结果相一致，金属化面积的大小决定着开压与填充之间的关系，最终达到效率的一个最佳平衡值。

　　Al 浆烧结后，会在背面开槽区与硅反应，形成 Al-Si 合金层填充在局部凹坑内，同时一部分 Al 会掺杂进入硅体内形成局部背表面场（LBSF）。将电池片的背面 Al 层在 10% 质量浓度的盐酸溶液中浸泡10min 后，超声清洗干净。分段线接触和点接触 Al 浆去除后显微镜俯视图如图 2-44 所示。线接触与分段线接触差异不大，只是长短不一。从图中可以看到，在背面抛光面上有一层黄色的钝化膜，中间有一个形状不一样的凹坑。图 2-44（a）是分段线的图形，图 2-44（b）是点接触的图形，实测分段线长 168μm、宽 58μm，点接触是 80μm×80μm 的方块。图中里面都是凹坑，填满了 Al-Si 合金，这里已经被洗掉了。点接触烧结后留下一个个倒金字塔形的凹坑。当分段线的长度足够短时，实际上烧结后就是一个个点接触图形。

Chapter 01

第 2 章 p 型钝化发射极及背面接触（PERC）太阳能电池技术

Chapter 03

Chapter 04

Chapter 05

Chapter 06

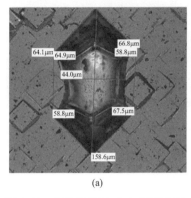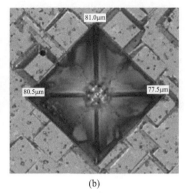

图 2-44　分段线接触（a）和点接触（b）背面 Al 浆去除后显微镜俯视图

电池片正面激光切割后测试背面横截面扫面电镜 SEM 图如图 2-45 所示，图 2-45（a）和图 2-45（b）分别对应着分段线接触和点接触。为了测试局部背表面场 LBSF，对横截面进行"染色"，即把氢氟酸、硝酸、乙酸按照 1:3:6 的配比混合，将切割后的电池片放进混合液中浸泡 10s，清洗干净后测试。图中最上一层宽度在 2μm 左右的区域就是 LBSF 区域，它是由硅中掺杂了高浓度的 Al 而形成的一个表面场，对于开路电压的高低影响非常大。由于硅基与 LBSF 区域的掺杂浓度不一样，所以在混酸中的腐蚀速率不一样，最终呈现出不同的颜色。图 2-45 中显示的是正常的局部接触区域 SEM 图，如果 Al-Si 接触没形成好，会出现中间空洞或半空区域，此时的 LBSF 宽度非常窄，影响电池的开路电压和短路电流，同时也影响了局部接触，降低填充因子。因此，背面局部开槽图形、Al 浆以及烧结工艺，这些都对背面局部背表面场有着至关重要的影响。

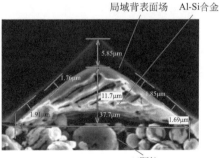

图 2-45　分段线接触（a）和点接触（b）背面横截面扫面电镜 SEM 图

三种不同背面图形的效率对比，分段线和点接触都比线接触要好。但是实际量产中，点接触和短分段线由于对激光要求较高，需要开关光闸保证分段或点打激光，对产能的影响较大，在权衡提效和可量产的前提下，长分段线的方案是目前较理想的可量产图形。但理论上，最佳的图形应该是点接触的设计，随着激光设备的升级和点接触 Al 浆的开发，未来 PERC 电池的背面激光图形会逐步转向点接触开槽设计。

2.6

背面局部硼激光掺杂研究

PERC 也有其缺点：①背面的金属与半导体硅材料接触处仍然存在复合，对电池效率造成损失；②背面由于金属电极与半导体硅基体材料直接接触，根据半导体理论，要形成欧姆接触，基于 PERC 电池结构，硅与金属的接触电阻率要低于 $5 \times 10^{-3} \Omega \cdot cm^2$。

针对 PERC 存在的问题，为了进一步改善性能，Martin Green 研究小组于 1990 年在 PERC 的基础上开发出了 PERL，在背面金属化与硅基体接触区采用 BBr₃ 定域扩散形成 P⁺ 重掺杂，改善背面接触，降低 R_s，同时改善金属半导体接触区域的复合，提升 V_{oc}，最终电池效率达到 24.2%[29]；之后小组成员赵建华博士等对 PERL 电池工艺多次改进，如 MgF_2/ZnS 双面减反膜进一步降低正表面反射率，于 1999 年在面积为 $4cm^2$ 的 FZ 硅片上将 PERL 电池效率提高到 24.7%，而后通过将背面局域硼掺杂扩大到背面进行全掺杂，背面局部开孔接触区采用重掺杂，非接触区采用轻掺杂，基于面积为 $4cm^2$ 的 MCZ 硅片开发出效率为 24.5% 的 PERT 电池[30]。

利用激光进行掺杂主要有三种方法[44]：气态浸没式激光掺杂，液态湿法激光加工，激光诱导预掺杂层熔融掺杂。第三种激光掺杂是利用激光扫描表面附着掺杂源的硅片，硅片吸收了激光大部分能量，迅速升温并达到熔融态，同时掺杂源中的元素通过扩散进入硅基体内，形成掺杂区域，扩散深度可达微米量级。相对于其他掺杂方式，激光掺杂优势明显，掺杂只需在常温下进行，能耗低，避免了高温扩散对硅片的影响。掺杂控制精度高，且不会产生有毒副产物。激光掺杂设备较小，使用灵活，与产线兼容性高。因掺杂源层通常较薄，一般采用短波激光，以减少对硅片的损伤。不同的激光波长和能量密度产生的掺杂效果不同。激光掺杂发射极所需的平均功率密度在 $10^8 \sim 10^{10}$ W/m²。

本节研究采用表面局部印刷硼掺杂浆料，利用激光进行硼源掺杂。先在 p 型抛光片上沉积 AlO_x/SiN_x 钝化叠层膜，然后利用丝网印刷方式或液态源旋涂方式在 AlO_x/SiN_x 叠层膜上沉积一层硼源。随后利用波长为 532nm 的绿光纳秒激光进行激光掺杂，一方面将硼元素扩散进硅基内，另一方面将 AlO_x/SiN_x 叠层膜打开，同时完成激光掺杂和激光开膜，从而提升局部掺杂的浓度，降低局部接触的电阻和复合电流，从而提升电池的开路电压和短路电流，提升电池效率。

图 2-46（a）显示了印刷硼浆后，硅片横截面的显微镜图；附图为硼浆的实物图，可以看到其黏度跟铝浆接近，可以用来印刷。网版设计可根据监控或制备电池来印刷整面和栅线图形。图 2-46（b）显示了用来做监控和测试的硅片，镀完膜的硅片表面有一层褐色的硼浆，厚度大约在 1.1μm。选择不同的激光工艺进行掺杂，激光掺杂面积为 140mm×10mm。图中发亮的线条便是不同激光参数掺杂后的图形。

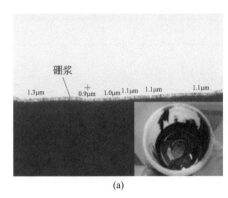

(a)　　　　　　　　　　　　　　　　(b)

图 2-46　硼浆印刷后横截面的显微镜图（a）和激光掺杂后的俯视显微镜图（b）

表 2-8 显示了纳秒激光不同激光参数下对应的掺杂后方阻和铝浆烧结去除后的方阻。铝层在 10% 质量浓度的盐酸溶液中浸泡 10min 后，超声清洗干净。我们研究了不同激光参数在同一硼浆厚度下，对掺杂方阻的影响。激光的变量主要包括激光频率、电流、功率、扫面速度和线间距。线间距为激光两条线的中心点间距，这个间距决定了两条线的重叠区域，对

掺杂的方阻有一定的影响。Lot1 ～ Lot3 三组保持频率、电流、功率、线间距不变,只改变激光的扫面速度。从结果看,扫速对掺杂方阻的影响很大,随着速度降低,掺杂进硅的硼源逐渐增加,方阻逐渐降低。相对 Lot2,Lot4 提升了激光功率,方阻下降了 5.5Ω,但降低的幅度不是太高。相对 Lot3,Lot5 缩窄了间距,但掺杂的方阻下降很少,影响有限。铝烧结去除后,各组之间的掺杂方阻差异很小,说明硅中铝元素的掺杂比重相对较高。从激光参数的影响来看,扫速对于掺杂方阻的影响最大。

表 2-8　纳秒激光不同激光参数下对应的掺杂后方阻和铝浆烧结去除后方阻

DR 激光参数	频率/kHz	电流/A	功率/W	线间距/mm	扫面速度/(m/s)	方阻 R/Ω	
						激光掺杂后	铝烧结去除后
W/O B 浆料	1000	25	22.5	0.012	15		
Lot1	1100	23.5	18.9	0.012	7.2	38.6	19.7
Lot2	1100	23.5	18.9	0.012	4.8	25.8	18.7
Lot3	1100	23.5	18.9	0.012	3.6	14.4	17.3
Lot4	1100	23.5	23.5	0.012	4.8	20.3	18.4
Lot5	1100	23.5	18.9	0.008	3.6	13.5	16.8

我们同时对比了 Lot1 ～ Lot3 三种不同扫速下掺杂硼浆后的 ECV 曲线以及铝印刷后去除了掺杂区域的 ECV 曲线(包含没有硼掺杂铝浆烧结去除后的 ECV 曲线),见图 2-47 (a)、(b)。随着扫面速度降低,掺杂进硅体的硼量升高,结深增加,方阻降低,但表面浓度变化不明显。这说明激光降低扫描速度时,高温会使硼在硅体内扩散得更深。改变激光扫速,影响最大的是结深。铝浆烧结后,三种不同硼掺杂的曲线差异不大,而且方阻也差不多,但掺杂浓度比只有铝浆烧结形成的掺杂浓度高一个数量级,说明硼掺杂的效果已体现出来了,背面局部接触区域实现了重掺,可以降低局部接触区的复合电流,降低接触电阻。烧结后的掺杂曲线与硼掺杂后的曲线差异较大,高表面浓度区域变窄,结深被拉平且更深。这主要是由于铝浆在烧结时会熔化表面接触的硅,形成 Al-Si 合金,原高表面浓度的硼元素会被重新析出,所以高浓度区域变窄;同时铝元素也会掺进硅体内,

且由于高温长时间的作用，结深会更深，所以后半截曲线变得平缓且更深。ECV 测试曲线应该包含硼和铝元素的激活态。为了验证猜想，选取 Lot2 样品分别在硼掺杂后和烧结后送测 SIMS。

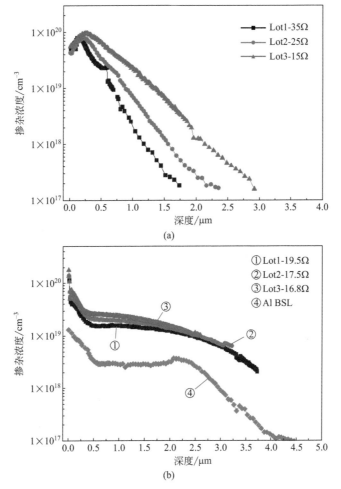

图 2-47　三种不同硼掺杂后的 ECV 曲线（a）和三种不同掺杂方阻铝浆烧结去除后的 ECV 曲线（b）（包含没有硼掺杂铝浆烧结去除后的 ECV 曲线）

　　图 2-48（a）、（b）分别显示了硼掺杂后和铝烧结去除后的 SIMS（二次离子质谱）、ECV（电化学掺杂浓度检测）曲线。SIMS 测试的是硼和铝元素在硅中所有的含量，包含了激活态与非激活态的，而 ECV 测试的只能是激活态的元素。图 2-48（a）硼掺杂后的曲线显示铝元素的含量更高，

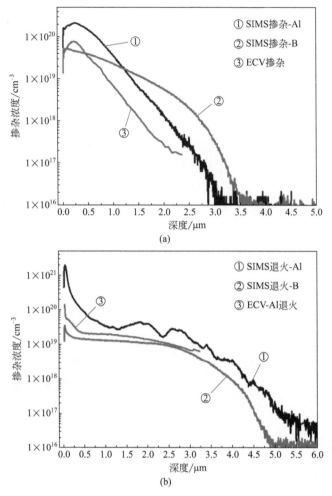

图 2-48　硼掺杂后的 ECV、SIMS 曲线（a）和铝浆烧结
去除后的 ECV、SIMS 曲线（b）

表面浓度比硼元素高，但结深浅。我们在印刷硼浆的时候，硼浆里并没有掺杂铝，这里在掺杂后出现的铝元素只能是 AlO_x 薄膜里面含有的铝。这说明我们在做硼激光掺杂的时候，同时也将 AlO_x 薄膜中的铝掺进硅体内，且 ECV 的曲线形状与 SMIS 中铝的形状类似，可能 ECV 激活态的元素是铝元素更多一点。图 2-48(b)中 SMIS 测的硼元素的浓度相对掺杂后降低，结深变深，这是由于铝烧结进硅会吃掉一部分表面硅形成 Al-Si 合金层，表面高浓度的硼从硅中析出，所以表面浓度降低，结深增加是因为在烧结过

Chapter 01

第 2 章 p 型钝化发射极及背面接触（PERC）太阳能电池技术

Chapter 03

Chapter 04

Chapter 05

Chapter 06

程中，高温进一步推进了硼元素向硅体内运动造成的。而 SMIS 测的铝元素比掺杂后高出很多，说明铝浆烧结进硅体内后，除了形成 Al-Si 合金层，还有一部分铝掺杂进硅体内，形成高浓度的 LBSF 层。

本节实验研究采用的硅片为 p 型 156mm×156mm CZ 单晶硅，电阻率为 1～2Ω·cm，厚度为 180μm。图 2-49 为背面硼掺杂 PERC 单晶硅电池的工艺制备流程图。正面采用常规工业化的工艺流程，首先进行碱制绒，然后采用磷扩散工艺形成正面 pn 结，进炉管利用液态磷源 POCl$_3$ 进行磷扩散。发射极的扩散方阻大约 60Ω，在链式湿法清洗设备里采用 HF 水溶液来去除硅片背面和边缘的 PSG 层，而硅片正面 PSG 层则通过水膜保护不被去除。接下来，硅片再进 TMAH 水溶液抛光去除背面和边缘的 pn 结，正面由于 PSG 层存在且不与 TMAH 反应而不受影响，然后再进 HF 水溶液去除正面的 PSG 层。电池正面我们采用选择性发射极结构，重扩区采用喷蜡方式保护，轻扩区采用 HF/HNO$_3$/H$_2$O 体系进行刻蚀，最后采用碱溶液将蜡去除形成选择性发射极。为了提升硅片背面的钝化效果和光学反射，我们采用 PECVD 方法在硅片的背面沉积 AlO$_x$/SiN$_x$ 叠层薄膜，而正面的钝化膜 SiN$_x$ 也采用 PECVD 系统来沉积。

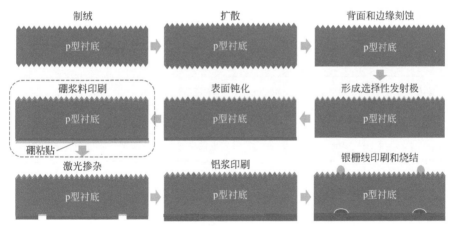

图 2-49　背面硼掺杂 PERC 单晶硅电池工艺制备流程图

背面利用丝网印刷一层硼浆，图形为激光栅线的图形，线宽在 120μm 左右，以保证激光掺杂的宽度在硼线内，随后在 300℃下烘干 90s。利用波长为 532nm 绿光的纳秒激光进行掺杂，掺杂的条件为 Lot1～Lot3 三种不同的激光掺杂扫描速度。激光掺杂后，印刷铝浆、多余的硼浆不需要去除，铝在烧结后会将多余的硼浆吃掉。Ag-Si 和 Al-Si 接触则通过丝网印刷和在烧结炉内共烧形成，主栅区域没有重扩区，而是采用浮栅技术，非烧穿型的浆料可以有效降低金属下的接触复合。

表 2-9 显示了不同激光掺杂条件下 PERC 电池的电性能参数。参考组为正常激光开膜，图形与其他掺杂的三组完全一致。从电性能结果来看，硼掺杂的电池效率比参考组高，并且掺杂浓度越高、方阻越低时，电性能越高，对应的开压和电流逐渐增加，说明局部掺杂区的复合是越来越低，这与 ECV 监控的趋势相一致，且体现了硼掺杂的优势。并且填充因子也随着掺杂方阻的降低而逐渐上升，这主要是串联电阻引起的，说明局部重掺后，同时也降低了背面局部接触的接触电阻，从而提升了填充因子。最终掺杂方阻最低的效率提升最高，提效绝对值在 0.2%。随着掺杂方阻进一步降低到 10Ω 以下，提效应该会更明显，不过带来的问题是掺杂需要很慢的速度或者很高的功率来实现，这对量产的产能又会有一定的影响，所以需进一步优化提升激光的掺杂效果和硼浆中硼颗粒的浓度等。

表 2-9　不同激光掺杂条件下 PERC 电池的电性能参数

条件	J_{sc}/(mA/cm²)	U_{oc}/V	FF/%	η/%	R_s/Ω	R_{sh}/Ω
W/OB 掺杂	39.27	0.6639	79.87	20.82	0.00204	244.51
W/B 掺杂 35Ω	39.30	0.6647	79.94	20.88	0.00198	223.05
W/B 掺杂 25Ω	39.33	0.6652	80.07	20.95	0.00191	249.77
W/B 掺杂 15Ω	39.36	0.6664	80.12	21.02	0.00182	277.84

图 2-50 显示了背面激光掺杂后的显微镜图（a）和烧结后 LBSF 的显微镜图（b）。从图中可以看到，纳秒激光掺杂的线是由两条线组成的，正好在硼印刷线的中央，对准情况较好，可以有效地将硼元素掺杂进硅内，包括激光损伤在内的激光线宽是 50μm，硼线的宽度是 100 ～ 120μm。图 2-50（b）可以清楚地看到 LBSF 层，厚度大约是 6μm，这已经相对较宽了，说明 Al 和 B 掺杂的深度相对较深，有效地提升了 LBSF 的场钝化性能，降低复合，提升开压。

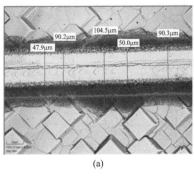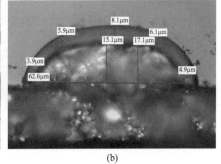

Chapter 01

第 2 章　p 型钝化发射极及背面接触（PERC）太阳能电池技术

Chapter 03

Chapter 04

Chapter 05

Chapter 06

图 2-50　背面激光掺杂后的显微镜图（a）和烧结后 LBSF 的显微镜图（b）

局部硼掺杂技术的应用，是 PERC 电池的升级版本 PERL 电池，也是未来 PERC 电池降低背面接触区复合的有效方法。铝浆中添加硼颗粒，铝烧结时硼元素共烧进硅体内，这也是硼掺杂的一种方式。未来硼浆能否大规模应用需看铝浆的发展趋势和未来应用的前景。

2.7

p 型多晶 PERC 太阳能电池技术

p 型多晶 PERC 太阳能电池（以下简称 PERC 电池）对于硅片体寿命的要求高，这样就对硅片体寿命相对较低的多晶硅电池叠加 PERC 技术提出了新的挑战。从目前产业化应用的 p 型硅片来看，在完成正背表面的界面钝化后，单晶硅片的体寿命一般为 400 ～ 600μs，而多晶硅片则在 200μs 左右。低的硅片体寿命，限制了多晶 PERC 电池背表面钝化的效果，效率增益也相对减少。基于多晶硅片，模拟了其不同体寿命情况下的效率表现，如图 2-51 所示。因为硅片体反向饱和电流 $J_{0\,bulk}$ 还和电阻率有关，在特定电阻率情况下，硅片的少子寿命与 $J_{0\,bulk}$ 可以一一对应比较。随着体寿命的升高，硅片 $J_{0\,bulk}$ 降低。以 1.1Ω·cm 的电阻率为例，基于多晶 PERC 电池技术，硅片体寿命从 50μs 提升到 200μs，电池光电转换效率从 20.8% 提升到 21.3%。随着电阻率的下降，因为体掺杂浓度影响的增加，体寿命变化带来的效率影响降低。

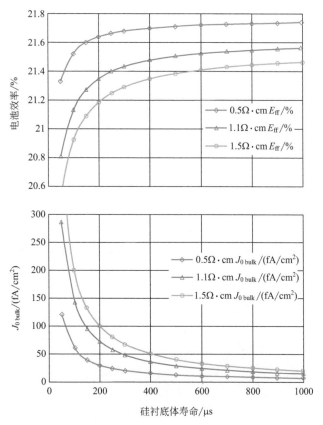

图 2-51　多晶 PERC 电池体寿命与效率关系模拟曲线

　　对于多晶 PERC 电池来说，另一大挑战就是光学吸收。因为多晶硅正表面绒面的局限，多晶 PERC 电池光学增益也显著降低。在多晶 PERC 电池的制备过程中，需要对表面绒面结构进行优化，一种可行的方案就是叠加多晶 RIE 或者 MCCE 的绒面技术，行业内俗称其为多晶黑硅制绒技术。多晶 PERC 电池采用传统 HF/HNO_3 刻蚀的制绒技术时，相对于未叠加 PERC 技术的多晶硅电池绝对效率增益在 0.6% ～ 0.8%，而叠加了黑硅绒面技术的多晶 PERC 电池效率增益可达 1% ～ 1.2%，在进行工艺的优化匹配后甚至可以超过 1.5%。效率的增加超过了单纯 PERC 及黑硅的效率叠加增益。表 2-10 为多晶 PERC 电池的效率表现，数据来源于光伏行业研讨会、协鑫集成所公布的多晶 PERC 电池效率。可以看到，RIE 叠加 PERC 电池效率相对提升达到了 1.73%。

表 2-10　多晶 PERC 电池的效率表现

性能参数	V_{oc}/mV	J_{sc}/(mA/cm^2)	FF/%	η/%
传统多晶硅电池效率	633.5	36.81	80.18	18.70
RIE 叠加 PERC 技术的效率	656.5	39.10	79.57	20.43
RIE+PERC 工艺优化后的效率 [55]	667.1	40.01	79.77	21.29

随着 PERC 产能的迅速扩大以及效率的持续提升，对其电池组件长期可靠性和发电效率的研究越来越多，PERC 光致衰减偏高的问题引起了大家的高度重视 [45]。PERC 电池主要优化的是背面钝化，改善了长波响应，所以其对硅片体少子寿命更加敏感。在研究和量产中发现 PERC 技术应用于单晶，其电池效率的提升高于多晶。Fischer 和 Pschunder[46] 在 1973 年发现了掺硼 CZ-Si 太阳能电池的 LID（light induced degradation）问题，该研究显示，掺硼直拉单晶硅电池在光照后电池性能衰减，最终衰减趋于稳定，达到饱和值，但效率在一定温度光照时长后能完全回升。1997 年 Schmidt J 等 [47] 通过研究发现，p 型硅经过光照后体内会形成硼氧复合对缺陷，成为捕获少子的复合中心，从而造成少子寿命降低。针对 BO-LID，2006 年 Konstanz 大学提出了 BO 缺陷的三态模型（见图 2-52），阐述了"退火态 – 光衰态 – 激活态"三种状态的转变规律 [48]：在一定的载流子注入条件下，电池性能会衰减；在一定的处理条件下（载流子注入、H 原子、温度），电池性能会恢复，并保持稳定（一定的外在条件）；并提出了用于解决 BO-LID 问题的再生理论和技术，他们发现较高温度下的光照或者使用正向电流，可以使 BO-LID 经历衰减 - 再生的过程，且后续持续的光照或者电注入不会使电池的开路电压下降 [49]。

多晶的 LID 机理较复杂，目前行业内尚无统一结论。SCHOTT Solar AG 发现多晶 PERC 电池存在严重的光致衰减，其衰减率高于 CZ 单晶 PERC 电池 [50]，氧含量对多晶 PERC 衰减率影响不大。掺镓多晶 PERC 依然存在较高的光致衰减，多晶 PERC 电池的光致衰减与硼氧对无关，这一发现引起光伏行业内的重大关注。2015 年，Friederike Kersten 等 [51] 在多晶 PERC 组件中发现了一种新的衰减机制，称作热辅助衰减 LeTID（light and elevated temperature induced degradation）。多晶 PERC 组件在户外使用中，通过保温措施，增加组件的工作温度，多晶 PERC 组件达到最大的 LeTID，这是一种在相对高的温度时引起的辅助衰减。2017 年，Fabian Fertig 等 [52] 研究发现，在单晶 PERC 电池中同样有 LeTID 问题。UNSW、Konstanz、ISFH、ISE 等知名机构针对多晶的 LID 和 LeTID 进行了广泛而深入的研究，哈梅林太阳能研究所（ISFH）和诺威莱布尼茨大学联合提出多晶的光衰理论 [53]：多晶硅电池光致衰减的缺陷是某种间隙金属杂质与某种均匀分布的杂质×（O、C、N 或 H）结合形成。UNSW 针对 LeTID 提出了 HID（hydrogen-induced degradation）理论 [54]，认为多晶硅电池的光衰与氢具有强相关性：测定烧结过程中从 SiN_x 中进入硅片的 H 含量和衰减幅度的关系，发现进入硅片的 H 含量和衰减幅度线性相关 [55]。

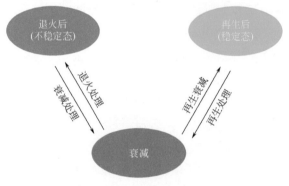

图 2-52　BO 缺陷三态模型

相对于 p 型单晶 PERC 电池，多晶 PERC 电池因为材料缺陷其引入的 LeTID 的风险会更大，需要采用一些特殊的工艺技术进行处理。除了在金属化过程中进行温度的控制，产业化上还使用高浓度载流子注入的方式加快 LID 及 LeTID 的衰减过程，并促使其恢复。一般有光注入和电注入两种方式。研究表明，光注入退火处理和电注入退火处理对 p 型单晶 PERC 电池的 LID 及 LeTID 衰减有抑制和减少作用 [56～58]，但对于 p 型多晶 PERC 电池，LeTID 衰减机理复杂，我们在产业化应用的条件下研究了光注入退火工艺及电注入退火工艺。采用电阻率为 1～3Ω·cm 的 p 型多晶硅片，厚度 180μm。按照产业化多晶 PERC 生产制备流程完成实验样品：a. 酸制绒；b. 扩散；c. 背面抛光及边缘刻蚀，去除正面磷硅玻璃；d. 背面 AlO_x/SiN_x 钝化膜沉积，正面 SiN_x 膜沉积，背面激光开槽，印刷背面电极铝浆、正面电极银浆，烧结完成电池。完成多晶 PERC 电池后测试电性能

Chapter 01

第2章 p型钝化发射极及背面接触（PERC）太阳能电池技术

Chapter 03

Chapter 04

Chapter 05

Chapter 06

参数，再进行光注入退火和电注入退火处理，退火处理后再次测试电性能参数，然后在 1000W/m² 的辐照强度下进行衰减测试。

图 2-53 为光注入退火温度对 p 型多晶 PERC 电池和多晶 RIE+PERC 电池 LID 叠加 LeTID 效率衰减的影响，在产业化应用中，一般光注入的强度和退火时间固定不变。相比没有经过光注入退火处理的多晶 PERC 电池的衰减，随着退火温度的上升，衰减呈先上升后下降的趋势；图 2-53 最佳退火温度处理后样品的衰减率较没有退火处理的样品降低了 0.5% ~ 1%。Herguth 等 [59] 研究了光注入退火处理温度和光照强度对 p 型单晶硅样品衰减恢复的影响，实验结果显示，随着退火时间的延长，实验样品先衰减然后恢复，而且随着光照强度增加和退火温度升高，恢复开始的时间提前，这与图 2-53 实验结果相似，说明 p 型多晶 PERC 电池存在与 p 型单晶 PERC 电池类似的 LID 及 LeTID 衰减机理，光注入退火对这种叠加衰减有抑制作用。

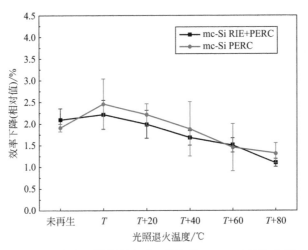

图 2-53　光注入退火温度对 p 型多晶 PERC 电池和多晶
RIE+PERC 电池 LID 叠加 LeTID 效率衰减的影响

电注入退火温度和退火时间对 p 型多晶 PERC 电池 LID 叠加及 LeTID 效率衰减的影响如图 2-54 所示，对比图 2-53 的结果，温度在光注入和电注入退火处理过程中对多晶 PERC 电池的衰减的影响规律一致，相比没有经过退火处理的 LID 叠加 LeTID 衰减，随着退火温度的上升，衰减呈先上升后下降的趋势 [图 2-54（a）]。图 2-54（b）为在最佳退火温度条件下，退火时间对 p 型多晶 PERC 电池 LID 叠加及 LeTID 效率衰减的影响，随着退火时间的延长，衰减呈下降趋势，图 2-54（b）最佳条件下电注入退火处理后平均 LID 衰减约 0.5%，较未退火处理的样品减少了 1%，此工艺条件下电注入退火处理可使 p 型多晶 PERC 电池的 LID 叠加及 LeTID 效率衰减降低至产业化可接受范围内。

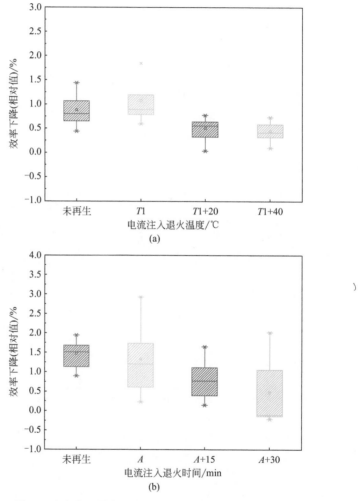

图 2-54　电注入退火温度（a）和退火时间（b）对 p 型
多晶 PERC 电池 LID 叠加及 LeTID 效率衰减的影响

　　在最佳工艺条件下，实验对比了不同效率挡位的 p 型多晶 PERC 电池经过光注入退火和电注入退火处理后的 LID 叠加及 LeTID 效率衰减，如

Chapter 01

第 2 章　p 型钝化发射极及背面接触（PERC）太阳能电池技术

Chapter 03

Chapter 04

Chapter 05

Chapter 06

图 2-55 所示。光注入退火和电注入退火对 p 型多晶 PERC 电池 LID 叠加及 LeTID 的效率衰减的抑制有明显的差异，光注入退火处理后，不同挡位样品效率衰减差异非常明显，19.4% 效率挡位的电池效率衰减约 1%，而 19.8% 及 19% 效率挡位的电池效率衰减在 2% 以上，甚至有单电池片样品效率衰减大于 6%。电注入退火对不同效率挡位的样品 LID 衰减均有明显抑制作用，平均效率衰减约为 1%，单电池片样品效率衰减可控制在 2% 以内。

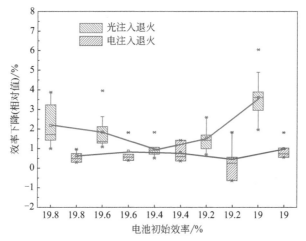

图 2-55　不同效率挡位的 p 型多晶 PERC 电池经过光注入退火和电注入退火处理后的 LID 叠加及 LeTID 效率衰减

　　由于电注入退火较光注入退火在抑制 p 型多晶 PERC 电池 LID 及 LeTID 衰减时有明显优势，实验大批量验证了电注入退火工艺对 p 型多晶 PERC 电池 LID 叠加及 LeTID 衰减的抑制效果，同时对比了掺 Ga 多晶 PERC 电池和掺 B 多晶 PERC 电池两种电池片，如图 2-56（a）所示，经过电注入退火处理后，掺 B 多晶 PERC 电池效率衰减可控制在 2% 以内，平均效率衰减约 1.1%；掺 Ga 多晶 PERC 电池效率衰减可控制在 2% 以内，平均效率衰减约 0.8%。图 2-56（b）显示，经过电注入退火处理后，p 型多晶 PERC 电池效率提升约 0.1%。大批量验证结果证明，电注入退火是一种可以有效抑制 p 型多晶 PERC 电池 LID 叠加及 LeTID 衰减的产业化技术方案，并且可以提升 p 型多晶 PERC 电池的绝对效率。

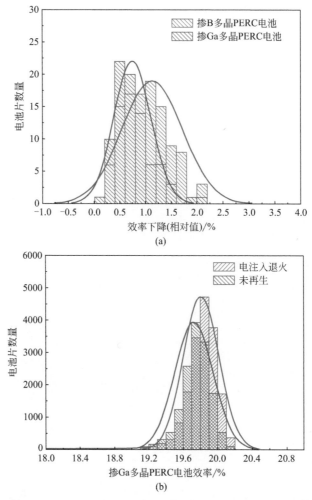

图 2-56 掺 B 多晶 PERC 电池和掺 Ga 多晶 PERC 电池经过电注入退火处理后的 LID 叠加
及 LeTID 效率衰减（a）和掺 Ga 多晶 PERC 电池经过电注入退火处理后绝对效率变化（b）

2.8

p 型 PERC 双面太阳能电池技术

　　双面太阳能电池（简称：双面电池）具有双面输出功率的特点，相
比单面电池，在不同场合，可额外增加 10% ～ 30% 的发电量[60, 61]。双面

Chapter 01

第 2 章 p 型钝化发射极及背面接触（PERC）太阳能电池技术

Chapter 03

Chapter 04

Chapter 05

Chapter 06

电池越来越引起光伏行业的关注和研究，根据 ITRPV 2016 预测，到 2020 年，双面电池的市场占有率将达 15%。目前，光伏行业关注的双面电池主要以 n 型硅为基体，ECN 2013 年开发的 n-Pasha 双面电池正面效率为 19.8%～20%[62]。ISFH 2015 年采用离子注入后共退火的方法制备 n 型 PERT 双面电池正面效率 20.7%[63]。Guilin 等[64] 采用很薄一层氧化铝（4nm）和氮化硅膜（75nm）钝化硼发射极，制备出 n 型双面电池，正面效率 20.89%，背面效率 18.45%。但 n 型双面电池正反面电极均需要银浆，制造成本高。

p 型双面电池在现有 p 型 PERC 电池基础上，对工艺做优化和调整，便可实现产业化，此正成为光伏行业关注的焦点。ISFH 2015 年发表文章，p 型单晶 PERC 电池背面印刷铝线制备出 p 型 Bi-PERC 双面电池，正面效率 21.2%，背面效率 16.7%，同年 Solarworld 使用此技术实现量产，成为第一家量产 p 型 Bi-PERC 双面电池的公司[65]。2017 上海 SNEC 光伏展，天合、乐叶、晶澳等展出了 p 型单晶 Bi-PERC 双面电池组件产品，然而 p 型多晶硅片由于载流子扩散长度的限制，p 型多晶 Bi-PERC 双面电池的研究比较少。

实验研究使用 156.75mm×156.75mm p 型金刚线切割多硅晶片，产业化条件下制备出了双面率达 70% 的 p 型多晶 Bi-PERC 双面电池，证明 p 型多晶 Bi-PERC 双面电池产业化的可行性。

研究的 p 型多晶 Bi-PERC 双面电池结构示意图如图 2-57 所示。按照产业化多晶 PERC 生产制备流程完成 p 型多晶 Bi-PERC 双面电池：选用电阻率为 1～3Ω·cm p 型金刚线切割多晶硅片，厚度 180μm，面积 156.75mm×156.75mm。酸溶液去除硅片表面损伤层和初步制绒，通过 RIE 黑硅工艺实现硅表面纳米级绒面。磷扩散在电池正面形成 pn 结。酸溶液进行边缘刻蚀，去除正面磷硅玻璃。背面 AlO_x/SiN_x 钝化膜沉积，正面 SiN_x 膜沉积。背面激光开槽形成 Bi-PERC 双面电池所需图形。印刷背面银电极、背面 H 网格图案的铝电极、正面 H 网格图案的银电极，烧结形成金属接触。本实验 Bi-PERC 双面电池的背面钝化膜系、激光图案、金属化方案和烧结均做了系统的工艺优化调整。

Bi-PERC 双面电池正面和背面 I-V 性能使用 HALM 测试机测试。为了单独评估正面和背面 I-V 性能，HALM 测试机进行了特殊的暗箱改造，并

且测试电池正面 *I-V* 性能时，电池背面使用黑色挡板遮挡；测试电池背面 *I-V* 性能时，电池正面使用黑色挡板遮挡，保证了 Bi-PERC 双面电池测试时正面效率和背面效率的独立性。

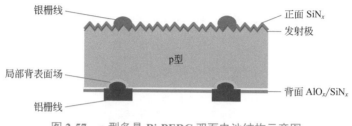

图 2-57　p 型多晶 Bi-PERC 双面电池结构示意图

　　实验中系统地进行了背面钝化膜系优化、激光图形及工艺优化、背面金属化方案及烧结优化，产业化条件下完成了小批量试制 p 型多晶 Bi-PERC 双面电池，其 *I-V* 性能结果如表 2-11 所示。小批量的正面平均效率 20.06%，背面平均效率 13.72%，转换效率的双面率为 68.4%。单片 Bi-PERC 双面电池正面最优效率 20.19%，背面最优效率 14.06%，转换效率的双面率为 69.6%。对比正面与背面的各电性能参数发现，背面转换效率低主要是因为电流密度 J_{sc} 低，J_{sc} 的双面率为 69.2%，而开路电压 V_{oc} 的双面率为 98.5%。

　　图 2-58 为单片转换效率最高的 Bi-PERC 双面电池正面和背面的 *I-V* 曲线。

表 2-11　产业化条件下小批量试制 p 型多晶 Bi-PERC 双面电池的 *I-V* 性能

电池性能参数	J_{sc}/(mA/cm^2)	V_{oc}/V	FF/%	E_{ff}/%	P_{mpp}/W
正面平均效率	38.83	0.654	79.51	20.19	4.96
背面平均效率	29.22	0.643	80.17	15.06	3.70
双面率				74.6	
正面最高效率	39.03	0.657	79.53	20.39	5.01
背面最高效率	29.19	0.655	80.19	15.34	3.77
双面率				75.2	

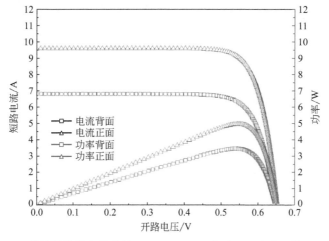

Chapter 01

第2章 p型钝化发射极及背面接触（PERC）太阳能电池技术

Chapter 03

Chapter 04

Chapter 05

Chapter 06

图2-58　单片转换效率最高的 Bi-PERC 双面电池正面和背面的 *I-V* 曲线

　　p 型多晶 Bi-PERC 双面电池背面反射率曲线和量子效率（QE）曲线如图 2-59 所示，发现 300 ～ 800nm 短中波电流损失主要来自背面光反射的损失，而 1000nm 以上长波的电流损失主要来自正面的复合电流损失。

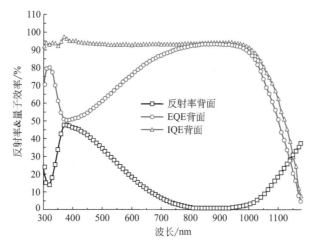

图2-59　p 型多晶 Bi-PERC 双面电池背面反射率曲线和量子效率（QE）曲线

　　考虑到 Bi-PERC 双面电池背面铝网格图案与背面激光开膜图案的对准，背面金属遮光面积比例为 29%，进一步分析了 Bi-PERC 双面电池背面电流的光学损失，如图 2-60 所示。由背面金属遮光引起的电流损失占到 63%，由背面光反射引起的电流损失占到 32%。进一步提高 Bi-PERC 双面电池背面的转换效率的主要方案为减少背面的金属遮光面积和降低背面反射率，例如背面 H 网格图案采用 MBB 叠加细铝栅优化设计（背面金属遮光面积降至 20%）、背表面绒面优化设计等，通过优化，p 型多晶 Bi-PERC 双面电池转换效率的双面率有望超过 75%。

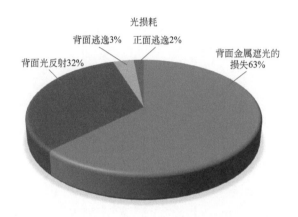

图 2-60　p 型多晶 Bi-PERC 双面电池背面电流的光学损失

模拟了不同铝栅线宽度下的双面率的变化，如图 2-61 所示。背表面铝栅线宽度减小是增加双面 PERC 电池双面率的重要因素。另外，背表面因为进行了酸刻蚀，其表面反射率远高于正面，对背表面进行绒面结构的优化也是提升双面率的重要途径。

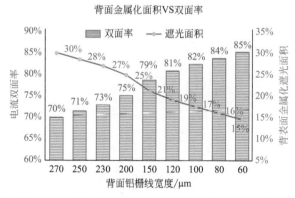

图 2-61　双面 PERC 电池背面铝栅线宽度对背表面金属化遮光面积和双面率的影响

2.9

p 型 PERC 太阳能电池技术的发展展望

　　p 型 PERC 太阳能电池（以下简称 PERC 电池）技术目前已经发展为高效晶体硅光伏电池的主流技术，国内大部分光伏企业都已规模批量生产 PERC 电池。PERC 单晶硅电池的效率从 2014 年最初的 20% 以上，达到目前已经超过 22%，其持续提升效率的潜力证明了其强大的生命力，且其量产的良率也在较高的水平，并且其最大的优势在于与传统的背表面场 BSF 电池相兼容，只需增加背面钝化工序以及激光开槽工序即可，因此成为目前低成本量产高效晶体硅电池的最佳选择。晶硅电池的薄片化也是未来发展的一个重要方向 [66]。随着技术不断发展与更新，正面选择性发射极技术、热氧技术、双面 PERC 电池技术、先进金属化技术等都在陆续上线，提升了 PERC 电池的转换效率，降低了电池的制造成本。而随着硅片质量的不断提升、制造工艺的不断升级等，在未来可以预见，量产 PERC 电池的技术能提升到 23% 以上，而且其强大的供应链也能持续降低 PERC 电池的制造成本。所以可以预见，未来至少 5 年内，高效 PERC 电池技术依旧将是大规模量产晶体硅电池的主流技术。但随着技术的迭代，p 型 PERC 电池的效率会逐渐碰到其效率瓶颈，PERC 电池想进一步提升电池效率到 24% 以上是非常困难的，其金属下较大的复合将是制约其效率提升的主要瓶颈。因此接触钝化电池等高效电池技术方兴未艾，各大主流光伏企业都在积极开发相关电池技术，并且接触钝化电池也可以在 PERC 电池技术基础上进一步升级，适合目前大规模量产企业的技术升级，是未来高效电池发展的主要技术之一。本征薄膜异质结（HIT）电池技术与钝化接触异曲同工，也是未来主流发展的高效电池技术，但适合于新建电池车间，而且其较少的制造工序也更适合于规模量产。

＜参 考 文 献＞

[1] Andrew W，Blakers，Aihua Wang，Adele M，Milne，Jianhua Zhao，Martin A Green.22.8% efficient silicon solar cell[J]. Applied Physics Letters，1989，55（13）：1363-1365.

[2] Agostinelli G, Delabie A, et al.Very low surface recombination velocities on p-type silicon wafers passivated with a dielectric with fixed negative charge[J]. Solar Energy Materials & Solar Cells, 2006, 90: 3848-3443.

[3] Thomas Lauermann, Thomas Lueder, et al. Enabling dielectric rear side passivation for industrial mass production by enabling lean printing-based solar cell processes[C].35th IEEE Photovoltaic Specialists Conference, 2010: 28-33.

[4] Lachowicz A, et al. Development of high efficient silicon solar cells [C]. 27th EUPVSEC, 2012: 1846.

[5] Dullweber T, Hannebauer H, et al. Fine-Line Printed 5 Busbar PERC Solar Cells With Conversion Efficiencies Beyond 21% [C]. 29th EU PVSEC, 2014: 356-358.

[6] Daming Chen, Weiwei Deng, Jianwen Dong, Feng Ye, et al. 21.40% efficient large area screen printed industrial PERC solar cell [C]. 30th EU PVSEC, 2015: 305-307.

[7] Feng Ye, Weiwei Deng, Wangwu Guo, Ruiming Liu, Daming Chen, Yifeng Chen, Yang Yang, Ningyi Yuan, Jianning Ding, Zhiqiang Feng, Pietro P Altermatt, Pierre J Verlinden. 22.13% Efficient Industrial p-Type Mono PERC Solar Cell [C]. IEEE 43rd PVSC, 2016, Portland, United States.

[8] Weiwei Deng, Feng Ye, Ruimin Liu, Yunpeng Li, Haiyan Chen, et al. 22.61% Efficient fully Screen Printed PERC Solar Cell [C]. IEEE 44rd PVSC, 2017, WASHINGTON, D C, United States.

[9] Feng Ye, Yunpeng Li, Xuguang Jia, Huafei Guo, Xiuqin Wang, Jianning Ding, Ningyi Yuan, Zhiqiang Feng. Optimization of phosphorus dopant profile of industrial p-type mono PERC solar cells [J]. Solar Energy Materials and Solar Cells, 2018, 190: 30-36.

[10] https: //www.pv-magazine.com/2017/10/23/longi-claims-22-71-perc-efficiency-world-record/.

[11] Weiwei Deng, Feng Ye, Zhen Xiong, Daming Chen, Wanwu Guo, et al. Development of high-efficiency industrial p-type multi-crystalline PERC solar cells with efficiency greater than 21% [C]. 6th Silicon PV, 2016, Chambéry, France.

[12] Ruby D, Yang P, et al. Recent progress on the self-aligned, selective-emitter silicon solar cell [C]. 26th IEEE PVSC, 1997: 138-140.

[13] Hahn G, Haverkamp H, et al. Method for Producing a Silicon Solar Cell with a Back-etched Emitter as well as a Corresponding Solar Cell [P]. US: 20100218826, 2008.

[14] Engelhart P, Hermann S, et al. Laser ablation of SiO_2 for locally contacted Si solar cells with ultra-short pulses [J]. Progress in Photovoltaics: Research and Applications, 2007, 15 (6): 521-527.

[15] 赵建华, 王艾华, 等. 一种选择性发射极晶体硅太阳电池及性能分析 [C]. 第十届中国太阳能光伏会议论文集, 2008.

[16] Tjahjono B，Guo J，Hameiri Z，Mai L. High efficiency solar cell structures through the use of laser doping [C]. EUPVSEC，2007：966-969.

[17] Li T，Wang W，et al. Laser-doped solar cells exceeding 18% efficiency on large-area commercial-grade multicrystalline silicon substrates [J]. Progress in Photovoltaics：Research and Applications，2012.

[18] Fell A. Modelling and simulation of laser chemical processing（LCP）for the manufacturing of silicon solar cells [D]. Universität Konstanz，2010.

[19] Lee E，Lee H，et al. Improved LDSE processing for the avoidance of overplating yielding 19.2% efficiency on commercial grade crystalline Si solar cell [J]. Solar Energy Materials and Solar Cells，2011，95（12）：3592-3595.

[20] Granek F，Fleischmann C，et al. Screen-Printed Silicon Solar Cells with LCP Selective Emitters [C]. 25th EUPVSEC，Valencia，Spain，2010：318-321.

[21] Antoniadis H，Jiang F，et al. All screen printed mass produced silicon ink selective emitter solar cells [C]. 35th IEEE PVSC，2010：301-303.

[22] Jeon M，Lee J，et al. Ion implanted crystalline silicon solar cells with blanket and selective emitter [J]. Materials Science and Engineering：B，2011，176（16）：1285-1290.

[23] Low R，Gupta A，et al. High efficiency selective emitter enabled through patterned ion implantation [C]. 35th IEEE PVSC，2010：345-347.

[24] Aberle Armin G. Surface Passivation of Crystalline Silicon Solar Cells：A Review[J]. Progress in photovoltaics research and applications，2000，8：473-487.

[25] Agostinelli G，Delabie A，et al.Very low surface recombination velocities on p-type silicon wafers passivated with a dielectric with fixed negative charge[J]. Solar Energy Materials & Solar Cells，2006，90：3848-3443.

[26] Hoex B，Heil S B S，et al. Ultralow surface recombination of c-Si substrates passivated by plasma-assisted atomic layer deposited Al_2O_3[J]. Applied Physics Letters，2006，89.

[27] Dingemans G，Kessels W M M. Status and prospects of Al_2O_3-based surface passivation schemes for silicon solar cells[J].J. Vac. Sci. Technol，2013，A 30（4）.

[28] Jan Schmidt，Florian Werner，et al. Industrially relevant Al_2O_3 deposition techniques for the surface passivation of Si solar cells [C]. 25th European Photovoltaic Solar Energy Conference and Exhibition，2010.

[29] Wang A，Zhao J，Green M A. 24% efficient sincon solar cells[J]. Applied Physics Letters，1990，57（6）：602-604.

[30] Jianhua Zhao, Aihua Wang, Martin A Green. 24.5% Efficiency silicon PERT cells on MCZ substrates and 24.7% efficiency PERL cells on FZ substrates[J]. Progress in Photovoltaics Research and Applications, 1999, 7（6）: 471-474.

[31] 王殿磊，刘成法，梁宗存. 刻蚀浆料开孔局域背钝化太阳电池工艺研究 [C]. 第 13 届中国光伏大会论文集，2013.

[32] Brendle W, et al. 20.5% Efficient Silicon Solar Cell with a Low Temperature Rear Side Process Using Laser-Fired Contacts [J]. Prog. Photovolt: Res. Appl, 2006, 14: 653-662.

[33] Sanchez-Aniorte, Colina, Perales F, et al.Optimization of laser fired contact processes in c-Si solar cells[J].PhysicsProcedia, 2010, 5: 285-292.

[34] Glunz S W, et al.Laser ablation - a new low-cost approach for passivated rear contact formation in crystalline silicon solar cell technology[C].25th European Photovoltaic Solar Energy Conference, 2010.

[35] Agostinelli1 G, Szlufcick J, et al. Local contact structures for industrial perc-type solar cells[C].20th European Photovoltaic Solar Energy Conference, 2015.

[36] RenateHorbelt, GisoHahn, et al. Void Formation on PERC Solar Cells and Their Impact on the Electrical Cell Parameters Verified by Luminescence and Scanning Acoustic Microscope Measurements[J]. Energy Procedia, 2015, 84: 47-55.

[37] Meemongkolkiat V, Nakayashiki K, Kim DS, Kim S, et al. Investigation of modified screen-printing Al pastes for local back surface field formation [C]. Proc. 4th WCPEC, 2006: 1338-1341.

[38] Uruena A, John J, Beaucarne G, Choulat P, Eyebeb P, et al. Local Al-alloyed contacts for next generation Si solar cells [C]. Proc. 24th EU PVSEC, 2009: 1483-1486.

[39] Rauer M, Schmiga C, Woehl R, Rühle K, Hermle M, et al. Investigation of aluminum-alloyed local contacts for rear surface-passivated silicon solar cells [J]. IEEE J. Photovoltaic, 2011, 1: 22-28.

[40] Aberle A G, Heiser G, Green M A. Two-dimensional numerical optimization study of the rear contact geometry of high-efficiency silicon solar cells [J]. Journal of Applied Physics, 1994, 75（10）: 5391-5405.

[41] Feng Ye, Jianning Ding, Ningyi Yuan, Weiwei Deng, Daming Chen, Yifeng Chen, Jianwen Dong, Zhiqiang Feng, Pierre J Verlinden. The Influence of a low doping concentration emitter on the performance of selective emitter silicon solar cells [C]. 29th EU PVSEC, 2014, Amsterdam, Netherlands.

[42] 叶枫. 高效 P 型晶硅背钝化电池的机理及工艺研究 [D]. 常州：常州大学，2019.

[43] Campbell P, Green MA. Light trapping properties of pyramidally textured surfaces [J]. Journal of Applied Physics, 1987: 243-249.

[44] Abbott. Advanced laser processing and photoluminescence characterization of high efficiency silicon solar cells. Ph.D Thesis [D]. University of New South Wales, Australia, 2006.

[45] Feng Ye, Yunpeng Li, Weiwei Deng, Haiyan Chen, Guangming Liao, Zhiqiang Feng, Ningyi Yuan, Jianning Ding. UV-induced degradation in multicrystalline PERC cell and module [J]. Solar Energy, 2018, 170: 1009-1015.

[46] Fischer H, Pschunder W. Investigation of photon and thermal induced changes in silicon solar cells [C]. Proceeding of the 10th IEEE PVSC, 1973, 404.

[47] Schmidt J, Aberie A G, Hezel R. Investigation of Carrier Lifetime Instabilityies in CZ-Grown silicon [C]. Proc 26th IEEE PVSC, 1997, 13.

[48] Herguth, Axel Schubert, et al. A New Approach to Prevent the Negative Impact of the Metastable Defect in Boron Doped CZ Silicon Solar Cells[C]. IEEE 4th World Conference on Photovoltaic Energy Conference, 2006.

[49] Svenja Wilking, Axel Herguth, et al. From simulation to experiment: Understanding BO-regeneration kinetics[J]. Solar Energy Materials & Solar Cells, 2015, 142: 87-91.

[50] Ramspeck K, Zimmermann S, Nagel H, et al.Light induced degradation of rear passivated mc-Si solar cells[C]. Proceeding of 27th EUPVSEC, 2011: 861-865.

[51] Friederike Kersten, Engelhart P, et al. A new mc-Si degradation effect called LeTID[C].42nd IEEE PVSC, 2015.

[52] Fabian Fertig, Lantzsch R, Mohr A, et al. Mass production of p-type Cz silicon solar cells approaching average stable conversion efficiencies of 22%[C]. 7th International Conference on Silicon Photovoltaics, 2017.

[53] Dennis Bredemeier, Dominic Walter, et al. Lifetime degradation and regeneration in multicrystalline silicon under illumination at elevated temperature[J].AIP ADVANCES, 2016, 6（3）.

[54] Alison Maree Ciesla, Ran Chen, Daniel Chen, et al. Hydrogen-induced degradation[C]. 7th World Conference on Photovoltaic Energy Conversion, 2018.

[55] Vargas C, et al. Carrier-induced degradation in mc-Si: Dependence on the SiN_x passivation layer and hydrogen released during firing, submitted to IEEE Journal of Photovoltaics（JPV）.

[56] Franziska Wolny, et al. Light induced degradation and regeneration of high efficiency Cz PERC cells with varying base resistivity[J]. Energy Procedia, 2013, 38: 523-530.

[57] Axel Herguth, Giso Hahn. Towards a high throughput solution for boron-oxygen related regeneration. Preprint to the 28th EUPVSEC, Paris, 2013.

[58] Meng XIE, et al. An industrial solution to light-induced degradation of crystalline silicon solar cells,

Front [J]. Energy, 2017, 11（1）: 67-71.

[59] Herguth A, Schubert G, Kaes M, Hahn G. Investigations on the long time behavior of the metastable boron-oxygen complex in crystalline silicon[J]. Progress in Photovoltaics: Research and Applications, 2007, 16: 135-140.

[60] Guo S, Walsh TM, Peters M. Vertically mounted bifacial photovoltaic modules: A global analysis[J]. Energy, 2013, 61: 447-454.

[61] Janssen GJM, Van Aken BB, Carr AJ, Mewe AA. Outdoor performance of bifacial modules by measurements and modeling[C]. Proceedings of the 5th Silicon PV Conference, Konstanz, Germany, 2015, in press.

[62] Romijn I G, et al. Industrial cost effective n-Pasha solar cells with> 20% efficiency[C]. In proceedings of the 28th European photovoltaic solar energy conference and exhibition, France: Paris, 2013: 736-740.

[63] Larionova Y, et al. Industrial Ion Implanted Co-annealed and Fully Screen-Printed Bifacial n-PERT Solar Cells with Low-Doped Back-Surface Fields[C]. Oral presentation at the 5th nPV workshop, Konstanz, Germany, 2015.

[64] Guilin Lu, et al. Thin Al_2O_3 passivated boron emitter of n-type bifacial c-Si solar cells with industrial process[J]. Prog. Photovolt: Res. Appl. 2017, 25: 280-290.

[65] T Dullweber, et al. The PERC+ cell: A 21%-efficiency industrial bifacial PERC solar cell[C]. 31st European photovoltaic solar energy conference and exhibition, Hamburg, Germany, 2015.

[66] Feng Ye, Ningyi Yuan, Jianning Ding, Zhiqiang Feng. The performance of thin industrial passivated emitter and rear contacts solar cells with homogeneous emitters [J]. Journal of Renewable and Sustainable Energy, 2015, 7: 013122.

第 3 章

n 型钝化发射极背面局部扩散（PERL）和钝化发射极背面整面扩散（PERT）结构太阳能电池技术

3.1

n 型 PERL 和 PERT 结构太阳能电池技术的发展历程

目前 p 型晶体硅电池占据晶体硅电池市场的主要份额。然而，n 型单晶硅片与 p 型单晶硅片相比，有明显的性能优势：①少子寿命高。n 型材料中的杂质对少子空穴的捕获能力低于 p 型材料中的杂质对少子电子的捕获能力，相同电阻率的 n 型 CZ 硅片的少子寿命比 p 型硅片的高出 1～2 个数量级，达到毫秒级，且 n 型材料的少子空穴的表面复合速率低于 p 型材料中电子的表面复合速率，因此采用 n 型晶硅材料的少子空穴的复合将远低于 p 型的少子电子的复合。②n 型硅片对金属污染的容忍度要高于 p 型硅片。Fe、Cr、Co、W、Cu、Ni 等金属对 p 型硅片少子寿命的影响均比 n 型硅片大，由于带正电荷的金属元素具有很强的捕获少子电子的能力，而对于少子空穴的捕获能力比较弱，所以对于少子为电子的 p 型硅片的影响比少子为空穴的 n 型硅片的影响要大，即在相同金属污染的情况下，n 型硅片的少子寿命要明显高于 p 型硅片。但对于 Au 却是相反的，对于现代工艺技术而言，Au 污染已不再是问题。③无光致硼氧复合衰减。

硼掺杂 CZ 晶体电池出现光致衰减是由于光照或载流子注入导致硅片中的硼和氧形成硼氧复合中心，从而使少子寿命降低，引起电池转换效率下降。而掺磷的 n 型晶体硅中硼含量极低，本质上消除了硼氧对的影响，所以几乎没有光致衰减效应的存在。n 型晶体硅组件不受与硼氧有关的光致衰减的影响。

基于 n 型硅片的双面结构太阳能电池，背面转换效率较高，其双面率可以达到 85%～95%，可以吸收背面散射和漫反射光，从而输出更高的电量，在组件产品的发电效率上存在突出优势，而且 n 型硅片太阳能电池具有弱光响应好、温度系数低等优点。因此，n 型单晶系统具有发电量高和可靠性高的双重优势。根据国际光伏技术路线图（ITRPV2019）预测：随着电池新技术和工艺的引入，n 型单晶电池的效率优势会越来越明显，且 n 型单晶电池市场份额将从 2014 年的 5% 左右提高到 2025 年的 30% 左右。目前研究的 n 型单晶高效电池主要有：PERL 和 PERT、HIT、IBC、TOPCon 等太阳能电池等。

PERL 太阳能电池是钝化发射极背面局部扩散（passivated emitter rear locally-diffused）电池，其结构特点是背面局部接触处重掺杂以降低电池背面局部接触区域的接触电阻和复合速率。背面局部重掺可以通过不同的工艺方式实现，比较常用的是激光掺杂和离子注入等。另外，PERL 电池根据其受光面不同，可分为单面受光型和双面受光型。单面受光型电池背面一般为全金属背电极覆盖，而双面受光型一般为丝网印刷正反面对称结构，背面可接收反射光线，结合双玻组件技术可提高 5% 以上的总发电量。

德国 Fraunhofer 实验室利用 PassDop 技术制备的 n 型 PERL 小面积太阳能电池（4cm²），其转化效率达 23.2%（V_{oc}=699mV，J_{sc}=41.3mA/cm²，FF=80.5%）[1]，电池结构如图 3-1 所示。采用 n 型 CZ 单晶硅，正面通过离子注入形成硼掺杂 p⁺ 发射极，然后采用 ALD 工艺沉积 Al_2O_3 钝化层钝化发射极降低表面复合速率，再用 PECVD 沉积 SiN_x 形成减反膜。正面光刻工艺开槽后用蒸镀方法形成 Ti/Pb/Ag 金属电极，背面利用激光掺杂技术形成局部背场。其工艺特点是先在背面 PECVD 法生长一层磷掺杂的 $a\text{-}SiC_x$ 钝化层，再利用激光在熔融钝化层的同时将其中的磷元素掺杂进晶体硅形成局部重掺，最后通过 PVD 的方法形成 Al 背面电极。背面磷掺杂的 $a\text{-}SiC_x$ 钝化层具有很好的钝化效果，金属接触区域 n⁺ 局部重掺在降低接触电阻的同时，减少了金属接触区域的复合，提升了电池的开路电压和填充因子。该技术在不额外增加工艺步骤的情况下实现了 PERL 电池结构，是一种非常有应用前景的 n 型高效电池技术。

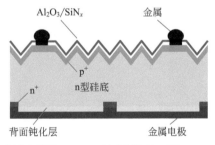

图 3-1　德国 Fraunhofer 实验室利用 PassDop 技术制备的 n 型 PERL 太阳能电池结构示意图 [1]

日本三菱电机的 n 型 PERL 太阳能电池则采用双面受光型结构 [2]，电池结构如图 3-2 所示。正面利用 PECVD 的方法沉积硼硅玻璃后经热扩散形成 p 型发散极，再采用 ALD 沉积 Al_2O_3 钝化 p^+ 发射极以降低表面复合速率。与 Fraunhofer 的 n 型 PERL 电池背面结构不同的是，除了在电极下局部重掺形成 LBSF，以有效降低背面接触位置的复合速率及接触电阻外，其背面局部接触之间通过扩散形成一层均匀的 n 型掺杂层，可有效降低由于 n 型材料相对较高的体电阻率所引起的电阻损耗。背面栅状电极通过精准对位准确覆盖于局部重掺区域形成双面受光电池结构，156mm×156mm 大面积单晶硅电池，转化效率达 21.3%（J_{sc}=39.8mA/cm^2，V_{oc}=677mV，FF=80.5%）。此电池结构兼具 PERT 电池和 PERL 电池结构的优点，但因引入多步掺杂工艺额外增加了工艺复杂度及制造成本而未被广泛采用。

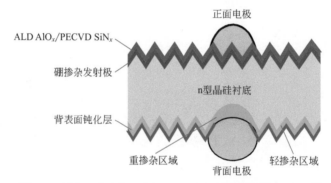

图 3-2　日本三菱电机 n 型 PERL 太阳能电池结构示意图 [2]

PERT 电池是钝化发射极全背场扩散（passivated emitter rear totally-diffused）电池，其结构特点是背表面扩散全覆盖以降低电池的背面接触电阻和复合速率。n 型 PERT 双面电池的工艺流程比常规电池工艺略微复杂，其中产业化的关键技术有两个，一个是双面掺杂技术，另一个是双面钝化技术。

目前的双面电池主要是基于正面发射极和背表面场（BSF）的结构。正面硼扩散的方法很多，按硼源的类型来分，有液态 BBr_3 扩散以及各种用于丝网印刷和旋涂的商品化硼浆；按扩散设备来分，主要有管式扩散和链式扩散两种。研究发现，在众多硼扩散方式中，用氮气携带液态 BBr_3 进行管式扩散的效果较好。与其他方法相比，该方法更有利于避免金属污染。采用该扩散方法，硅片有效少子寿命比用其他方法扩散的样品高，但硼扩散存在的一个问题是均匀性较难控制。在扩散前期，BBr_3 反应生成 B_2O_3，后者沉积在硅片表面，并在高温作用下扩散进入硅基体，这与磷扩散时 $POCl_3$ 先生成 P_2O_5 再沉积到硅片表面的过程相类似。不同的是，P_2O_5 在 850℃时为气相，可以均匀沉积在硅片表面，而 B_2O_3 的沸点较高，扩散过程中一直处于液相状态，难以均匀覆盖在硅片表面，因此扩散均匀性控制难度较大，必须进行严格的工艺调控。

背面 n^+ 的形成可以用热扩散的形式也可以用离子注入的形式。若是使用热扩散的方式，则工艺过程中要用到掩膜工艺，增加了工艺的成本及复杂度。离子注入是一种能够单面掺杂且均匀性很好的半导体制造工艺，通过调节注入参数和配套的退火工艺可以达到所需要设计的掺杂浓度分布及结深，同时简化了制造工艺。

钝化可以明显地改善电池表面状态，提升电池的性能，双面电池所需钝化与常规电池相比有其独特的要求。在 n^+ 背表面场上，采用 SiO_2/SiN_x 叠层钝化膜，SiO_2 膜可以很好地对 n^+ 面进行表面钝化，加上 SiN_x 膜的带正电荷特性，可以同时获得较好的表面钝化和场钝化的效果，而且还能起到很好的减反射作用。但是在正面的 p^+ 掺杂面使用 SiO_2/SiN_x 叠层钝化膜，从工业化角度看却不是最佳的选择，这是由于 SiN_x 带正电荷，SiO_x 膜也偏正型，缺少了场钝化效果。Al_2O_3 薄膜因其良好的界面钝化以及场钝化效果，被广泛用于 p^+ 掺杂区域的钝化。Al_2O_3 自身带有负电荷，很多实验证明，对 p 型硅（c-Si）的场钝化效果好过热生长的 SiO_2 的钝化效果。

英利公司 PANDA 太阳能电池是采用双面受光型 PERT 结构的大面积电池（$239cm^2$）[3]，并且已实现量产，最高转化效率为 20.76%（V_{oc}=650.3mV，J_{sc}=39.6mA/cm^2，FF=80.63%），电池结构如图 3-3 所示。其在普通化学制绒的 n 型 Si 片上，通过硼磷管式共扩散制备正面 p 型发射极和 n 型背面，然后通过 PECVD 技术在前后表面制备钝化层和减反膜，正反面电极使用常规丝网印刷工艺完成。PANDA 电池双面发电的设计，能够同时接收从正面和背面进入电池的光线，从而实现双面发电的功能；正面采用细密栅线的设计，减少了遮光面积，提高了电池的短路电流。与规模化生产的 IBC、HIT 等 n 型电池相比，其结构简单、制备成本低、工艺流程短，与现有的 p 型生产线相兼容，容易实现大规模量产。

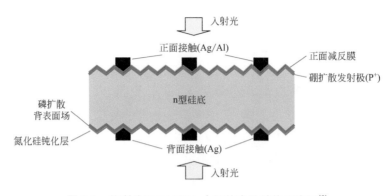

图 3-3　英利公司 PANDA 太阳能电池结构示意图[3]

比利时 IMEC n 型 PERT 太阳能电池是背结型大面积电池（225cm^2），转化效率达 21.51%（V_{oc}=675.9mV，J_{sc}=39.35mA/cm^2，FF=80.9%）[4]，电池结构如图 3-4 所示。正面为 n 型前表面场，背面为通过外延法生长的 p 型晶硅背发射极，再用 ALD 法生长 Al$_2$O$_3$ 钝化层钝化背面。外延法生长背面 p 型发射级技术目前仍然处于实验室研究阶段。

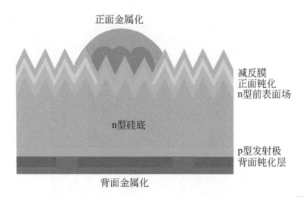

图 3-4　比利时 IMEC n 型 PERT 太阳能电池结构示意图 [4]

n 型 PERT 双面电池由于其优异的性能、高可靠性和高发电量能力，逐步成为光伏行业关注的热点，但困扰此产品进一步发展的主要问题是如何降低产品制造成本，提高市场占有率。值得注意的是，在 2006 ～ 2018 年间，出于商业成本、技术成熟度等方面的原因，大部分太阳能厂商没有利用 n 型单晶硅片带来的技术优势，在一段时间内限制了 n 型晶体硅太阳能电池的发展。

① 多晶硅铸造炉产能增长远比单晶硅拉晶炉快，多晶硅锭 / 片的成本

一直低于单晶硅锭 / 片。

② 在同样的单晶硅片中，由于硼与磷在硅中分凝系数的差异，p 型单晶硅棒在拉制过程中的硅片利用率更高，n 型硅片成本略高于 p 型硅片。

③ 从电池工艺来看，n 型硅片形成 pn 结需要进行高温硼扩散，而这项技术难度、工艺复杂度、制造成本均高于 p 型硅片制结过程中的磷扩散技术。

④ p 型电池产品的产业化匹配技术更完善，如 p 型多晶硅电池技术、p 型单晶硅电池技术、单多晶 PERC 技术、磷掺杂的选择性发射极技术等，这些技术推动着 p 型晶体硅电池产品的光电转换效率不断提升。

但在可预见的未来，整个市场环境将发生重大的变化，对高效光伏产品的需求增加。从目前来看，p 型电池光电转换效率的提升越来越难，多种原因都将慢慢促成 n 型晶体硅电池技术的不断开发与利用，选择 n 型单晶硅电池 / 组件的情况将越来越多。

① 由于单晶硅锭工艺的进步（坩埚补给和多坩埚运用能力）和单晶硅片工艺的改善（金刚线切片），单晶 p 型和 n 型硅片生产成本的差距正在迅速收窄。

② 国内一些 n 型硅片生产商，隆基、卡姆丹克、天津环欧等商用硅锭 / 硅片厂商正在利用成本降低扩张其 n 型单晶硅锭、硅片产能，使 n 型硅片大批量应用的产业化成本不断降低，为电池厂商提供了更多 n 型单晶硅片货源。

③ 中国能源部的"领跑者"项目在世界最大的光伏装机市场上为高性能组件预留了大量消化产能的空间。

④ 随着大型地面电站竞争激化（如逆向拍卖市场），越来越多的系统开发者、EPC（工程总承包）和投资人开始认可 n 型单晶硅电池 / 组件更为强大的长期收益能力，基于 n 型硅片的电池 / 组件具有更高的转换效率，从而拉低了 BOS 成本（balance of system，指除了光伏组件以外的系统成本）；由于组件在系统总成本中占比下降，BOS 成本会成为越来越重要的价值驱动力。

⑤ 基于 n 型硅片的电池通常比基于 p 型硅片的电池具有更低的温度系数，从而可以提高实际每瓦发电量。

n 型 PERT 双面电池，相比常规电池的增益及系统端度电成本下降明显，但为保证产品具有较高毛利率，其成本与常规电池相比要控制在较低的增幅。相信随着制造工艺及控制的不断成熟，批产规模的不断扩大，n型 PERT 电池匹配材料和国产化设备的不断降本，成本肯定会有明显的下降，n型 PERT 双面电池良好的性价比将不断凸显。

3.2

PERT 结构 n 型太阳能电池器件模拟及结构设计

我们重点开展了 PERT 结构 n 型太阳能电池工艺研究和性能优化[5]，其结构如图 3-5 所示[6]，正面通过均匀硼掺杂形成发射级 p+ 层，结合 Al_2O_3/SiN_x 叠层的正表面钝化，以得到良好的正面钝化效果以及良好的蓝光响应。背表面整面 n+ 扩散，形成背面场钝化，同时用 SiN_x 层钝化背表面以得到低的背表面复合速率以及良好的背面光学反射效果。同时有针对性地开发出适合 n 型 PERT 电池可产业化的金属化工艺，采用激光开膜及物理气相沉积工艺在背表面形成局部接触。光学部分，为提高电池正面短波和背表面长波光吸收利用率，在正表面和背表面均采用了先进的介质膜陷光结构。

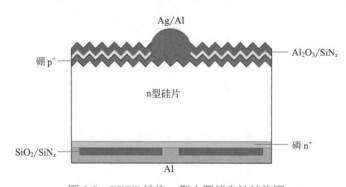

图 3-5 PERT 结构 n 型太阳能电池结构图

3.2.1 前表面绒面形貌的影响和减反膜系的设计

为了优化绒面结构，降低正表面的光学减反效果，本节运用多维器件模拟工具 Sentaurus 来模拟构建实际电池的绒面形貌和减反膜系，并通过 Raytracing 等数值模拟手段来研究其光学性能。结果表明，当金字塔绒面覆盖率足够大时，金字塔大小对反射率影响很小。但是考虑到表面积大小对表面复合速率、扩散均匀性等的影响，在保证金字塔覆盖率和均匀性的前提下，应该尽量减小金字塔的尺寸。

如图 3-6（a）所示，制备出三种不同的金字塔绒面样品，分别为 Sample 01、Sample 02 和 Sample 03。然后根据其扫描电子显微镜（SEM）拍摄的表面形貌，在 Sentaurus 里面将形貌构建出来，再通过光线追踪来模拟全波段（300～1200nm）的反射率，将模拟出来的反射率曲线与实验测试曲线进行对比。如果曲线拟合程度高，则说明模型构建接近于实际绒面结构，这样在后续的工作中，可以通过 Sentaurus 来优化绒面结构尺寸，匹配膜系结构来得到最优化的正表面光学结构组合。结果表明，模拟和实测的反射率曲线拟合得较好，证明了这种模拟方法是可以较准确地来优化减反膜系的。

通过 Sentaurus 构建的绒面形貌，以及通过反射率曲线的模拟对比，从图 3-6（b）的反射率曲线可以看到 Sample 02 对应的绒面结构在反射率上最有优势。在接下来的工作中，将采用 Sample 02 的绒面制备工艺进行电池的准备，同时将匹配最优化的表面光学膜系设计。

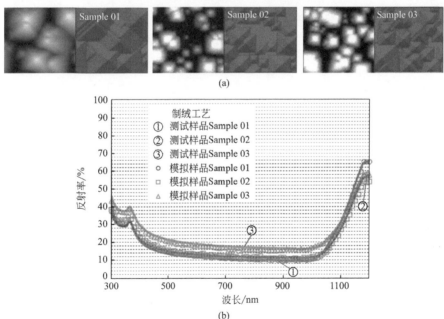

图 3-6　SEM 绒面及 Sentaurus 模拟构建的绒面（a）和
不同金字塔绒面的反射率曲线模拟（b）

　　基于选定的绒面结构，进行了不同 SiN_x 膜厚的反射率曲线模拟，如图 3-7 所示，其中 d 为 SiN_x 膜系厚度。然后，根据 AM1.5G 的光谱计算得到不同膜厚下电池的光生电流密度，如图 3-8 所示。从中可以看出，SiN_x 的最佳膜厚在 60～70nm，考虑 SiN_x 的钝化效果，将最佳膜厚选择在 70～75nm，通过反射率计算反射电流[7]，可以得到 75nm 时光生电流密度为 40.95mA/cm²。

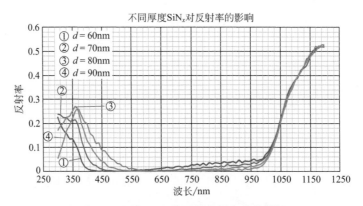

图 3-7　不同 SiN_x 膜厚的反射率曲线模拟

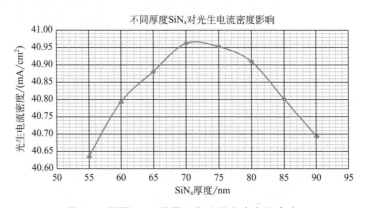

图 3-8　不同 SiN_x 膜厚下电池的光生电流密度

　　太阳能电池前表面减反膜的厚度决定了反射率曲线最低点对应的光波波长；这意味着随着减反膜厚度的增加，反射率曲线短波段上升，长波段下降；两者达到平衡时就得到最佳的减反射性能。

从光学模拟的结果来看，折射率为 2.0，厚度在 70 ～ 75nm 附近的 SiN_x 对应的光生电流密度最大。基于此部分模拟的结果，选定正表面 SiN_x 的厚度为 75nm。

3.2.2　太阳能电池复合模型研究

将 n 型太阳能电池的少数载流子复合分析模型，建立在复合电流密度分析的基础之上。采用测量与计算反向饱和电流密度 J_0 的方法来评估电池各区域的少子复合。在这个少数载流子复合分析模型的设计中，需要考虑电池前、后掺杂层，钝化表面和金属接触区的复合，n 型硅片基体内的少数载流子复合也是非常重要的组成部分。但由于体掺杂浓度低以及表面复合的影响，很难直接测量硅片基体的 $J_{0\,bulk}$，通过分析研究提出一种计算 $J_{0\,bulk}$ 的方法。

为了表达出 n 型电池结构各个组成部分的复合情况，将 n 型电池各个部分的 J_0 分成五个主要部分，并用式（3-1）来完成最终电池开路电压的计算。

$$V_{oc}=\frac{kT}{q}\ln[J_{L}/(J_{0e}\times r_{0e}+J_{0front\,metal}\times r_{front\,metal}+J_{0\,BSF}\times r_{BSF}+J_{0\,rear\,metal}\times r_{rear\,metal}+J_{0\,bulk})+1]$$

（3-1）

式中，J_{0e} 为钝化后发射极区域的反向饱和电流密度，由硼扩散掺杂后的掺杂层以及表面 Al_2O_3/SiN_x 叠层膜钝化后的界面组成；$J_{0\,front\,metal}$ 为正表面金属接触区域的反向饱和电流密度，是金属和半导体的接触区域中，由于金属缺陷和一些晶格畸变引起的；$J_{0\,BSF}$ 为背表面掺杂钝化区域的反向饱和电流密度，是由背表面磷掺杂区域以及由 SiN_x 钝化后的界面与掺杂区整体的复合引起的；$J_{0\,rear\,metal}$ 为背表面金属接触区域的反向饱和电流密度，同正表面一样也是由金属缺陷和一些晶格畸变引起的；$J_{0\,bulk}$ 为硅片体内的反向饱和电流密度，由晶体缺陷、掺杂缺陷和体内杂质引起；r 为各组成部分在各自区域内的比例；J_L 为光生电流的密度；k 为波尔兹曼常数，取值 1.38×10^{-23}J/K；T 为温度；q 为单位电荷，取值 1.6×10^{-19}C。

关于 $J_{0\,bulk}$ 的数据，因为其测试过程会受到体内掺杂以及表面复合的影响，很难通过实际测试的方法获得。$J_{0\,bulk}$ 是硅基片质量评价的重要指标，由于表面复合很难完全消除，所以很难找到一个合适的方式直接测量硅基体的反向饱和电流密度 $J_{0\,bulk}$。通过分析研究，采用了一种间接方法计算 $J_{0\,bulk}$。使用与所要分析的电池相同的 n 型单晶硅片，此硅片最好来自与电

121

池使用硅片相邻的硅棒位置，以确保它们具有基本相同的掺杂浓度以及体寿命。采用碱性溶液抛光工艺（一般采用质量比为 5% 左右的 KOH 溶液加热至 60 ～ 80℃）去除损伤层，获得光滑的表面；采用 BSF（背表面场）磷扩散工艺对硅片进行 n^+ 掺杂层双面扩散，5nm 热氧化的 SiO_2 和 80nm PECVD SiN_x 叠层为表面钝化层。在进行了 FGA(forming gas annealing，5% H_2 与 95% Ar 混合气体）退火后进行有效少子寿命 τ_p 的测试。这些工艺是为了保证待测试硅片的表面有良好的钝化，让所测得的硅片的有效寿命更接近于体寿命。

在得到硅片的体寿命后，就可以利用式（3-2）计算 $J_{0\,bulk}$。式中，n_i 为常温下本征载流子浓度，取值 $8.6 \times 10^9 cm^{-3}$；N_D 为基体的施主掺杂浓度，可以通过体电阻率计算得到，如体电阻率为 $3\ \Omega \cdot cm$ 的硅片，施主掺杂浓度 N_D 为 $1.56 \times 10^{15} cm^{-3}$；$W$ 为硅片的厚度。

$$J_{0\,bulk} = \frac{qn_i^2}{N_D} \times \left[\frac{S_{rear,eff} + \dfrac{W}{\tau_p}}{1 + \dfrac{S_{rear,eff}W}{D_p}} - S_{rear,eff} \right] \qquad (3\text{-}2)$$

式（3-2）中，$S_{rear,eff}$ 为背表面的复合速率，可以通过对 $J_{0\,bsf}$ 的测试来获得，然后通过式（3-3）计算表面复合速率 $S_{rear,eff}$。

$$S_{rear,eff} = \frac{J_{0bsf}N_D}{qn_i^2} \qquad (3\text{-}3)$$

正面及背面金属接触区复合电流密度需要分别测量和计算才能得到。对于正面或者背面，如果金属接触面积比例为 f_m，则钝化区面积比例为 $1-f_m$。因为无法直接测试金属接触区的复合电流密度，这里假设金属接触区 $J_{0\,metal}$ 等于没有金属覆盖及钝化区的 J_0，即测试只有激光烧蚀区的复合电流密度。测试过程中的难点是背表面的激光开膜区域对应的金属区复合。将背表面金属区复合 $J_{0\,metal}$ 等同于激光开膜区域的复合 $J_{0\,laser}$。对于激光烧蚀区的反向饱和电流密度 $J_{0\,laser}$ 还可以通过其他方法获得，测试不同激光开膜面积的样品，通过不同的比例关系计算得到[8,9]。采用高体寿命、具有对称钝化结构的晶圆，即与实际电池正面或者背表面的钝化结构一致，然后使用激光在两面用设定的面积比例对硅片进行开膜。在 $5 \times 10^{15} cm^{-3}$ 注入水平下，用准稳态光电导衰减（QSSPC）的方法测试出 $J_{0\,total}$（测量值）。激光开膜区域的 $J_{0\,\text{laser}}$ 可由式（3-4）计算得出。其中钝化区的反向饱和电流密度 $J_{0\,\text{pass}}$ 可以通过实际测量得到。

$$\frac{J_{0\,\text{total(measured)}}}{2} = J_{0\,\text{pass}}(1-f_{\text{m}}) + J_{0\,\text{laser}}f_{\text{m}} = J_{0\,\text{pass}} + (J_{0\,\text{laser}} - J_{0\,\text{pass}})f_{\text{m}} \quad（3\text{-}4）$$

式（3-4）中，$J_{0\,\text{pass}}$ 为没有激光开膜区域的反向饱和电流密度；f_{m} 为测试样品硅片单面激光开膜的面积比例。因此，当 $f_{\text{m}}=0$ 时，$J_{0\,\text{pass}}$ 等效于 $J_{0\,\text{total(measured)}}/2$；当 $f_{\text{m}}=1$，$J_{0\,\text{total(measured)}}/2$ 等于 $J_{0\,\text{laser}}$，因为测试样品为双面对称结构，所以测试出的 $J_{0\,\text{total(measured)}}$ 是硅片两面反向饱和电流密度的总和。在这个实验中，通过这个方法，可以得到正面和背表面的金属接触区反向饱和电流密度 $J_{0\,\text{metal}}$。

$J_{0\,\text{total(cell)}}$ 是电池整体结构复合电流密度的总和，见式（3-5）。式中，J_{0e} 可以通过制备双面对称的样品直接测量得到。f_{fm} 是正表面的金属化比例，f_{rm} 是背表面的金属化比例。

$$J_{0\,\text{total(cell)}} = J_{0e}(1-f_{\text{fm}}) + J_{0\,\text{front metal}}f_{\text{fm}} + J_{0\,\text{bulk}} + J_{0\,\text{BSF}}(1-f_{\text{rm}}) + J_{0\,\text{rearmetal}}f_{\text{rm}} \quad（3\text{-}5）$$

3.2.3　n型太阳能电池电阻分析模型研究

由于器件本身的结构特征以及工艺实施方案的原因，电池串联电阻的损失是不可忽视的，为了获得更高的电池填充因子以提升电池性能，必须控制电阻损失。电阻损失分析有助于找出电池各部分电学设计或者工艺上不足的点，然后有针对性地采用具体的方案来解决这些不足。在这里，为了方便分析和计算，电池的串联电阻将被描述为归一化的串联电阻，一般称为特征电阻 r_{s}，$r_{\text{s}} = R_{\text{s}} \times A$，单位为 $\Omega \cdot \text{cm}^2$，R_{s} 是串联电阻值，A 是对应的电池面积。归一化的串联电阻易于量化和判断电阻状态。通常可以用多次光照法[10]通过式（3-6）测量器件的串联电阻 R_{s}，这是器件总的串联电阻。对于这种多光强法测试电池的串联电阻，是一种相对准确的方法，目前在行业内被广泛采用。本节将通过此方法来测试基础的器件串联电阻。为了方便区分各部分的特征电阻，采用 r_{s} 加下标的方式标注。

$$R_{\text{s}}(J) = \left| \frac{\sum_{i=1}^{3}(V_i - V_{\text{ave}})^2}{\sum_{i=1}^{3}(V_i - V_{\text{ave}})(J_i - J_{\text{ave}})} \right| \quad（3\text{-}6）$$

基于所研究的电池结构，将器件总的串联电阻 R_s 分成了七个部分。式（3-7）给出了七个串联电阻组成部分的关系。其中，正面及背表面的金属接触区接触电阻是使用 TLM 方法测量得到的[11]。接触电阻 $r_{s(\text{contact})}$ 用式（3-8）计算，f_{metal} 为金属覆盖面积。

图 3-9 给出了 n 型 PERT 太阳能电池串联电阻模型的解析结构图，其中 $r_{s(\text{front finger})}$ 是正面细栅线体电阻率引入的载流子在金属体内输运的串联电阻；$r_{s(\text{front BB})}$ 是正表面主栅线体电阻率引入的载流子在金属体内输运的串联电阻；$r_{s(\text{front contact})}$ 是正表面因为金属和半导体的接触引入的接触电阻；$r_{s(\text{front emitter})}$ 是正表面 pn 结掺杂区的发射极引入的载流子在掺杂区内从掺杂区运动到金属区被收集的输运电阻；$r_{s(\text{bulk})}$ 是因为硅基体的电阻率等原因引入的载注子在硅片内部运动到电极区被收集的体输运电阻；$r_{s(\text{rear metal})}$ 背面金属体电阻率引入的载流子在金属体内输运的串联电阻；$r_{s(\text{rear contact})}$ 是背表面因为金属和半导体的接触引入的接触电阻。

$$R_{s(\text{total})} = r_{s(\text{front finger})} + r_{s(\text{front BB})} + r_{s(\text{front contact})} + r_{s(\text{front emitter})} + r_{s(\text{bulk})} + r_{s(\text{rear metal})} + r_{s(\text{rear contact})}$$

（3-7）

$$r_{s(\text{contact})} = \frac{\rho_{\text{contact}}}{f_{\text{metal}}} \qquad （3\text{-}8）$$

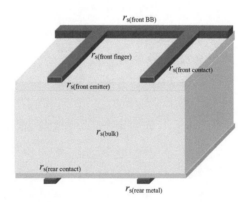

图 3-9　n 型 PERT 太阳能电池串联电阻模型解析结构图

基于文献的推导思路[12]，在串联电阻的解析模型中，分析推导了 n 型 PERT 电池各部分串联电阻组成部分的计算方法，以及串联电阻的解析模型表达式。为了方便模型的推导，需要将大电池分解为 m 个小电池单元，

$m=$ 大电池面积 / 小单元面积，如图 3-10 所示，用于 n 型 PERT 电池串联电阻的分析及优化。单元电池的选取不限于栅线的根数，一般以最利于推导过程的要求为准。

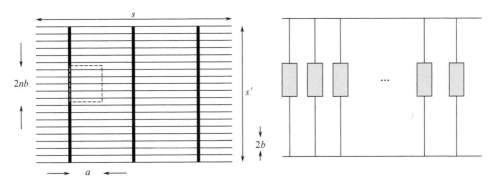

图 3-10　串联电阻解析模型大电池分解示意图

对发射极的输运电阻 $r_{s(front\ emitter)}$ 的解析模型表达式推导参考图 3-11。其中 a 为两根主栅线间细栅线长度的一半，b 为细栅间距的一半。基于 $P=I^2R$，通过电流在硅体内的流动方向可以给出式（3-9）以及特征电阻式（3-10），其中 R_{e_sq} 为发射极方块电阻，J 为短路电流密度。对于发射极输运电阻的推导，取细栅间距的一半、主栅的一半以及半根细栅的面积作为单元电池。具体可参考图 3-11 上半部分的示意图。

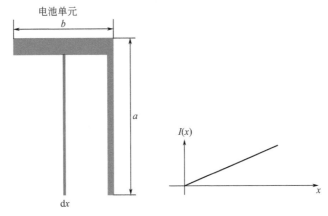

图 3-11　$r_{s(front\ emitter)}$ 串联电阻解析模型表达式推导示意图

125

$$R_{\text{front emitter}} = \frac{\text{Power\_loss}}{I^2} = \frac{\int_0^b I(x)^2 \dfrac{R_{\text{e\_sq}}}{a} dx}{I^2} = \frac{\int_0^b I(J \times a \times x)^2 \dfrac{R_{\text{e\_sq}}}{a} dx}{(J \times a \times b)^2} = \frac{b}{3a} R_{\text{e\_sq}}$$

$$（3\text{-}9）$$

$$r_{\text{s(front emitter)}} = R_{\text{front emitter}} A_{\text{unit cell}} = R_{\text{front emitter}} ab = \frac{1}{3} b^2 R_{\text{e\_sq}} \qquad （3\text{-}10）$$

对体的输运电阻 $r_{\text{s(bulk)}}$ 的解析模型表达式推导参考图 3-12。其中 b' 为背面栅线间距的一半，L 为单元电池边长，ρ_b 为电池片体电阻率，t 为电池厚度。基于表达式 $P = I^2 R$，通过电流在硅体内的流动方向可以给出式（3-11）。需要说明的是，L 的选取关系到单元电池的选取大小，可以取一半的背面栅线间距，也可以取整根的背表面细栅线长度，依据具体情况而定。

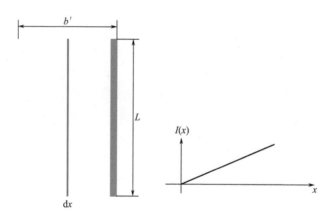

图 3-12　$r_{\text{s(bulk)}}$ 串联电阻解析模型表达式推导示意图

$$r_{\text{s(bulk)}} = \frac{1}{3} b'^2 R_{\text{b\_sq}} = \frac{1}{3} b'^2 \frac{\rho_b}{t} \qquad （3\text{-}11）$$

对正面细栅线的体电阻 $r_{\text{s(front finger)}}$ 的解析模型表达式推导参考图 3-13。其中 a 为正表面电池中两根主栅线间细栅线长度的一半，b 为正表面电极中细栅间距的一半，$2b$ 就是正表面细栅线间距。基于表达式 $P = I^2 R$，通过电流在硅体内的流动方向可以给出式（3-12）以及特征电阻式（3-13）。式中，$\rho_{\text{Ag\_paste}}$ 为正面栅线材料的体电阻率；$t'w$ 为细栅截面积。

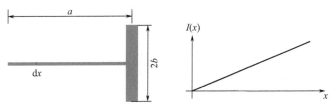

图 3-13 $r_{s(front\ finger)}$ 串联电阻解析模型表达式推导示意图

$$R_{\text{front finger}} = \frac{\text{Power\_loss}}{I^2} = \frac{\int_0^a I(x)^2 \dfrac{\rho_{\text{Ag\_paste}}}{t'w} dx}{I^2} = \frac{\int_0^a (J \times 2b \times x)^2 \dfrac{\rho_{\text{Ag\_paste}}}{t'w} dx}{(J \times a \times 2b)^2}$$

$$= \frac{1}{3} a \frac{\rho_{\text{Ag\_paste}}}{t'w}$$

（3-12）

$$r_{s(\text{front finger})} = R_{\text{front finger}} A_{\text{unit cell}} = R_{\text{front finger}} 2ab = \frac{2}{3} a^2 b \frac{\rho_{\text{Ag\_paste}}}{t'w}$$ （3-13）

对背面金属层的输运电阻 $r_{s(\text{rear contact})}$ 的解析模型表达式推导参考图 3-14。可以给出表达式 $r_{s(\text{rear contact})} = \dfrac{1}{3} a^2 R_{\text{m\_sq}}$，其中 $R_{\text{m\_sq}}$ 为背表面金属层的等效方块电阻，可以从金属层的体电阻率 $\rho_{\text{m\_paste}}$ 根据表达式 $R_{\text{m\_sq}} = \dfrac{\rho_{\text{m\_paste}}}{t''}$ 计算得出，式中，t'' 为金属层厚度，这样就可以得出式（3-14）。

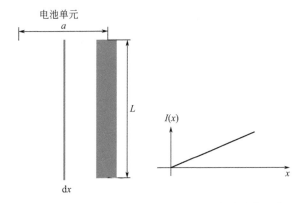

图 3-14 $r_{s(\text{rear contact})}$ 串联电阻解析模型表达式推导示意图

$$r_{s(\text{rear metal})} = \frac{1}{3}a^2\frac{\rho_{m\_paste}}{t''} \qquad (3\text{-}14)$$

对正面主栅线的体电阻 $r_{s(\text{front BB})}$ 的解析模型表达式推导参考图 3-15。图中 n' 为每两个探针中间的细栅数量。可以给出式（3-15）及式（3-16），其中 $\rho_{\text{front BB}}$ 为正面主栅的材料体电阻率。

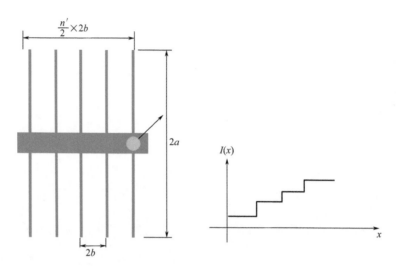

图 3-15　$r_{s(\text{front BB})}$ 串联电阻解析模型表达式推导示意图

$$R_{\text{front BB}} = \frac{\text{Power\_loss}}{I^2} = \frac{\sum_{i=0}^{\frac{n'}{2}}(i\times J\times 2b\times 2a)^2\times\frac{\rho_{\text{front BB}}}{t'''w'}2b}{(J\times n'b\times 2a)^2}$$

$$= \sum_{i=0}^{\frac{n'}{2}}i^2\times\frac{8b}{n'^2}\times\frac{\rho_{\text{front BB}}}{t'''w'}$$

$$= \frac{(n'+1)(n'+2)b}{3n'}\frac{\rho_{\text{front BB}}}{t'''w'} \qquad (3\text{-}15)$$

$$r_{s(\text{front BB})} = R_{\text{front BB}}A_{\text{unit cell}} = R_{\text{front BB}}2n'ab$$

$$= \frac{2}{3}(n'+1)(n'+2)ab^2\frac{\rho_{\text{front BB}}}{t'''w'} \qquad (3\text{-}16)$$

3.3

PERT 结构 n 型太阳能电池工艺研究

3.3.1 绒面制备技术研究

降低硅片表面入射光反射率的方法有两种：一种是制备减反射膜，另一种是对硅片表面进行织构化处理，即在前表面实现具有一定形状的几何图形的绒面结构。因此，行业内目前开发了多种成熟的硅表面制绒技术，如单晶碱制绒（碱溶液加添加剂）[13]、多晶混酸制绒（HNO_3/HF/H_2O）[14]、反应离子刻蚀（reactive ion etching，RIE）[15, 16]、金属催化化学腐蚀（metal catalytic chemical etching，MCCE）[17~20]等。对于单晶硅来说，碱的各向异性腐蚀制绒是最成熟也是成本最低的织构化技术。对于多晶来说，随着金刚线切割技术导入多晶，混酸制绒技术反射率较高，而且外观存在晶花，不能满足多晶硅电池对陷光和外观的要求，已经慢慢被淘汰，行业内开始使用 RIE 和 MCCE 两种技术解决多晶金刚线切割硅片制绒的问题。RIE 早期是应用于多晶硅电池，效率可以提升 0.5% 左右，由于多晶混酸制绒陷光效果较差，基于 RIE 技术可以大大降低反射率，提升短路电流和电池效率。但是 RIE 的设备成本和电池端制造成本高，随着 MCCE 技术的成熟和规模化应用于多晶，产业化效率提升约 0.3%，兼备效率提升和成本低的多种优势，MCCE 已经成为多晶硅片的最佳织构化技术。

单晶硅织构化是利用硅的各向异性腐蚀特性，即硅的不同晶面的腐蚀速率不同。硅的各向异性腐蚀剂最常用的是 KOH 溶液和 NaOH 溶液。对表面为（100）晶向的硅片，由于碱对硅片的各向异性腐蚀，反应最终停止在反应速率最慢的（111）晶面上，如图 3-16 所示，四个相交的（111）面构成了正金字塔结构，在实际反应过程中产生的为随机正金字塔。为了提高绒面的质量，通常在溶液中加入一些添加剂如异丙醇（IPA）等，添加剂的加入有助于形成分布均匀、大小均匀的正金字塔结构。

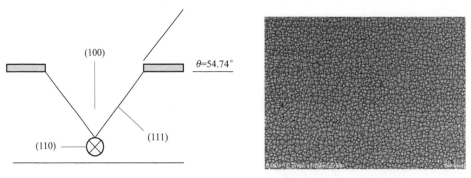

图 3-16　碱对（100）晶向单晶硅的各向异性腐蚀结构和正金字塔结构

图 3-17 说明了典型的正金字塔绒面结构对入射光的减反射及陷光原理：入射光从 1 处入射，在硅表面发生反射，约有 70% 的光进入硅体内，30% 的光在表面发生反射。由于晶硅表面绒面结构，使得光线从 2 处再次进入硅片体内。通过这种原理，增加了光线在硅片表面的反射次数，增加了光线的光程，从而达到陷光的作用，降低了入射光在硅表面的反射率。Martin Green 等 [21] 研究了硅片不同绒面的陷光特性，分别为朗伯面、随机正金字塔、规则正金字塔等（图 3-18）。研究认为，在硅片下表面平整的情况下，硅片上表面正金字塔结构相比朗伯面绒面结构具有较差的陷光效应。这是由于入射光进入硅体内，经背面反射及上表面正金字塔绒面反射后，直接从正面反射出硅体外。大小均一且排布规则的正金字塔绒面，光反射出硅体外的比例将很高，随机排列的正金字塔结构效果会好一些，同样条件倒正金字塔结构陷光效果更好。相对于单面绒面结构，双面正金字塔绒面结构陷光效果更好，使得入射光在硅体内至少能够传输 4 次，反射出硅体外。

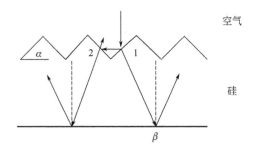

图 3-17　正金字塔绒面结构对入射光的减反射及陷光原理

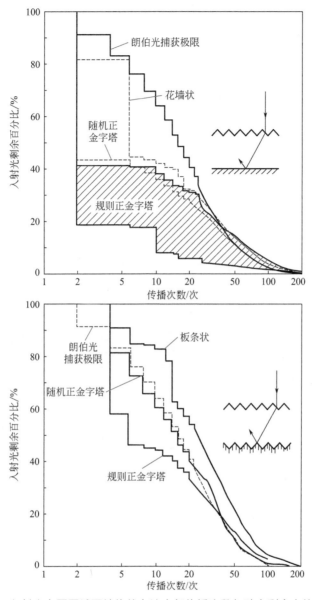

图 3-18 入射光在不同绒面结构的电池内部传播次数与硅内剩余光的比例[21]

微纳米光学结构引入到硅基太阳能电池作为陷光结构是当前的研究热点，合理的微纳米表面光学结构能够改善电池的陷光能力，降低表面反射率，从而提升太阳能电池的转换效率。RIE 是一种各向异性很强的表面处理技术，其原理是利用能与被刻蚀材料起化学反应的气体，通过辉光放电使之形成低温等离子体，离子诱导化学反应来实现各向异性刻蚀。RIE最早应用于多晶太阳能电池的干法制绒技术，俗称干法黑硅，能够对多晶的绒面进行微处理，形成微纳米绒面，从而降低反射率，提高电池效率。MACE（金属辅助催化腐蚀）微纳米制绒技术，俗称湿法黑硅技术。MACE 比 RIE 投资少，在晶体大规模生产线中获得认可，受到了广泛关注。在绒面的制备过程中通过调整化学成分可以在硅片表面获得不同尺度的纳米结构，包括纳米多孔结构、高有序纳米线结构[22~25]。尽管 MACE 黑硅绒面能保证较宽的光谱范围内硅片表面有很低的反射率，特别是在紫外波段，但由于比表面积大，表面和 pn 结区的复合有可能增大，为此需要在绒面的制备过程中进行非常细致的优化。此外，晶体硅电池表面的叠层钝化膜以及在组件制备过程中玻璃 -EVA 层的光吸收在一定程度上限制了 MACE 带来的紫外吸收增益。

我们研究中采用尺寸为 156mm×156mm 的方形 n 型多晶硅片，电阻率约为 2Ω·cm，厚度为 186μm。采用 MACE 方法制备纳米结构的黑硅表面。首先用碱性抛光法，如 5% 质量浓度的 KOH 溶液，在 80℃下抛光 5～10min，形成平整且低损伤表面；然后用 0.001mol/L 的 $AgNO_3$、0.24mol/L 的 HF 混合溶液在硅片表面沉积银离子；随后，将沉积银离子后的硅片在去离子水中浸洗；接着，将硅片浸入 HF/H_2O_2 混合溶液中进行纳刻蚀，以制备具有低反射纳米结构的表面，此时低反射纳米结构基本由几乎垂直的侧壁形成，因为刻蚀深度相对较深，因此表面反射率较低，但也会导致严重的表面少数载流子复合，需要对表面形貌进行进一步的刻蚀处理，以形成相对低复合的表面绒面结构；最后将硅片浸入 HF/HNO_3 混合溶液中，通过控制反应时间得到不同的织构尺寸和表面反射率，这步工序称为扩孔刻蚀。

表 3-1　MACE 扩孔时间优化对应绒面的不同结构尺寸及反射率

样品	刻蚀时间 /s	直径 /nm	刻蚀深度 /nm	直径 / 深度	反射率 /%	$\omega/(°)$
组 1	70	431～460	349～414	1.17	18.5	90
组 2	85	484～545	374	1.37	20.9	
组 3	103	631～663	450	1.43	21.9	80.1
组 4	123	715～758	479	1.53	23.7	
组 5	148	829～865	269～698	1.93	25.6	69.8

实验中使用 70s、85s、103s、123s 和 148s 5 个不同的刻蚀时间组来进行表面的扩孔处理，分别获得表 3-1 中所列的标记为组 1 ～ 5 的不同样品。实验所采用的扩孔混合溶液中含 $HF:HNO_3:H_2O=6:30:64$（质量比浓度），扩孔刻蚀温度保持在 $(8.5\pm1)℃$，如图 3-19 所示，随着刻蚀时间的延长，绒面尺寸逐渐增大，从 430nm 增加到 865nm；随着刻蚀时间的增加，孔洞变得越来越平坦。绒面的具体尺寸列在表 3-1 中。

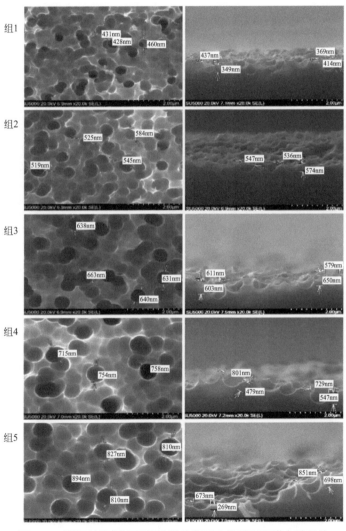

图 3-19　不同扩孔刻蚀时间获得的表面和横截面扫描电镜照片

图 3-20 给出了 5 个不同绒面结构的实验组在 300 ～ 1200nm 波长范围内的反射率测量曲线，同时，还给出了参照组多晶硅片在传统各向同性酸溶液中制备绒面的反射率曲线。随着扩孔刻蚀时间的增加，平均反射率不断升高。实验组的 1 ～ 5 组样品的反射率分别为 18.5%、20.9%、21.9%、23.7% 和 25.6%。在实验对照组各向同性酸溶液中蚀刻的传统多晶硅片的反射率为 28.7%。与传统的酸刻蚀制绒相比，MACE 技术制备的绒面反射率更低，特别是在中、短波长范围内表现更为明显。由于整体尺寸增大，为了方便评估表面的粗糙程度，引入"直径 / 深度"的参数来表征 MACE 纳米绒面的结构和形态。1 ～ 5 组的平均"直径 / 深度"分别为 1.17、1.37、1.43、1.53 和 1.93。比值越大，表示曲面越接近平面。也就是说，扩孔过程使纳米绒面尺度的孔变大，表面更平坦化。通过这个方式，可以很容易地调整绒面的反射率及尺寸。扩孔时间越长，孔径越大，孔的深度越浅，表面反射率也会越高。

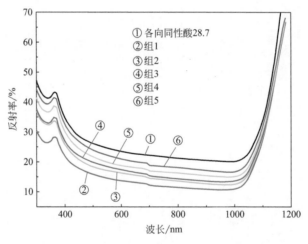

图 3-20　不同绒面结构实验组反射率测量曲线

为了寻找 MACE 黑硅绒面最佳钝化与最佳反射率的平衡点，制备了真实的电池钝化结构。前表面采用热生长的 SiO_2 和 PECVD 生长的 SiN_x 层进行表面钝化，底层的 SiO_2 在 700℃氧化炉管中通过热生长的方式制备，氧化时间为 15min。背表面采用 Al_2O_3/SiN_x 叠层膜结构进行背表面的钝化。其中 Al_2O_3 薄膜可以给 p 型掺杂的硅片表面提供良好的界面化学钝化以及场钝化。Al_2O_3 薄膜采用热原子层沉积（ALD）方法制备，在

$260 \sim 280\,℃$，$6 \sim 9\text{mbar}$（$1\text{bar}=10^5\text{Pa}$）条件下，进行了6个周期的生长。$SiN_x$通过PECVD方法在低频（约40kHz）等离子体腔室中使用硅烷和氨气的混合物沉积，然后在最高温度为750℃的带式烧结炉中退火以激活钝化膜系的钝化效果。SiN_x生产过程中可以通过NH_3/SiH_4反应气体流量比调节折射率。pn结以磷热扩散的方式进行制备，采用热扩散炉管，$800 \sim 810\,℃$下进行13min的$POCl_3$源沉积紧跟着15min的热驱入。最后磷掺杂层的方块电阻为120Ω。

从图3-20的绒面结构可以看到，使用MACE方法制备的黑硅绒面其外形类似于一个倒扣的半球。图3-21（a）中显示了表面纳米结构轮廓的特征。采用球形帽模型[26]来模拟表面纳米结构的轮廓。图3-21所示的ω是绒面的特征角。当半球形绒面为倒半球时，$\omega=90°$；当半球形绒面变成平坦并接近平面时，ω接近0°。为了分析表面绒面结构对表面光学损耗、表面钝化和封装组件光学性能的影响，选择1组和5组来模拟表面纳米结构的轮廓。通过PV Lighthouse[27]提供的光学拟合软件拟合了特征角的角度。1组的最大特征角为90°，特征角随着刻蚀时间的增加而变小。如果刻蚀持续时间缩短到70s以下，则特征角将超过90°。球形帽模型不适合用于分析这种绒面结构。在这种情况下，绒面结构更类似于与倒置半球形底部耦合的圆柱体，这种纳米结构在太阳能电池工艺中不能被有效钝化。因此，本节不研究这种情况。

图3-21（b）给出了1组和5组的镀减反膜后的反射率曲线，同时通过反射电流的方法计算了因为反射率膜系的吸光引起的电流损失。样品为折射率$n=2.35/2.0$（折射率取值波长632.8nm的点）的双层SiN_x减反射膜系，双层SiN_x减反射膜系厚度$d=(24/60±2)\text{nm}$。图3-21（b）短波长下的反射率曲线略被高估是由于低估了硅或减反涂层的吸收系数。同时因为没考虑前表面逃逸，导致了在长波长范围内实测和模拟的偏差[7]。

为了在低反射率的绒面上得到好的钝化效果，采用热氧化法生长SiO_2进行表面钝化，采用SiN_x膜进行抗反射和氢钝化。通常，NH_3/SiH_4的低气体比会得到高折射率，同时氢钝化效果更好。然而，较高的SiN_x折射率也会导致SiN_x膜层里更多的寄生吸收。这是因为消光系数k值在较短波长时很高，当光子能量降到SiN_x薄膜的禁带宽度能量（E_g）以下时，k值就会减小直到为0。较高折射率的SiN_x薄膜具有较低的带隙能量，在较高波长处会出现截止，这也就增加了薄膜的寄生吸收[28]。为了平衡氢钝化和光学性能，生长了具有不同折射率厚度的双层 SiN_x 薄膜。上层 SiN_x 在 NH_3：SiH_4=7.4：0.79 的气体比率下沉积 410s，折射率为 2.0，厚度为 (51±2)nm。下层 SiN_x 层在 NH_3：SiH_4=7.4：1.35 的气体比例下沉积 230s，折射率 2.35，厚度 (24±2)nm。在底层使用高折射率的 SiN_x 膜也是考虑到了在器件上降低电势诱导衰减（potential induced degradation，PID）。

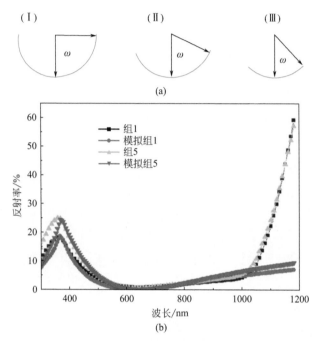

图 3-21　MACE 黑硅绒面的球形帽模型（a）及基于球形帽
模型镀减反膜后的反射率拟合曲线与测试曲线（b）

SiN_x 层的应用是为了更好地实现表面光学减反。当采用 SiN_x 薄膜作为减反层时，表面的反射率 R_{arc} 以及薄膜的吸收率 A_{arc} 都需要被考虑到。当光入射角大于临界角度时会出现全内反射的现象，即对于大于临界角的所有角度，假设反射率为 1。SiN_x 层和硅基体是结构的两个组成部分。硅基中的光吸收 A_{Si} 可以表示为式（3-17）。

$$A_{Si} = (1 - R_{arc})(1 - A_{arc})(1 - R_{Si}) \qquad (3\text{-}17)$$

式中，R_{Si} 为 MACE 黑硅绒面的表面反射率，其中薄膜的吸收率 A_{arc} 可以用式（3-18）表达。

$$A_{\text{arc}} = 1 - e^{-\frac{4\pi k d}{\lambda}} \tag{3-18}$$

式（3-18）中，λ 为波长；k 为对应波长下 SiN_x 薄膜的消光系数；d 为 SiN_x 的厚度。它们相互间的关系可以表达为 $R_{\text{arc}} + A_{\text{arc}} + A_{\text{Si}} = 1$。

因为正表面反射率引起的电流密度损失 J_R 以及因为 SiN_x 膜系的吸收引起的电流密度损失 JA_{arc} 可以用式（3-19）以及式（3-20）表达：

$$J_R = q \int d\lambda \, \Phi_{\text{AM1.5}} R_{\text{arc}} \tag{3-19}$$

$$JA_{\text{arc}} = q \int d\lambda \, \Phi_{\text{AM1.5}} A_{\text{arc}} \tag{3-20}$$

而硅体内吸收产生的电流密度 J_G 可以用式（3-21）表达。

$$J_G = q \int d\lambda \, \Phi_{\text{AM1.5}} (1 - R_{\text{arc}})(1 - A_{\text{arc}})(1 - R_{\text{Si}}) \tag{3-21}$$

式中，$q = 1.6 \times 10^{-19}$C，为单位电荷；$\Phi_{\text{AM1.5}}$ 为 AM 1.5G 太阳光谱下的光通量。

表 3-2　前表面双层 SiN_x 膜系结构 MACE 黑硅绒面光学损失分析

		光电流 /（mA/cm²）	比值
	入射 J_{Inc}	44.00	100%
组 1	反射 J_R	1.37	3.1%
	薄膜吸收 JA_{arc}	0.57	1.3%
	衬底吸收 J_G	42.06	95.6%
组 5	反射 J_R	2.00	4.6%
	薄膜吸收 JA_{arc}	0.54	1.2%
	衬底吸收 J_G	41.46	94.2%

增加孔扩处理时间将导致表面光滑，反射比的差异主要来源于短波长，如图 3-21（b）所示，因为电流密度损失主要来自短波反射。在组 1 ~ 5 的实验中，因为反射率引起的表面电流密度损失从组 1 的 1.37mA/cm² 增加到了组 5 的 2mA/cm²，绝对值增加了 0.63mA/cm²，如表 3-2 中模拟计算的数据所示。还可以看到，不同的绒面尺寸显示出几乎相同的 SiN_x 吸收

损失，说明绒面结构及尺寸对 SiN_x 层的膜系吸收影响很小。

为了评价表面钝化效果，选择了具有 MACE 结构的对称结构，双面磷扩散电阻为 120Ω，双面热氧化和双面 SiN_x 进行表面钝化。使用 Sinton WCT-120 测量了有效寿命。

$$\frac{1}{\tau_{\text{eff}}} = \frac{1}{\tau_{\text{b}}} + \frac{S_{\text{surface}}}{W}$$

（3-22）

式中，τ_{eff} 为测量的有效少子寿命；τ_{b} 为体少子寿命；W 为硅片的厚度；S_{surface} 为表面复合速率。

图 3-22 给出了 5 组不同绒面结构与表面"直径 / 深度"值下的有效少数载流子寿命。从结果中可以看到，当直径 / 深度值增大时，表面变为平面，表面钝化效果更好。最好的绒面结构应该是反射和表面钝化之间的平衡。表面生长 SiN_x 减反射薄膜后，硅片表面的反射差异越小，表面钝化的作用表现得越为重要。合适的直径 / 深度值和更好的表面可以获得更高的电池效率。

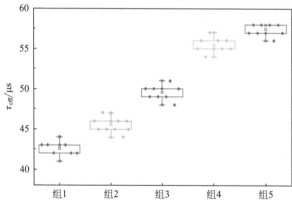

图 3-22　实验组 1 ～ 5 的有效少数载流子寿命测试

3.3.2　关键金属化工艺研究

在背表面的金属化技术中，金属化方案不同，背表面需要匹配不同的金属化方案。如果采用产业化的金属化浆料印刷烧结的金属化方式，则需要更注重背表面的 n^+ 层掺杂浓度，更高的掺杂浓度才能得到更低的接触电阻。但这样高浓度的情况会引入严重的背表面俄歇复合，从而降低电池的性能。为了弥补这一缺陷，本节选择了PVD（物理气相沉积）技术。在背表面沉积铝膜，因为铝和硅的接触势垒比较低，在低表面浓度的情况下也能得到较好的金属半导体接触电阻。但在 n 型 PERT（钝化发射极背表面整面掺杂电池）背面使用PVD技术也需要克服一些难题。因为低的背表面磷掺杂浓度（一般表面浓度小于 $3 \times 10^{20} \mathrm{cm}^{-3}$）导致了金属与硅接触时的接触区复合电流非常高，测量的数据显示，其接触区的 $J_{0\,metal}$ 达到了 2000fA/cm^2（1fA=1×10^{-15}A）。这样就需要极大地限制金属区的面积，需要控制在 1% 以下。在实验设计中，在电池背表面利用激光技术进行局部开膜，采用 PVD 技术在开完膜的电池背表面沉积金属铝。为了减少背表面的金属化设计对器件串联电阻以及复合的影响，平衡两者关系，采用器件模拟器 Quokka[27] 模拟了接触不同的图形设计对电池性能的影响。

图 3-23 所示的结果表明，效率很大程度上取决于方块电阻和背面扩散的复合电流密度。方块电阻更多地表达为掺杂层的表面浓度和结深。图中的结果表明，对于想超过 22% 的电池效率，需要比较轻的扩散以达到低的体复合电流。因为电池背表面设计的是 PVD 蒸镀金属铝的方案，所以对表面浓度的要求比较低，这样更低表面浓度和更深的结深可以通过掺杂工艺的优化来得到。

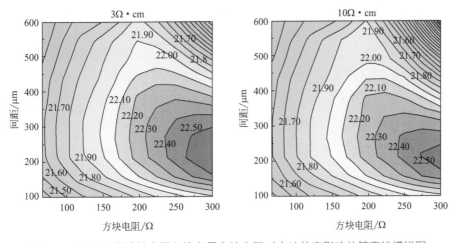

图 3-23　背表面点接触点距和掺杂层方块电阻对电池效率影响的等高线模拟图

3.3.3 p型及n型掺杂研究

对于n型晶体硅太阳能电池，其在制备的过程中需要进行n型及p型两种掺杂，一般采用热扩散的方式完成，可以是气态源也可以是固态源。产业化的生产中也有采用离子注入的方式完成的，离子注入方式可以精确控制注入量。但是，离子注入技术也存在缺点：①设备价格相对较贵，产能低。②硼源掺杂因原子质量较低，技术难度相对较大。目前硼注入设备及工艺掌握在国外半导体离子注入设备商手里，国内太阳能行业基本没有应用。本节研究基于热扩散方案的硼、磷掺杂工艺，重点针对基础工艺进行优化，降低掺杂区的体复合，提升最终器件的开路电压。

为了降低正表面硼掺杂区的复合J_{0e}以及金属区的复合$J_{0\text{ front metal contact}}$，针对正表面的硼掺杂曲线进行调控，主要目标是为了降低表面的掺杂浓度，增加扩散区结深，减少掺杂区域的非激活硼源。为了获得较低的掺杂层J_0，减少金属接触区的复合，进行了在结驱入过程中增加表面氧化的过程，因为表面氧化层可以使硅表面高浓度的掺杂源进入氧化硅中，从而达到降低表面掺杂浓度的目的。图3-24（a）硼掺杂的电化学电容电压（ECV）测试曲线显示，硼掺杂的硅片表面浓度为$2.0 \times 10^{19}\text{cm}^{-3}$，结的深度为1.2μm，硼扩散的方块电阻是55Ω。较低的方块电阻和高的表面浓度有利于金属和半导体的接触。由于硼原子在扩散过程中温度较高（>950℃），驱入持续的时间长，约40min，硼原子在硅体内的激活比例较高，因此ECV的硼掺杂曲线能反映硼原子在硅体内的真实分布状态。在硼扩散工艺的基础上再增加氧化工序，氧化过程用于继续在硅体内驱入硼原子，同时降低表面浓度。较深的扩散结深度可有效钝化硅片表面的金属接触区或非钝化区，同时对钝化区的场钝化效果也有一定的增强[29]。在氧化驱入的工序完成后，表面硼掺杂浓度下降到$1.6 \times 10^{19}\text{cm}^{-3}$，扩散结深也从1.2μm推进到1.8μm。测试了硼掺杂区域的反向饱和电流密度，从氧化前的37.7fA/cm²，下降到氧化后的30.2fA/cm²，如图3-24（b）所示。测试样品使用表面绒面结构，硼扩散掺杂以及PECVD Al_2O_3/SiN$_x$叠层钝化的双面对称结构，在完成退火激活钝化后测试。在测试反向饱和电流密度的时候，在闪光灯的光源上采用红外滤光片，这样寿命测试仪和硅片发射极收集效率之间的失配不会导致J_0测试数据的异常[30]。

为了评估氧化前后硼掺杂区的复合表现，对其氧化前和氧化后的反

向饱和电流密度 J_0 分别进行了测试。测试样品为 n 型硅片，体电阻率为 $8\Omega \cdot cm$，在其两侧对称地进行硼扩散，然后进行双面 PECVD Al_2O_3/SiN_x 叠层膜系钝化以及 $700℃$ 退火工艺以激活表面膜系的钝化效果。反向饱和电流密度是采用 Kane 和 Swanson[31] 开发的方法，从所测得的寿命值（使用 Sinton WCT-120 寿命测试仪测量）中提取，其表达见式（3-23）。

$$\frac{1}{\tau_{eff}} - \frac{1}{\tau_{Auger}} = \frac{1}{\tau_{bulk}} + \frac{2J_0(N_{dop} + \Delta n)}{qn_i^2 W} \tag{3-23}$$

其中本征载流子浓度为 $n_i = 8.6 \times 10^9 cm^{-3}$，少子反向饱和电流取值点的注入浓度 $\Delta n = 5 \times 10^{15} cm^{-3}$ [32]，这个值的选择和基体掺杂浓度有关。

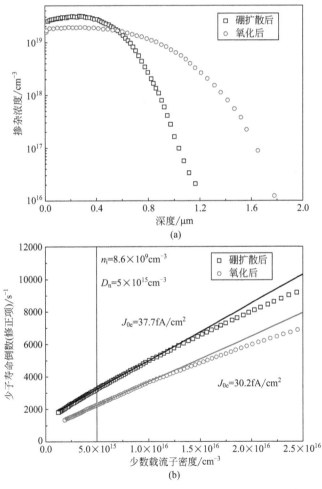

图 3-24 硼掺杂 ECV 测试曲线（a）和硼掺杂区域反向饱和电流密度测试曲线（b）

　　针对背表面磷掺杂的 BSF 层，可通过表面氧化的方案来降低表面浓度以及推进扩散深度。在完成背表面的磷掺杂工艺后，在 2%（体积分数）的 HF 溶液中对硅片表面的 PSG 进行清洗，完成后进入氧化炉进行 850℃、20min 的表面氧化。如图 3-25 所示，完成氧化后表面方块电阻从 120Ω 上升到 170Ω，扩散结深从 $0.31\mu m$ 增加到 $0.45\mu m$，表面磷掺杂浓度也从 $6.4 \times 10^{19}cm^{-3}$ 下降到 $1.8\times10^{19}cm^{-3}$，反向饱和电流密度 $J_{0\,BSF}$ 从氧化前的 $44.9fA/cm^2$ 下降到氧化后的 $11.4fA/cm^2$。

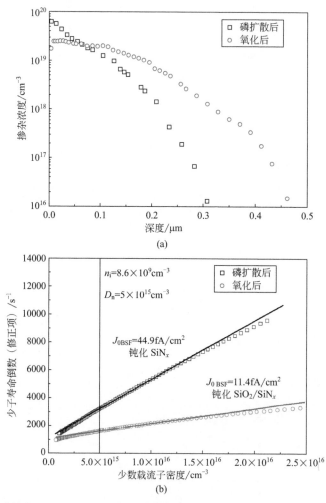

图 3-25　磷掺杂 ECV 测试曲线（a）和磷掺杂区域反向饱和电流密度测试曲线（b）

对于 n 型电池而言，针对掺杂层掺杂曲线的优化不仅要考虑表面掺杂的复合情况也就是掺杂区 J_0，同时为了匹配相应的金属化工艺，对表面掺杂浓度以及结深都要进行细致的匹配，以降低金属区反向饱和电流密度以及金属和半导体之间的接触。金属化方案有 PVD、电镀、金属导电浆料的印刷烧结等。金属化方案的设计反过来也要匹配掺杂方案。两者的配合没有最好，只有越来越多的相互妥协，当金属化水平达到更高的水准时，可以适当地降低掺杂，或者掺杂技术更进一步的时候可以采用更先进的金属化方式。

3.4

太阳能电池制备及性能分析

3.4.1 太阳能电池制备与性能

基于前面几部分光学、复合以及电阻模型的设计和工艺的优化，本节制备了 n 型 PERT 晶体硅太阳能电池，如图 3-26 所示。

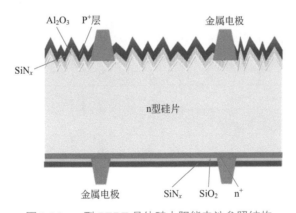

图 3-26 n 型 PERT 晶体硅太阳能电池参照结构

太阳能电池衬底硅片为 3Ω·cm 电阻率、5 英寸（125mm×125mm，面积 156.25cm²）的 n 型正方形单晶硅片，厚度约 190μm。正表面在完成绒面制备后进行了高温管式硼扩散工艺，以制备 pn 结。单面刻蚀的湿化学工艺用于去除背面的 pn 结，完成边缘隔离。正表面的 BSG 被保留下来，用于背表面磷扩散工艺的掩膜。背表面的磷扩散工艺采用管式热扩散炉来完成。完成磷扩散后在 2%（体积分数）的 HF 溶液中去除正面的 BSG（硼硅酸盐玻璃）和背面的 PSG（磷硅酸盐玻璃）。采用热氧化工艺在正背表面形成 5nm 厚度的 SiO_2 用于后表面的界面钝化。正表面采用了 Al_2O_3/SiN_x 叠层进行界面钝化和减反射。在 400℃ 温度下通过 PECVD 法沉积 Al_2O_3 和 SiN_x 层。背表面在热氧化硅的基础上再采用 PECVD 的方式沉积 80nm 的 SiN_x 掩膜钝化层，以提供足够的氢来增强氧化硅的钝化效果，并增强内部的光学反射。背表面采用 532nm 的绿光皮秒激光器进行开膜处理，以形成设计的金属接触图案。完成后在背表面 SiN_x 上通过电子束蒸发来沉积 $2\mu m$ 铝层，通过 700℃ 退火工艺实现背面铝与硅的金属接触。在这里，使用皮秒激光器是为了减少激光引起的损伤，如果有深紫外的皮秒激光器会有更好的效果。采用镍/铜/银电镀工艺进行正面金属化，用紫外纳秒激光打开前表面层，然后完成正面电极的电镀工艺。为了确保电接触，电池在 FGA 气体环境中进行 400℃ 的退火。

所完成的正面结 n 型 PERT 电池的电性能参数列在表 3-3 中。由于 Al_2O_3 的有效正面钝化和背面热 SiO_2 钝化，电池的开路电压很高。20 片太阳能电池的平均开路电压达到了 684mV。最高的单片电池得到的开路电压 V_{oc} 为 683.8mV，短路电流密度 J_{sc} 为 40.13mA/cm^2，以及填充因子 FF 为 80.11%；基于此，电池的效率达到了 21.98%。

表 3-3　正面结 n 型 PERT 电池的电性能参数

	V_{oc}/mV	J_{sc}/(mA/cm^2)	FF/%	η/%
平均值	683.8±1	40.09±0.09	79.76±0.28	21.85±0.1
最高值	683.8	40.13	80.11	21.98

电池的量子效率及反射率测试曲线如图 3-27 所示，在较宽的波长范围（400～1000nm）内量子效率（IQE）接近 100%。由于具有良好的表面掺杂特性和 Al_2O_3/SiN_x 叠层钝化作用，电池在短波情况下的量子效率表现较好。

为了在后续的实验过程中改善目前工艺中存在的不足，得到更高的电池效率，基于已建立的电池模型以及电池测试结果，对电池的功率损失进行分析。

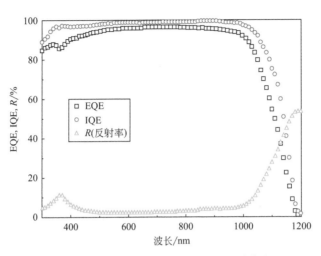

图 3-27　电池的量子效率及反射率测试曲线

3.4.2　太阳能电池复合损失分析

正表面复合电流 J_{oe}，在完成正表面的氧化工艺后，正表面硼扩散结深从 $1.2\mu m$ 推进到 $1.8\mu m$。硼掺杂区域的反向饱和电流密度，从氧化前的 $37.7fA/cm^2$ 下降到氧化后的 $30.2fA/cm^2$。

硅基体的反向饱和电流密度 $J_{0\,bulk}$ 可以用式（3-2）计算得到。实验所用的 $3\Omega \cdot cm$ 的施主掺杂浓度 N_D 为 $1.56 \times 10^{15} cm^{-3}$。$W$ 是硅片的厚度 $180\mu m$，通过双面抛光钝化后测试得到有效少子寿命为 $3.8ms$。

$S_{rear,\,eff}$ 是背表面钝化区的表面复合速率（SRV）。背表面掺杂层的反向饱和电流密度 $J_{0\,bsf}$ 以及磷扩散层掺杂曲线可以直接通过测量得到。背表面复合速率 $S_{rear,\,eff}$ 可以采用式（3-3）计算得到，再通过式（3-2）可以计算得到硅基体的反向饱和电流密度为 $31fA/cm^2$。

$J_{0\,pass}$ 是背表面没有激光开膜区也就是钝化区的反向饱和电流密度，f_m 是激光开膜即金属化区域的比例。因此，当 $f_m = 0$ 时，$J_{0\,pass}$ 等效于 $J_{0\,total(measured)}/2$；当 $f_m=1$ 时，$J_{0\,total(measured)}/2$ 等于 $J_{0\,laser}$。在这个实验中，通过这个方法，可以得到正面和背表面的金属接触区反向饱和电流密度 $J_{0\,metal}$。在本节电池所采用的表面掺杂技术与金属化技术基础上可以得

到 $J_{0\,\text{front metal}}$=1500fA/cm^2，$J_{0\,\text{rear metal}}$ = 2000fA/cm^2。

背表面磷掺杂区的 $J_{0\,\text{BSF}}$ 从 44.9fA/cm^2 下降到 11.4fA/cm^2。$J_{0\,\text{total(cell)}}$ 是电池各部分 J_0 的总和，如式（3-5）所示。在表 3-4 中列出了最佳效率电池各部分的反向饱和电流密度组成。电池电压为 683.8mV，对应的 $J_{0\,\text{total(cell)}}$ 为 110fA/cm^2，而根据模型计算出的电池 $J_{0\,\text{total(cell)}}$ 为 112.1fA/cm^2，两个数据基本可以匹配起来，说明所建立的模型对于分析电池各部分的反向饱和电流密度有意义。

表 3-4　最佳效率电池各部分的反向饱和电流密度组成

J_0/(fA/cm^2)					
J_{0e}	$J_{0\,\text{front metal}}$	$J_{0\,\text{bulk}}$	$J_{0\,\text{BSF}}$	$J_{0\,\text{rear metal}}$	$J_{0\,\text{total(cell)}}$
29.6	27.8	31.8	10.9	12	112.1

3.4.3　太阳能电池串联电阻损失分析

总的串联特征接触电阻值为 0.75Ω·cm^2，特征接触电阻 $r_{s(\text{contact})}$ 用式（3-8）计算，f_{metal} 为金属覆盖面积。

通过 TLM 的方式可以测试得到正表面镍/铜/银电镀接触区域的特征接触电阻为 8×10^{-4}Ω·cm^2。后蒸发铝特征接触电阻 1×10^{-3}Ω·cm^2，其值虽然略高于预期，但已属较好的接触电阻，因在背表面进行了氧化推结的工艺，从而导致了表面浓度由 6.4×10^{19}cm^{-3} 下降到 1.8×10^{19}cm^{-3}。前表面金属体电阻率 3.5×10^{-6}Ω·cm，后表面蒸发铝层体电阻率 3×10^{-6}Ω·cm，厚度 500nm，这几个值也是通过直接测试获得的。测量值 R_s 和计算值 $R_{s(\text{total})}$ 之间会有所失配属正常现象，但匹配程度越高意味着串联电阻的分析模型更可靠。

表 3-5 给出了依据串联电阻解析模型计算出的实际电池各部分串联特征接触电阻的详细数据。计算值与测试值的 R_s 失配绝对值为 0.030Ω·cm^2，失配的比例为 4.0%。从这个失配值来看，这些计算结果是合理的。电池前表面因是电镀技术，所以金属特征接触电阻 8×10^{-4}Ω·cm^2 是非常低的，前表面激光烧蚀宽仅为 15μm，在设计背表面接触的过程中有意地限制了接触面积，因此前金属接触电阻主要来自较小的接触面积，另外，正表面金属栅根线的电阻损失占比 20%，这个主要是因为栅线截面积不够，导体

栅线的体电阻过大导致的，可通过增加栅线根数来弥补，但也要综合考虑栅线的遮光面积影响。后表面高的金属接触电阻主要来源于过低的表面掺杂浓度，使金属和半导体间接触的势垒过高。另外，背表面因为激光开膜的原因，在激光开膜区域中存在一些激光损伤以及自然氧化层 SiO_2，这个对铝和硅形成良好的接触也存在一定的影响。本次使用硅片的体电阻率为 $3\Omega \cdot cm$，导致体电阻对串联电阻的影响占比为 19.2%。在这个体电阻数据上，通过降低硅片体电阻率及进一步降低 R_s 的空间，后续的电池实验中，将会将硅片体电阻率从 $3\Omega \cdot cm$ 下调到 $1\Omega \cdot cm$，在增加体掺杂量时，同时降低体的反向饱和电流密度。

表 3-5   依据串联电阻解析模型计算出的实际电池各部分串联特征接触电阻的详细数据

参数	名称	数值 $/\Omega \cdot cm^2$	比值 /%
$R_{s\,(total)}$	测量值	0.750	
$r_{s\,(front\ finger)}$	前表面细栅	0.150	20.0
$r_{s\,(front\ contact)}$	前金属接触	0.106	14.1
$r_{s\,(front\ BB)}$	前主栅体	0.045	6.0
$r_{s\,(front\ emitter)}$	发射极层	0.102	13.6
$r_{s\,(bulk)}$	硅基体	0.144	19.2
$r_{s\,(rear\ contact)}$	背面接触	0.137	18.3
$r_{s\,(rear\ metal)}$	背面金属层	0.036	4.8
	模型中未包含的 R_s	0.030	4.0

3.4.4 太阳能电池光学损失分析

在正表面电镀的工艺过程中，金属化率约等于激光开膜的烧蚀面积，可以计算出正面金属化率为 1.85%，遮光率为 3.9%，其中 2.0% 遮光由金属细栅线引起，1.9% 由金属主栅线引起。在计算金属遮光的时候，因为考虑到金属区域虽然对光完全遮挡，但因为栅线本身可以反射光线，使一部分遮挡的光被反射到非遮光区域，所以对于金属栅线的遮光需乘以一个系数，表示其部分遮挡。基于参考文献 [33] 以及电池栅线的高宽情况，选取 49% 作为电镀细栅线区域的遮光系数，而主栅线的遮光系数则定为 97%，这样正表面因金属化引起的总遮光比例为 2.82%，其中 0.98% 遮光由金属细栅线引起，1.84% 由金属主栅线引起。I_{sc} 的前表面遮光引起的光学损失分析将基于这些值。

为了评估内部的光学吸收以及背表面的内反射效果，引用了光程因子 Z_0 的分析方法。此方法基于采用接近带隙宽度的光反射路径来计算最终光程。具体的计算方式可以参考表达式（3-24）[34]。

$$Z_0 = \frac{W_{\text{IQE}}\left(1 - R_{\text{total}}\right)}{\eta_c W\left(1 - R_{\text{front}}\right)} \qquad (3\text{-}24)$$

式中，W_{IQE} 为 IQE^{-1} 与吸收长度的反斜率；η_c 为光生载流子的收集效率；R_{front} 为离开电池前表面的光，通常表示为外部反射；R_{total} 可以近似表示为以短波长逃离反射区域外推的方法来近似得到的总反射数据；IQE 为电池的实际测量数据，测试波长范围为 $300 \sim 1200\text{nm}$，如图 3-28 所示。

$$\eta_c = \eta_c'\left[\frac{\rho_B\left(3 + \rho_B\right)}{\left(1 + \rho_B\right)^2}\right] \qquad (3\text{-}25)$$

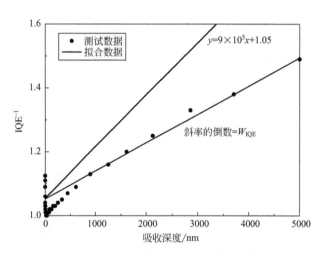

图 3-28　n 型 PERT 电池长波光谱响应分析

拟合了在 1200nm 波长下的 IQE^{-1} 相对于吸收长度的线性曲线如图 3-28 所示，原始曲线及拟合曲线都显示出了高度的线性以及重合度，下文将以拟合曲线计算相关特征参数。对于 $180\mu\text{m}$ 的电池厚度，$\eta_c' = 0.95$，R_{total} 为 0.53（波长 λ 在 1200nm 时的整体反射）[37]，R_{front} 为 0.08（波长 λ 在 1200nm 时提取的正面反射数据）。η_c 可以用式（3-25）来计算得到[34]，

其中 ρ_B 表示为背表面的反射率。对于器件来说，一般取值为 0.967。根据式（3-25），η_c 经计算为 0.96。从图 3-28 中可以拟合计算出 W_{IQE} 为 11137.7μm，基于以上数据，可用式（3-24）计算得到 Z_0（$\lambda = 1200nm$）为 33.3，从与传统电池对比来看（$Z_0 = 10 \sim 15$，$\lambda = 1200nm$），这个结构的 n 型 PERT 电池内部光学反射表现得非常优异。

对于晶体硅太阳能电池，在研究光学损失的时候，通常只考虑在 $\lambda = 300 \sim 1200nm$ 波长范围内的光学损失，因为 AM1.5G 光谱中 300nm 以下的几乎不存在任何光子，1200nm 以上的波长范围对于 Si 来讲几乎是透明的，因为光子能量远小于禁带宽度，无法有效激发光生电子空穴对。对晶体硅太阳能电池而言，在 AM1.5G 这个光谱范围包含相当于 $46.3mA/cm^2$ 电流密度的等效光子的量。在朗伯光捕获极限下，在 180μm 厚的电池片上，可以最大限度地产生约 $44mA/cm^2$ 电流密度[35]。然而，根据 Fraunhofer ISE Cal. Lab 的校准数据，n 型正面结 PERT 电池的电流密度 J_{sc} 为 $40.13mA/cm^2$；因此，有 $3.87mA/cm^2$ 的电流密度因为光学损失而没有得到。其中，由于短路条件下的复合，引起约 $0.43mA/cm^2$ 的光学损失。因此，实际上总光学损耗为 $3.87-0.43=3.44(mA/cm^2)$。根据计算分析，$0.53mA/cm^2$ 是由于光捕获不足造成的，$1.61mA/cm^2$ 是由前表面金属遮光造成的，$0.57mA/cm^2$ 是由前表面光学反射引起的，$0.07mA/cm^2$ 是由前表面膜系的寄生吸收引起的，采用 $OPAl_2$[27] 计算得到。因此，剩余的 $0.66mA/cm^2$ 由于 Si 体内的自由载流子吸收、后表面的寄生吸收（主要是 Al）等原因而损失，详细的光学损失数据列在了图 3-29。

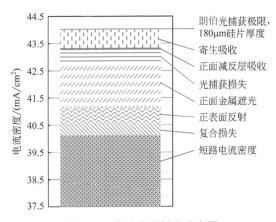

图 3-29　电池光学损失分布图

3.5

n型PERL和PERT结构太阳能电池技术的发展展望

从本节的电池性能及数据分析中可以找到所制备的n型PERT电池在光学、电学以及少数载流子复合上的功率损失。相对而言，各部分都处于一种较为理想的水平。但因为本节的数据都是在实验室的条件下获得的，使用的一些技术如正表面电镀、背表面的PVD金属化工艺等目前也只能在实验室条件下实现。在n型PERT电池的制备过程中可感觉到控制器件效率的关键是控制好电池复合，而且是在各种不同的工艺条件下，如金属化工艺、表面钝化工艺、杂质的掺杂工艺以及器件制备的工艺过程等。在管理好复合的基础上就要考虑电学上的匹配技术，比如金属化工艺、掺杂浓度与金属化技术的整体匹配等。最后光学结构的最优化以及光学结构对复合体系和电阻体系的影响也需要进行综合的考虑。

如何实现一种可产业化的更高效的n型电池也是在研究工作中一直考虑的事。如果采用产业化的技术方案，特别是在金属化技术上就需要采用电子浆料来实现电极的制备，这样本章中研究的低掺杂以降低复合的技术就不能很好地被应用。从目前n型PERT电池产业化的应用来看，其产业化效率只能达到21.5%左右。其最大的限制因素就来自背表面的掺杂层复合J_{0BSF}，以及正背表面的金属区域复合$J_{0\,metal}$。相对于本章的器件结果，产业化的n型PERT电池开路电压在$660 \sim 670mV$这个区间，而且目前看来，这个已经是限制n型PERT电池效率提升的主要因素。所以如果找到一个既可以提升硅片表面钝化效果又对金属接触区的复合能有效果的技术，便可以进一步提升电池的光电转换效率，但具体能提升多少还是看技术本身。

接触钝化技术就是这样一个既可以提升硅表面的钝化，又可以降低金属区复合的技术。从目前国外的文献报道来看，接触钝化技术可以将硅片表面的反向饱和电流密度下降到$10fA/cm^2$以下，对金属半导体接触区的反向饱和电流密度从大于$1000fA/cm^2$下降到小于$50fA/cm^2$，相对于目前的技术，其钝化性能又提升了一步。更重要的是，这个技术对于金属半导体接触区域的钝化效果，因为需要通过隧穿层来传输多数载流子，金属接触也是在隧穿层之上的掺杂层，所以可以基本避免金属接触区半导体表面器件引起的复合。从目前国外的研究结果看，如果采用实验室的 PVD 等非烧穿的金属化方案，接触钝化技术可以完全避免金属半导体接触区域的复合；但如果采用产业化的烧穿型金属化浆料，金属半导体接触区域的复合电流还会在一定的程度上存在，但也会大大降低。据文献报道，在 n 型掺杂的接触钝化层表面，金属区复合 $J_{0\,metal}$ 可以从 1500fA/cm^2 下降到 35fA/cm^2 左右 [36]，这个就大大缓解了因为复合引起的太阳能电池发电功率的损失。在后文中将重点研究基于 n 型 PERT 电池的钝化接触技术。

《参考文献》

[1] Benick J，Steinhauser B，Muller R，et al. High efficiency n-type PERT and PERL solar cells [C]. 40th IEEE Photovoltaic Specialist Conference（PVSC），Denver，Colorado，2014.

[2] http：//www.china-epc.org/jishu/2016-02-23/11393.html.

[3] Song D，Xiong J，Hu Z，et al. Progress in n-type Si solar cell and module technology for high efficiency and low cost[C]. 38th IEEE Photovoltaic Specialists Conference（PVSC），Austin，USA，2012.

[4] https：//www.photonicsonline.com/doc/imec-and-jolywood-achieve-a-record-of-percent-with-bifacial-n-pert-solar-cells-0001.

[5] 盛健. 晶体硅太阳能电池钝化接触技术研究 [D]. 常州：常州大学，2019.

[6] Jian Sheng，Wei Wang，Shengzhao Yuan，Wenhao Cai，Yun Sheng，Yifeng Chen，Jiangning Ding，Ningyi Yuan，Zhiqiang Feng，Verlinden Pierre J. Development of a large area n-type PERT cell with high efficiency of 22% using industrially feasible technology[J]. Solar Energy Materials and Solar Cells，2016，152：59-64.

[7] Peters I M，Khoo Y S，Walsh T M. Detailed Current Loss Analysis for a PV Module Made With Textured Multicrystalline Silicon Wafer Solar Cells [J]. IEEE Journal of Photovoltaics，2014，4（2）：585-593.

[8] Ok Y W，Upadhyaya A D，TaoY，Zimbardi F，Ryu K，Kang M H，et al. Ion-implanted and screen-printed large area 20% efficient n-type front junction si solar cells[J]. Solar Energy Materials & Solar Cells，2014，123（4）：92-96.

[9] Deckers J，Loozen X，Posthuma N，O'Sullivan B，Debucquoy M. Injection dependent emitter saturation current density measurement under metallized areas using photoconductance decay[C]. 28st European photovoltaic solar energy conference and exhibition，2013.

[10] Fong K C, Mcintosh K R, Blakers A W. Accurate series resistance measurement of solar cells[J]. Prog. PV, 2003, 21: 490.

[11] Schroder D K. Semiconductor material and device characterization, 3rd edition.Semiconductor Material and Device Characterization, 3rd Edition, by Dieter K. Schroder, pp. 840. ISBN 0-471-73906-5. Wiley-VCH, December 2005, 44, 840.

[12] Meier D L, Chandrasekaran V, Gupta A, et al. Silver Contact Grid: Inferred Contact Resistivity and Cost Minimization in 19% Silicon Solar Cells [J]. IEEE Journal of Photovoltaics, 2013, 3（1）: 199-205.

[13] Robbins H, Schwartz B. Chemical Etching of silicon I.The system HF, HNO_3, and H_2O[J].Journal of the electronchemical Society, 1959, 106: 505-508.

[14] Seidel H, et al.Anisotropic etching of crystalline silicon in alkaline solutions: I.Orientation dependence and behavior of passivation layers[J]. Journal of the electronchemical Society, 1990, 137: 3612-3626.

[15] Jinsu Yoo, Gwonjong Yu, et al.Large-area multicrystalline silicon solar cell fabrication using reactive ion etching（RIE）[J]. Solar Energy Materials & Solar Cells, 2010.

[16] JinsuYoo. Reactive ion etching（RIE）technique for application in crystalline silicon solar cells[J]. Solar Energy, 2010, 84（4）: 730-734.

[17] Fang Cao, Kexun Chen, et al. Next-generation multi-crystalline silicon solar cells: Diamond-wire sawing, nano-texture and high efficiency[J]. Solar Energy Materials and Solar Cells, 2015, 141.

[18] Zou S, Wang X, Cao F, Ye X, Xing G, et al. 19.31%-Efficient Multi-Crystalline Silicon Solar Cell with MCCE Black Silicon Technology[C].32nd European Photovoltaic Solar Energy Conference and Exhibition, 2015.

[19] Ying Zhiqin, Mingdun Liao, et al. High-Performance Black Multicrystalline Silicon Solar Cells by a Highly Simplified Metal-Catalyzed Chemical Etching Method[J]. IEEE Journal of Photovoltaics, 2016, 6（4）.

[20] Jian Sheng, Wei Wang, Quanhua Ye, Jiangning Ding, Ningyi Yuan, Chun Zhang. MACE texture optimization for mass production of high efficiency multi-crystalline cell and module [J]. IEEE Journal of Photovoltaics, 2019, 10: 1109.

[21] Patrick Campbell, Martin Green, et al. Light trapping properties of pyramidally textured surfaces[J]. 1987, 62（1）.

[22] Otto, Martin, Algasinger, Michael, Branz, Howard, et al. Black Silicon Photovoltaics [J]. Advanced Optical Materials, 2015, 3（2）: 147-164.

[23] Huang Z P, Fang H, Zhu J. Fabrication of Silicon Nanowire Arrays with Controlled Diameter, Length, and Density[J]. Adv Mater, 2007, 19: 744-748.

[24] Ding JN, Zhang FQ, Yuan NY, Cheng GG, Wang XQ, Ling ZY, Zhang ZQ. Influence of

Experimental Conditions on the Antireflection Properties of Silicon Nanowires Fabricated by Metal-Assisted Etching Method[J]. CURRENT NANOSCIENCE, 2014, 10（3）: 402-408.

[25] Li X, Bohn P W. Metal•Assisted Chemical Etching in HF/H_2O_2 Produces Porous Silicon[J]. Appt Phys Lett, 2000, 77: 2572-2574.

[26] Baker-Finch S C, McIntosh K, Terry M L. Isotextured silicon solar cell analysis and modeling 1: Optics, IEEE[J]. Photovolt., 2012, 2（4）: 457-464.

[27] PV Lighthouse, https: //www.pvlighthouse.com.au/cms/simulation-programs/quokka2.

[28] Rohatgi A, Jellison G E, Doshi P. Characterization and optimization of absorbing plasma- enhanced chemical vapor deposited antireflection coatings for silicon photovoltaics [J]. Appl Opt, 1997, 36（30）: 7826-37.

[29] Richard Roland King. Studies of oxide-passivated emitters in silicon and application to solar cell. PHD, 1990.

[30] Ohrdes T, Peibst R, Harder N P, Altermatt P P, Brendel R. Characterization of the emitter collection efficiency by contactless photoconductance measurements[C]. Proceedings 23rd Photovoltaic Science and Engineering Conference（PVSEC）, Taipei, Taiwan, 2013.

[31] Kane D E, Swanson R M. Measurement of the emitter saturation current by a contactless photoconductivity decay method[C]. 18th IEEE Specialists Conference, Las Vegas, 1985, 578.

[32] Min B, Dastgheib-Shirazi A, Altermatt P P, Kurz H. Accurate determination of the emitter saturation current density for industrial P-diffused emitters[C]. Proceedings 29th European Photovoltaic Solar Energy Conference, Amsterdam, 2014, 463.

[33] Woehl R, Hörteis M, Glunz S W. Determination of the effective optical width of screen-printed and aerosol-printed and plated fingers[C]. Proceedings 23rd European Photovoltaic Solar Energy Conference, Valencia, Spain, 2008, 1377.

[34] Rand J A, Basore P A. Light-trapping silicon solar cells: experimental results and analysis[C]. Proceedings 22nd IEEE Photovoltaic Specialist Conference, Las Vegas, 1991, 192.

[35] Tiedje T, Yablonovitch E, Cody G D, Brooks B G. Limiting efficiency of silicon solar cells [J].IEEE Trans. Electron Devices, 1984（31）: 711.

[36] Pradeep Padhamnath, Johnson Wong, Balaji Nagarajan, Jammaal Kitz Buatis, et al. Metal contact recombination in monoPoly™ solar cells with screen-printed & fire-through contacts [J]. Solar Energy Materials and Solar Cells, 2019, 192: 109-116.

[37] Basore P A. Extended spectral analysis of internal quantum efficiency [C]. IEEE Photovoltaic Specialists Conference, 1993.

第 4 章

硅基异质结（SHJ）
太阳能电池技术

4.1

SHJ 太阳能电池技术的发展历程

非晶硅 / 晶硅异质结（SHJ）技术的诞生可以追溯到传统扩散结和 p-i-n 同质结电池的发展。最早的硅基光伏能量转换系统于 1941 年获得专利，而第一个基于 pn 扩散结型的二极管硅太阳能电池在 1954 年诞生[1]。在几年内，晶体硅（c-Si）基太阳能电池的效率提高到 11%[2]，随着 20 世纪 70 年代早期化石燃料价格的上涨，对地面光伏发电等替代能源的需求不断增加，从那时起，c-Si 光伏市场稳步增长，目前占光伏市场的 90% 以上。回顾晶体硅电池发展史，我们会发现一些主要的设计概念被证明对改进 c-Si 技术和几种后续技术至关重要：①背面场；②可以有效光捕获的绒面；③表面钝化；④接触结构。目前，最好的扩散结 c-Si 电池基于钝化发射极后局部扩散（PERL）设计，效率为 25%，背接触（IBC）设计效率为 25.3%[3]。同时，在 20 世纪 60 年代后期，氢化非晶硅（a-Si:H）的发现引发了研究者极大的兴趣，具有合适载流子迁移率的 a-Si:H 成为潜在的光伏材料[4,5]。Lewis 等[6] 在 1974 年解释了氢在饱和 Si 原子悬挂键和形成稳定的互连 Si—H 环结构中的作用。a-Si:H 发展的另一个重要里程碑是 1975 年取代掺杂的实现：n 型掺杂（p 型掺杂）通过向硅烷气体中加入磷（乙硼烷）而实现[7,8]。用于光伏器件的 a-Si:H 研究由 RCA 实验室开始，初始太阳能电池效率为 2% ～ 3%[9]，到 1989 年达到 11% ～ 12%。三洋公司 1979 年首次发布商用 a-Si:H 太阳能电池，用于手持计算器。多年来，a-Si:H p-i-n 电池的效率增长有限，阻碍了该技术的进一步发展，但是掺杂 a-Si:H 技术的研究对 SHJ 电池的发展至关重要。a-Si:H 中原子氢对硅片表面的钝化作用在 1978 年被首次报道[10]。20 世纪 80 年代后期，三洋的研究部门（现属松下公司）用 a-Si:H 和 c-Si 形成硅基异质结，并且在 1991 年以商标 HIT（hetero intrinsic thin layer）为他们的 a-Si / c-Si 异质结（SHJ）太阳能电池的混合设计申请了专利[10]。到 21 世纪初，三洋的 SHJ 太阳能电池效率已经达到了 20%，并开发出第一个商用 SHJ 太阳能电池组件[11]。在 2011 年专利到期后，世界各地的科研机构与公司对 a-Si:H/c-Si SHJ 太阳能电池的研究显著增加，标准设计和 IBC 设计的大面积 SHJ 光伏器件效率均超过 25%，目前的世界最高效率已经达到 26.6%，为 IBC-SHJ 结构，由日本的 Kaneka 公司于 2017 年发布 [12]。SHJ 电池具有较低的温度系数，对实际工作条件相对不敏感，电池的制造利用了成熟的、工业可扩展的薄膜沉积技术，并且还有进一步的改进空间，如使用新的电子与空穴传输层和 TCO 材料 [13, 14]、双面结构 [15]、IBC 结构 [16]、局部 SHJ 接触 [17]、基于 SHJ 的叠层结构 [18] 等。由于这些优点，SHJ 太阳能电池是传统 c-Si 太阳能电池的一种极具吸引力的替代方案。

我国在"十二五"期间启动了基于中试水平的 MW 级薄膜硅 / 晶体硅异质结太阳能电池产业化的"863"项目，中科院电工所等承担相关研究工作，国内新奥集团、嘉兴上澎已实现异质结电池量产。2018 年，晋能科技 HJT 电池量产平均效率达 23.27%，量产最高效率可达 24.04%。在未使用半片、MBB 等组件提效技术前提下，量产 60 片单面组件最高功率达到 332.6W，组件双面性达 89.61%[19]。2018 年 5 月，通威太阳能与上海微系统所、三峡资本共同合作研发成功了最高效的硅基异质结（SHJ）太阳能电池，并应用在通威太阳能自主研发的高效组件上。这是业内首次将 SHJ 电池与叠瓦双玻组件技术结合，在三方研发团队的努力下，最终成功地开发出了第一片 SHJ 叠瓦双玻组件 [20]。

4.2

SHJ 太阳能电池原理与结构

4.2.1　太阳能电池结构基础

在理想的太阳能电池中，光生载流子在吸收层中存在足够长的时间，因此可以扩散 / 漂移到收集它们的适当接触处，而不会通过重新复合导致载流子损失，而且载流子选择性接触产生不对称的势垒，可以收集多数载流子，阻挡少数载流子 [见图 4-1（a）]。

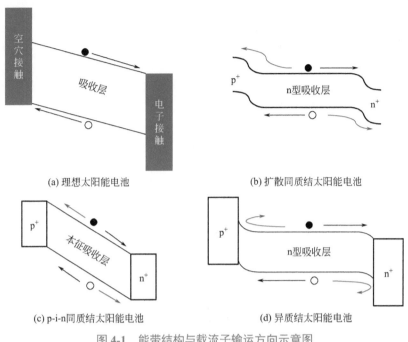

(a) 理想太阳能电池　　　　　　　　(b) 扩散同质结太阳能电池

(c) p-i-n同质结太阳能电池　　　　　(d) 异质结太阳能电池

图 4-1　能带结构与载流子输运方向示意图

在实践中，太阳能电池被设计成接近这种理想化的结构，以实现光生载流子的有效提取。根据具体的载流子提取方法，太阳能电池可大致分为3类：

① 扩散同质结太阳能电池，例如商业扩散结硅太阳能电池；

② p-i-n 同质结太阳能电池，例如 a-Si:H 薄膜太阳能电池；

③ 异质结太阳能电池，例如 CdTe、CIGS 和 CZTS 薄膜太阳能电池，以及 SHJ 太阳能电池。

在典型的扩散同质结太阳能电池中，光生载流子主要通过吸收层准中性区中的扩散到达各自的接触，为了有效收集，该过程需要较长的载流子扩散长度，因此需要品质极高的吸收层、载流子选择性（用于电子收集的 n 型掺杂，用于空穴收集的 p 型掺杂）以及实现低电阻率接触（由接触区的重掺杂来实现，但是重掺杂带来的俄歇复合以及光学损失是器件性能的一个重要限制因素）。

p-i-n 同质结太阳能电池概念通常应用于低成本的 PV 吸收层，这些吸收层中缺陷较高，导致载流子扩散长度非常短。在这种情况下，在内置电场的影响下，光生载流子对（电子和空穴对）在内在吸收层中产生时几乎瞬间分离，然后漂移到适当的接触区来有效地收集它们。由于吸收层材料品质差，接触区的复合通常不是限制因素。

新兴的异质结太阳能电池技术一般涉及两种或更多种不同的材料 [参见图 4-1（d）]。在这些太阳能电池中，通过沉积薄膜来实现载流子的选择性，薄膜提供与吸收层费米能级不同的功函数，因而在吸收层表面产生电势差，从而实现载流子收集，这种薄膜通常称为电子和空穴传输层（ETL 和 HTL）。在 SHJ 太阳能电池中，接触还包含插入在 ETL 和 HTL 下方的非常薄的缓冲层，用于表面钝化，避免费米能级钉扎。如果不经过仔细优化，异质结载流子收集率可能会非常低。SHJ 是第一种钝化接触技术，持续的工艺改进使得日本松下公司在 2014 年创造了世界纪录。最近，Kaneka 进一步将效率提升至 26.6%。

4.2.2　半导体异质结基础

由两种不同半导体材料组成的 pn 结称为异质结。与同质结不同，异质结中两种半导体材料的禁带宽度、导电类型、介电常数、折射率和消光系数等电学和光学参数不同，因而为半导体器件的设计提供了更大的灵活性。由导电类型相反的两种半导体材料形成的异质结称为反型异质结，而由导电类型相同的两种半导体材料形成的异质结称为同型异质结。与同质结一样，根据界面的物理厚度，异质结也可分为突变结与缓变结。由于 SHJ 太阳能电池属于突变反型异质结，以下我们主要以突变反型异质结为例介绍异质结的基础知识[21]。

（1）理想异质结能带图

图 4-2 是突变反型 pn 异质结形成前后的平衡能带图。图中 W_1 和 W_2 是两种材料电子的功函数；χ_1 和 χ_2 是两种材料真空能级与导带底的能量差，即电子的亲和能；下标 1 和下标 2 分别表示带隙较小和带隙较大的半导体材料。

当两种不同导电类型的半导体材料构成异质结时，由于半导体的能带结构的费米能级以及载流子浓度不同，在不同半导体之间会发生载流子的扩散、转移，直到费米能级拉平，这样就形成了势垒，此时的异质结处于热平衡状态，如图 4-2 所示（n 型的禁带宽度比 p 型的大）。与此同时，在两种半导体材料交界面的两边形成了空间电荷区（即势垒区或耗尽区）。n

型半导体一边为正空间电荷区，p型半导体一边为负空间电荷区，由于不考虑界面态，所以在势垒区中正空间电荷数等于负空间电荷数。正、负空间电荷间产生电场，也称为内建电场，方向为 n 指向 p，使结区的能带发生弯曲，大小为两种材料功函数之差。

由于组成异质结的两种半导体材料的介电常数不同，各自的禁带宽度也不同，因而内建电场在交界面是不连续的，导带和价带在界面处不连续，界面两边的导带出现明显的"尖峰"和"尖谷"，价带出现断续，如图 4-2 所示，这是异质结与同质结明显不同之处。由图 4-2 可知，两种半导体材料在导带底交界处的突变 ΔE_C 为：

$$\Delta E_C = \chi_1 - \chi_2 \tag{4-1}$$

而价带顶的突变 ΔE_V 为：

$$\Delta E_V = (E_{g2} - E_{g1}) - (\chi_1 - \chi_2) \tag{4-2}$$

式中，ΔE_C 和 ΔE_V 分别为导带带阶和价带带阶，是异质结特有的重要参数。

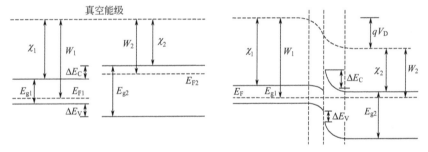

图 4-2　突变反型 pn 异质结形成前后的平衡能带图

（2）反型异质结的主要公式

在图 4-2 所示的反型异质结中，由电中性条件可知正负空间电荷区的关系为：

$$Q = qN_{A1}(x_0 - x_1) = qN_{D2}(x_2 - x_0) \tag{4-3}$$

式中，Q 为单位面积空间电荷；N_{A1} 为带隙较小材料的受主杂质浓度；N_{D2} 为带隙较大材料的施主杂质浓度。式（4-3）化简得：

$$\frac{x_0 - x_1}{x_2 - x_0} = \frac{N_{D2}}{N_{A1}} \tag{4-4}$$

式（4-4）表明异质结两侧的空间电荷区宽度和掺杂浓度成反比。当 $N_{D2} \gg N_{A1}$ 时，$x_0 - x_1 \gg x_2 - x_0$，即空间电荷区基本在材料 1 这边。当 $N_{A1} \gg N_{D2}$ 时，$x_2 - x_0 \gg x_0 - x_1$，空间电荷区基本在材料 2 这边，与同质结一样，这两种情况都称为单边突变结。

利用边界条件，求解界面两侧的泊松方程，得到界面两侧的内建电势差为：

$$V_{D1} = \frac{qN_{A1}(x_0 - x_1)^2}{2\varepsilon_1} \qquad (4\text{-}5)$$

$$V_{D2} = \frac{qN_{D2}(x_2 - x_0)^2}{2\varepsilon_2} \qquad (4\text{-}6)$$

式中，ε_1 和 ε_2 分别为材料 1 和材料 2 的介电常数。

由式（4-5）和式（4-6）可得

$$\frac{V_{D1}}{V_{D2}} = \frac{\varepsilon_2 N_{D2}}{\varepsilon_1 N_{A1}} \qquad (4\text{-}7)$$

式（4-7）表明两侧的内建电势与掺杂浓度成反比，即势垒高度在掺杂浓度低的一边变化大。

两侧空间电荷区宽度为：

$$x_0 - x_1 = \left[\frac{2\varepsilon_1\varepsilon_2 N_{D2}}{qN_{A1}(\varepsilon_1 N_{A1} + \varepsilon_2 N_{D2})} V_D \right]^{1/2} \qquad (4\text{-}8)$$

$$x_2 - x_0 = \left[\frac{2\varepsilon_1\varepsilon_2 N_{A1}}{qN_{D2}(\varepsilon_1 N_{A1} + \varepsilon_2 N_{D2})} V_D \right]^{1/2} \qquad (4\text{-}9)$$

（3）有界面态的异质结能带图

受异质结界面晶格失配或其他缺陷的影响，异质结界面处的禁带中存在界面态，界面态分为施主型和受主型。施主型界面态带正电荷，受主型界面态带负电荷。界面态的大小和界面态能级的性质将影响异质结的能带图。

如图 4-3 所示，对于反型异质结，如果界面处的净电荷为负，则界面两边的能带都向上弯曲；如果界面处电荷为正，则界面两边的能带均向下弯曲。

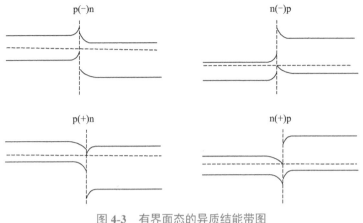

图 4-3　有界面态的异质结能带图

4.2.3　SHJ 太阳能电池结构与原理

　　硅异质结太阳能电池基本结构是在晶体硅晶片上堆叠本征和掺杂的氢化非晶硅层形成钝化接触。由于本征氢化非晶硅的电导率非常低，在提供足够表面钝化的情况下其厚度应尽可能低。正面掺杂氢化非晶硅层的厚度也应该足够低，以减少寄生光吸收。同时，为了尽可能高地提高能量转换效率，硅基异质结电池需要使用具有长载流子寿命的高品质晶体硅。尽管两种掺杂类型都可以获得高效率，目前大多数 SHJ 太阳能电池都还是基于 n 型硅片，因为它对杂质的敏感性较低，载流子寿命较长。

　　按照只在硅片正面还是在硅片的正、背面都形成异质结可以分为单面异质结和双面异质结。三洋最初研究 HIT 电池时采用的是单面异质结结构，与单晶 pn 结太阳能电池相比，n 型扩散发射极被 n 型 a-Si:H 层取代，同时添加 TCO 层以提供足够的横向导电性。a-Si:H 发射极主要有两个优点：光入射窗口的透明度更高；由于 a-Si:H 的带隙更大，开路电压更高。该结构中，电池背面的衬底和金属直接接触，靠肖特基势垒在半导体中所引起的能带弯曲起到背表面场的效果，但是形成 Al 或 B 背场需要高温，对电池性能有损伤，效率并不高，比传统的晶体硅太阳能电池效率还低，因此目前常见的 SHJ 电池均为双面异质结结构，可以使能量转换效率提高 25% ～ 30%[22]。

　　在晶体硅太阳能电池标准结构中，发射极靠近电池上表面，少数载流子被位于太阳能电池正面的电极吸收。正面结是目前晶体硅太阳能电池工业中使用最广泛的结构，因为这种结构少数载流子产生的位置与收集位置较近，使得短寿命吸收材料具有更高的短路电流密度。但是正面结对于 SHJ 太阳能电池并不那么重要，只要少数载流子可以到达电极，无论发射极的位置在哪里都可以获得高电流密度，而 SHJ 中晶体硅吸收层高载流子寿命和优异的表面钝化保证了这一条件。因此，SHJ 太阳能电池能够实现其他结构，包括少数载流子在电池下表面附近收集的背面结。由于横向电流传输也可以在晶片中发生，背面结结构可以在电池前侧使用导电性较低但是更加透明的 TCO。但是即使在前侧使用完全透明的材料形成接触，这种结构仍然需要正面金属栅线作为电极，这将导致由于遮挡引起的电流损失。为了充分发挥效率潜力，必须将两个电极均放在电池背面，这便是 IBC-HIT 结构，即在太阳能电池的背面以指状交叉排列形成两个极性接触。IBC 器件工业化生产中最主要的挑战是如何廉价地将发射极和金属接触全部制备在电池背面。迄今为止，报道的大多数 IBC-SHJ 器件都依赖于光刻技术，通过在碱性溶液中的选择性蚀刻或使用附加层作为蚀刻阻挡层来构造 a-Si:H 层。

（1）发射极在正面的 SHJ 太阳能电池结构（标准双面结构）

图 4-4 是发射极在正面的 SHJ 太阳能电池结构示意图，它以 n 型单晶硅为衬底，在其正面依次沉积厚度为 5～10nm 的本征 a-Si:H 薄膜、p 型 a-Si:H 薄膜，从而形成 pn 异质结。在硅背面依次沉积厚度为 5～10nm 的本征 a-Si:H 薄膜、n 型 a-Si:H 薄膜形成背场。在掺杂 a-Si:H 薄膜两侧分别沉积透明导电薄膜（TCO），最后通过丝网印刷在两侧的顶层形成金属电极，构成具有对称结构的 HIT 电池（图 4-4）。

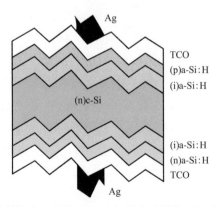

图 4-4　发射极在正面的 SHJ 太阳能电池结构（标准双面结构）

（2）发射极在背面的 SHJ 太阳能电池结构

为了克服标准 a-Si:H/c-Si 异质结太阳能电池中的寄生吸收，研究者提出了发射极在背面的 SHJ 太阳能电池结构，如图 4-5 所示，其结构与标准双面 SHJ 一样，只是发射极位于背面[23]。这种发射极在背面的结构，没有光通过 p 型 a-Si:H 层，因此不必考虑 a-Si:H(p/i) 的寄生光吸收，它的厚度不再是越薄越好，只需要从最小界面复合速率和最大开路电压的角度进行优化。另外，由于横向电流传输也可以在晶硅中发生，正面的 TCO 层可以牺牲一部分导电性能来提高透明度，同时更多的背面导电层可以选择沉积在 a-Si:H(p/i) 上来改善界面的接触，而不必一定选用透明的 TCO 薄膜。

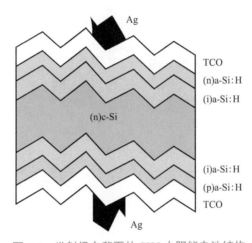

图 4-5　发射极在背面的 SHJ 太阳能电池结构

（3）IBC-SHJ 太阳能电池结构

将发射极放在背面的 SHJ 电池可以减少寄生光吸收，有利于提高电池的 J_{sc}；为进一步减少正面金属栅线遮光影响，人们自然注意到了将发射极和金属接触完全放在背面的 IBC 电池结构。由于正面无金属栅线遮挡，IBC 电池具有较高的 J_{sc}，而 SHJ 电池的异质结结构具有较高的 V_{oc}，因此两种技术的结合有利于进一步提升电池效率。

一般的 IBC-SHJ 电池结构如图 4-6 所示，在制绒硅片的前表面沉积一层本征非晶硅钝化层，但是为了避免寄生光吸收，其厚度一定要薄，在非晶硅层上面沉积减反层（如 SiN_x）[24]。在电池背面，非晶硅层交叉排列，与标准的双面 SHJ 电池一样，使用了本征非晶硅来钝化背面。TCO 层位于非晶硅层和金属接触之间，它可以使非晶硅层免受金属的影响，同时增加导电性能和改善背面的发射性能[25]。图 4-7 是日本 Kaneka 公司 IBC-SHJ 电池的伏安特性曲线，其效率已经超 26%[26]。

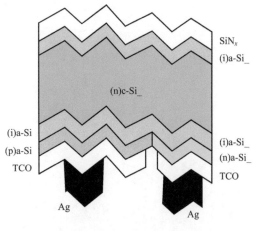

图 4-6　IBC-SHJ 电池结构

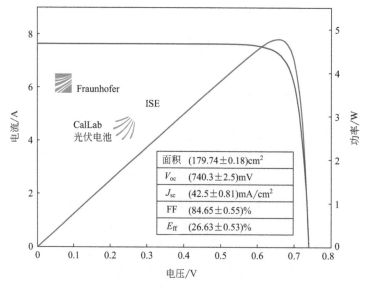

图 4-7　日本 Kaneka 公司 IBC-SHJ 电池伏安特性曲线 [26]

4.2.4　SHJ 太阳能电池中载流子输运机制

（1）非晶硅 / 晶硅异质结电荷输运基本过程

图 4-8 为以 n 型晶硅为衬底的 SHJ 能带图，从图中可见，能带偏移由于 n 型 c-Si 衬底的前面和后面的 a-Si:H 掺杂层费米能级位置的不同而产生。由于 a-Si 的带隙大于 c-Si，在正面结和背面结处都会由于能带失配而形成导带带阶 ΔE_C 和价带带阶 ΔE_V。在正面，较大的导带带阶对电子会产生一个很高的势垒，形成电子反射镜，使得电子只能穿过 n 型 c-Si 并在集电极处被收集。但是由于正面结能带失配产生的价带带阶 ΔE_V 较大，因此会形成一个较大的势阱，捕获少数载流子空穴，此处的空穴只能通过陷阱辅助或热发射隧穿进入 p 区，从而导致 SHJ 电池的填充因子（FF）下降。同理，在背面，价带带阶对空穴形成反射，使得空穴只能在正面结被收集。由于背面结导带带阶 ΔE_C 较小，不对电子向背面接触的传输构成阻碍，因此背面 a-Si:H(i/n) 给电子输运提供了优异的背接触，给空穴的反射提供了优异的钝化。

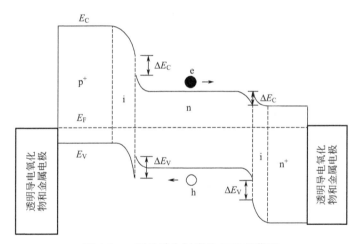

图 4-8　n 型晶硅为衬底的 SHJ 能带图

（2）SHJ 电池电流 - 电压特性

通常用单二极管模型平衡电路来建立载流子输运方程，该模型太阳能电池等效电路的 $J\text{-}V$ 方程为：

$$J = J_{ph} - J_0\, e^{\frac{q(V-JR_s)}{nkT}} - \frac{V - JR_s}{R_{sh}} \tag{4-10}$$

式中，J_{ph} 为光生电流密度；R_s 和 R_{sh} 分别为串联电阻和并联电阻；V 为电压；J_0 为二极管饱和电流；n 为二极管理想因子；k 为玻尔兹曼常数；T 为温度。在暗态下没有光生电流产生，电流密度和电压呈指数关系，因而电流密度的对数与电压呈线性关系，从这条直线的斜率上可以导出二极管理想因子和暗饱和电流。如果 pn 结中有多种类型的载流子输运发生，其二极管特性不是简单的线性关系，非晶硅 / 晶体硅异质结电池在界面处的载流子输运存在多种途径，因此需要用更复杂的双二极管模型来解释其暗态下的电压、电流特征，其电流 - 电压方程为：

$$J = J_{ph} - J_{01}\,\mathrm{e}^{\frac{q(V-JR_s)}{n_1 kT}} - J_{02}\,\mathrm{e}^{\frac{q(V-JR_s)}{n_2 kT}} - \frac{V-JR_s}{R_{sh}} \qquad (4\text{-}11)$$

式中，J_{01} 和 J_{02} 分别为二极管 1 和二极管 2 的饱和电流；n_1 和 n_2 分别为二极管 1 和二极管 2 的理想因子。在 SHJ 电池中，不同的载流子输运机制通过两个二极管的理想因子和饱和电流来体现。当 $n_1 = 1$ 时，二极管 1 描述的是太阳能电池在室温下的扩散过程。

（3）SHJ 电池中的载流子输运过程

一般认为在 SHJ 电池中，载流子输运过程包括扩散、热发射、复合和隧穿四个过程。电流密度 J 和电压 V 可以用通用关系表示为：

$$J = J_0\left(\mathrm{e}^{A_{trans}V} - 1\right) \qquad (4\text{-}12)$$

$$J_0 \propto \mathrm{e}^{\left(-\frac{E_a}{kT}\right)} \qquad (4\text{-}13)$$

式中，E_a 为激活能。温度系数 A_{trans} 的表达式与输运机制有关，对于扩散、热发射和复合过程有：

$$A_{trans} = q/(nkT) \qquad (4\text{-}14)$$

而对于隧穿过程，A_{trans} 与温度无关。

图 4-9 显示了不同温度下 HIT 电池的暗 J-V 曲线，Taguchi 等 [27] 认为在高偏压范围（$0.4 \sim 0.8\mathrm{V}$）内，可以用单个二极管方程拟合曲线，所有测量温度下 n_1 均约等于 1，J_{01} 随着温度 $-1/T$ 以指数变化，因此载流子的输运机制主要以扩散为主；而在低偏压范围（$0.1 \sim 0.4\mathrm{V}$）内，隧穿机制起着重要作用。

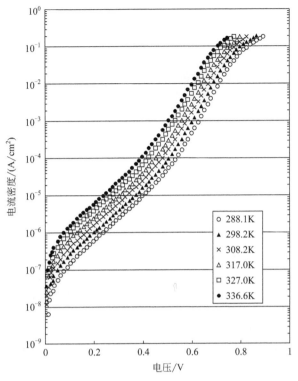

图 4-9　不同温度下 HIT 电池的暗 *J-V* 曲线

4.2.5　SHJ 太阳能电池特点

从 SHJ 电池的结构和制备工艺上分析，其有如下优点。

（1）高对称性

标准 SHJ 电池是在单晶硅的两面分别沉积本征层、掺杂层、TCO 层和金属电极，这种对称结构可以减少工艺步骤和设备，便于产业化生产。

（2）低温工艺

由于 SHJ 电池是基于非晶硅薄膜的 pn 结，因而最高工艺温度约200℃，不需要传统晶体硅电池通过热扩散（约 900℃）形成 pn 结，节约能源的同时也使硅片的热损伤和形变较小。

（3）高开路电压

由于异质结和优异的表面钝化，SHJ 电池的开路电压要比常规晶体硅电池高许多，目前 SHJ 电池的 V_{oc} 已经达到了 750mV。

（4）温度特性好

太阳能电池的性能数据通常是在 25℃的标准条件测量的，然而光伏组件的实际工作温度通常都会高于此温度，因此高温下的电池性能非常重要。由于 SHJ 电池是带隙较大的 a-Si:H 与 c-Si 形成的异质结，因而温度系数比晶体硅电池优异。表 4-1[28] 给出了在 1000W/cm² 辐照下不同结构硅电池性能参数的温度系数，从表中可以看出，SHJ 结构在硅材料太阳能电池中温度系数最为优异。

表 4-1 不同结构硅电池性能参数的温度系数 [28]

电池结构	TCV_{oc} /(%/K)	TCJ_{sc} /(%/K)	TC_{FF} /(%/K)	TC_{PMMP} /(%/K)	TC_{RMMP} /(%/K)
p-BSF	−0.31	0.05	−0.14	−0.39	−0.39
p-PERC	−0.29	0.04	−0.12	−0.36	−0.37
n-PERT	−0.28	0.04	−0.11	−0.33	−0.34
Adv.n-PERT	−0.27	0.04	−0.11	−0.33	−0.33
n-hybrid	−0.28	0.04	−0.12	−0.35	−0.33
n-SHJ	−0.25	0.04	−0.08	−0.29	−0.30

（5）光照稳定性好

非晶硅薄膜的一大问题是由 Staebler-Wronski 效应导致的光致衰减很严重，而 HIT 电池没有此效应，而且用 n 型晶硅做衬底的 HIT 电池不存在 B-O 对导致的光致衰减，因此光照稳定性很好。

（6）双面发电

标准 SHJ 电池结构对称，正反面受光后都能发电，封装为双面组件后，年发电量比单面组件多 20% 以上 [22, 29]。

目前 SHJ 电池也存在着一些问题：①设备投资高。由于采用薄膜沉积技术，需要用到高要求的真空设备。②工艺窗口窄。要获得低界面态的 a-Si:H/c-Si，对工艺与工艺环境要求非常高 [30]。

4.3

SHJ 太阳能电池制造工艺与关键技术

4.3.1　湿化学处理

　　尽管两种掺杂类型都可以获得高效率，目前大多数 SHJ 太阳能电池都是基于 n 型硅片，因为它对杂质的敏感性较低，载流子寿命较长。硅异质结太阳能电池基本结构是在晶体硅晶片上堆叠本征和掺杂的氢化非晶硅层形成异质结，晶体硅表面的洁净程度对异质结及界面有着直接影响。与传统的晶体硅电池类似，SHJ 电池的硅片首先要进行湿化学处理，处理过程主要有三步，即：①预清洗并去除硅片表面损伤层；②表面制绒，减少光反射达到陷光目的；③ RCA 清洗形成洁净表面，减少表面缺陷和杂质，降低界面复合损失。

　　预清洗主要为了去除硅片切割过程中引入的有机杂质、颗粒等污染，一般采用 RCA 清洗的 SC-1 药液（NH_4OH/H_2O_2）。在 H_2O_2 的作用下，硅片表面反应生成一层自然氧化膜 SiO_2，呈亲水性。由于硅片表面的自然氧化层被 NH_4OH 腐蚀，附着在硅片表面的颗粒便落入清洗液中，从而达到去除杂质颗粒的目的。硅片表面损伤层去除一般采用 KOH 溶液进行抛光处理，降低硅片表面的界面态密度。

　　去除机械损伤后需要在硅片表面制备绒面，有效的绒面结构可以使入射光在表面多次反射和折射，增加光程，产生陷光作用，从而增大入射光的吸收。SHJ 电池的衬底硅片一般是单晶硅，因而一般使用碱性刻蚀剂，如 NaOH、KOH 或 $(CH_3)_4NOH$，利用刻蚀剂对硅晶体不同晶面具有不同的刻蚀速度，在硅片（100）表面刻蚀出纹理，形成 $2 \sim 10\mu m$ 的金字塔绒面。刻蚀温度一般在 $70 \sim 90℃$，为获得均匀绒面，还需要添加辅助剂作为络合添加剂。硅片经过去损伤和制绒后，使用 RCA 清洗去除前段工艺残留的添加剂、杂质颗粒、金属离子等。RCA 清洗通常使用 SC-1 去除有机物和杂质颗粒，再使用 SC-2 去除硅片表面的金属杂质，最后用稀释的 HF 溶液去除表面氧化物，用于后续的非晶硅沉积。

169

4.3.2 非晶硅沉积

硅片经过湿化学处理后，下一道工序是非晶硅薄膜的沉积，这里包括本征非晶硅层和掺杂非晶硅层的沉积。沉积本征 a-Si:H 钝化层，通常通过等离子体增强化学气相沉积（PECVD）[31] 或热丝化学气相沉积（HWCVD）[32]。

PECVD 技术是借助于辉光放电等离子体使含有薄膜的气态物质发生化学反应，从而实现薄膜材料生长的一种制备技术。在 SHJ 电池制备中，通常用 H_2 稀释的甲硅烷（SiH_4）气体用作前驱体沉积本征非晶硅薄膜，一般还需要通入氢气（H_2）来调节 SiH_4 比例；沉积掺杂非晶硅薄膜，则需要加入相应的掺杂气体，使用与 SiH_4 混合的硼烷（B_2H_6）气体沉积 p 型 a-Si:H 层，使用与 SiH_4 混合的磷烷（PH_3）气体沉积 n 型 a-Si:H。沉积过程中需要控制的参数有衬底温度、沉积气压、气体比例、射频功率密度、上下电极间距等，必须精确控制各步骤以避免形成有缺陷的外延 Si[33]。沉积过程中退火和间歇 H_2 等离子体处理的循环可以提供优异的表面钝化，同时可以改善本征缓冲层的诱导光衰（LID）[34, 35]。

热丝化学气相沉积（HWCVD）是利用高温热丝催化作用使 SiH_4 分解从而制备硅薄膜。反应过程一般是将 SiH_4 和 H_2 混合气体通入反应腔室，同时将热丝加热至高温（1500 ～ 2000℃）[32]。日本松下公司目前拥有的 1GW 产能均采用 HWCVD 沉积非晶硅薄膜，此类工艺的优点是对界面轰击较小，薄膜质量好，对硅片钝化好，但是其均匀性较差，且维护成本较高。

PECVD 与 HWCVD 技术对比见表 4-2。

表 4-2 PECVD 与 HWCVD 技术对比

特征	PECVD	HWCVD
生长速率	慢	快
生长面积	大	小
生长均匀性	好	较差
薄膜质量	较好	更好
工艺稳定性	好	较差
工艺成熟度	成熟	发展阶段

对 c-Si 晶片上的本征 a-Si:H 层的 LID 的研究表明，退火的样品可能表现出可逆的 Staebler-Wronski 效应 [35, 36]。接着，使用与 SiH₄ 混合的乙硼烷或三甲基硼气体沉积 p 型 a-Si:H 层，使用与 SiH₄ 混合的磷化氢气体沉积 n 型 a-Si:H 层。应该注意的是，在 c-Si 晶片上直接沉积掺杂的 a-Si:H 层钝化效果非常差，这很可能是由于 a-Si:H 层中掺杂剂引起的缺陷导致的 [37]。因此，这种具有本征层的叠层薄膜可以极大地提高钝化效果，从而提高器件的效率。

4.3.3　透明导电薄膜沉积

SHJ 太阳能电池与传统晶体硅电池相比，一个重要区别是发射极导电性差，只通过金属栅线从发射极收集电流是不够的，因此通常需要沉积导电透明氧化物（TCO）薄膜来输运电荷。TCO 可以实现两个目的：①用作减反射涂层（ARC）；②增加横向导电性。目前常用的沉积方法有溅射法（包括磁控溅射、离子束溅射等）和蒸发法（包括热蒸发、离子束蒸发等）。溅射法的工艺稳定性更好，制备薄膜的质量也较好。高迁移率的 TCO 薄膜是获得高 J_{sc} 的关键。

锡掺杂 In_2O_3（ITO）通常用作双面设计中正面和背面 a-Si:H 层顶部的 TCO 层。因为 ITO 电阻率较低（$10 \sim 4\Omega \cdot cm$），其带隙足够高（约 3.8eV），不会吸收太阳光谱中的光。近年来，研究者正在积极研究新的透明电极，改善透明度，提高导电率以及用非稀缺材料替代 ITO 中的铟 [38]。即使在单面设计中，TCO 通常也沉积在背面上，以避免背金属通过接触叠层扩散 / 掺杂，并改善硅片中的光耦合。通过丝网印刷沉积具有 $50 \sim 100\mu m$ 宽银栅网格，用于双面设计中的正面和背面接触。

目前商业上沉积 TCO 薄膜的方法主要有两种：RPD（反应等离子体沉积）、PVD（物理化学气相沉积）。RPD 工艺主要是采用日本住友重工 RPD 设备匹配自己生产的 IWO（氧化铟掺钨）靶材制备 IWO 透明导电薄膜，该方法相对于传统 PVD 工艺制备 ITO 效率有 0.5% ~ 1% 的优势。现在日本松下公司的 1GW 电池均采用 RPD 工艺。由于 RPD 工艺采用蒸发镀膜，对硅衬底轰击较小，并且制备的 IWO 导电薄膜在

171

电学性能上明显优于 PVD 工艺制备的 ITO 薄膜，并且 IWO 薄膜功函数高于 ITO 薄膜，总的来说与非晶 P 层匹配较好，效率上 RPD 工艺制备的 IWO 薄膜完胜 PVD 工艺制备的 ITO。PVD 工艺主要采用直流磁控溅射制备 TCO，现在 SHJ 电池采用 PVD 工艺制备的 TCO 一般是 ITO。但是由于 PVD 工艺带来了粒子高轰击，损伤较大，同时 ITO 光电学性能差于 IWO 导电薄膜，且由于住友重工持有 RPD 设备与 IWO 靶材两项专利，限制了该技术的发展。而 PVD 技术已经较为成熟，并且设备较为便宜且产能较大，现在 PVD 技术由于受制于材料 ITO 本身，光电学性能较差，所以该法短期之内难以取代 RPD 工艺。但是这两年出现了一些使用 PVD 法制备的新种类的 TCO 薄膜，在综合性能上拉近了与 IWO 的差异，如果基于 PVD 技术的 TCO 材料获得突破，PVD 制备 TCO 将是 SHJ 电池的发展方向。

4.3.4 电极沉积

制作电极的方法主要有真空蒸镀、电镀、丝网印刷等，目前松下公司 HIT 电池生产中采用丝网印刷及随后的低温烧结技术。由于掺杂非晶硅薄膜对温度特别敏感，SHJ 电池的丝网印刷电极通常需要在 200℃ 左右下进行烧结，因此 SHJ 电池采用的浆料必须能够适合低温烧结，考虑到导电性的要求，一般采用低温银浆。银浆另外的组分是使浆料具有所需黏度的有机试剂，在升温过程中起腐蚀剂作用的氧化物以及含有特定掺杂元素的化合物。印刷好的电池需要在一定温度下烧结以形成欧姆接触。

丝网印刷后的 HIT 电池存在的主要问题是主栅拉力较低，现在晶体硅电池的拉力一般需要大于 2N，而 SHJ 电池一般要求拉力大于 1N。拉力是由银浆里的树脂决定的，树脂越多拉力越好，但是银浆电阻率反而会越高。所以低温银浆的拉力和电阻率关系是此消彼长，银浆的性能可以通过拉力和电阻率进行综合评价。将细栅与主栅分开印刷比较适合 SHJ 电池，细栅选用低电阻率银浆，主栅选取高拉力银浆，这样就能实现在提高了主栅拉力的同时也获得较低的线电阻和接触电阻。

4.4

SHJ 太阳能电池性能分析

4.4.1 载流子寿命

　　器件性能很大程度上取决于载流子寿命。载流子复合与注入的关系在光伏器件性能的研究中非常重要，特别是对于接触钝化太阳能电池的优化。由载流子复合决定的填充因子和开路电压上限被称为 implied fill factor（iFF）和 implied V_{oc}（iV_{oc}）。如果没有进一步损耗，器件的实际填充因子 FF 和开路电压 V_{oc} 等于 iFF 和 iV_{oc}。理想情况下，吸收层及其表面的缺陷复合非常低，因此 iFF 和 iV_{oc} 只受本征复合（辐射复合和俄歇复合）的影响。图4-10通过拟合载流子寿命显示了吸收层及其表面复合对 iFF 和 iV_{oc} 的影响。模拟结果显示，体缺陷密度需要足够低以保证载流子寿命至少在 2ms 以上时，开路电压才可能接近它的本征极限。该极限取决于吸收层的掺杂浓度，

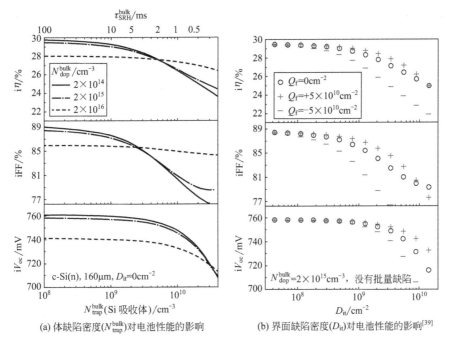

(a) 体缺陷密度(N_{trap}^{bulk})对电池性能的影响　　　　(b) 界面缺陷密度(D_{it})对电池性能的影响[39]

图 4-10　载流子寿命对电池性能的模拟结果

并随着掺杂浓度的增加而降低。但是对于寿命较短的吸收材料，较高掺杂浓度的 V_{oc} 反而更高。这是因为掺杂浓度越高，多数载流子的准费米能级越靠近能带边缘，因而允许更高的 V_{oc}。

4.4.2 短路电流

由于前接触栅极处的反射，双侧接触的 SHJ 太阳能电池的短路电流必然会损失一些，金属栅线的理想几何形状取决于最小可能的栅线宽和栅线电阻率。使用细栅双模板印刷技术可以实现低至 15μm 的栅线宽度。另外，TCO 的薄层电阻也会影响栅线的几何形状，因为较宽的栅线间距具有较低的薄层电阻。然而，如果通过增加载流子密度来实现较低的薄层电阻，则会引起较高的寄生吸收，特别是对于长波光子。这一问题可以通过使用高迁移率 TCO（例如 IO:H 或 ICO:H）来改善。

除反射外，寄生吸收是双面 SHJ 太阳能电池重要的电流损耗机制。在正面，a-Si:H 层和 TCO 层吸收的光子无法被有效利用，因而造成短路电流的损失。Holman 等指出，由于正面的寄生吸收，用 ITO 作为 TCO 的典型 SHJ 太阳能电池 300 ～ 800nm 波长范围内 J_{sc} 的损失为 2mA/cm^2[40]。虽然在掺杂 a-Si:H 中由于载流子扩散长度过短可以认为完全损失，但是本征 a-Si:H(i) 层中的部分载流子是可以注入吸收层的。避免寄生吸收损失的一般原则是减小光学厚度，即减小接触层的厚度或消光系数。通过在 a-Si:H 与诸如碳或氧的其他元素中增加带隙，实现消光系数的减小。但是，在 a-SiO$_x$(n) 中，掺杂效率随着氧含量的增加而降低，导致薄膜导电性降低，J_{sc} 增益被 FF 的损失抵消。因此，更有希望的是应用两相材料，例如纳米晶氧化硅（nc-SiO$_x$:H）[41]。在这种材料中，既有氧化硅可以增强透明度，又有嵌入非晶氧化硅基质中的柱状纳米晶硅相提供垂直导电性。在背面可以按照相同的方法减少长波光子的寄生吸收，或者采用背反射层设计，利用诸如 MgF$_2$ 等低折射率材料作为光学间隔物来阻隔寄生吸收。就 J_{sc} 而言，理想的器件架构是 IBC-SHJ，没有正面电极和 TCO，具有优异钝化和无寄生吸收，可以实现最大的 J_{sc}。IBC-SHJ 的可能的问题是所谓的电遮挡[42]，其在少数载流子远离其收集接触并且在由于多数载流子接触处或硅吸收器中的有效扩散长度不足而重新生成时发生。

4.4.3 开路电压

在 SHJ 电池中,如果界面复合是太阳能电池中载流子主要的复合机制,则电池的开路电压可用下式表示:

$$V_{oc} = \frac{\phi_B}{q} - \frac{nkT}{q} \ln\left(\frac{qN_V S}{J_{sc}}\right) \tag{4-15}$$

式中, S 为界面复合速率; N_V 为晶体硅侧价带有效态密度; ϕ_B 为有效界面势垒高度,由电池的能带结构决定。当界面复合是主要复合途径时,电池的 V_{oc} 与界面势垒高度有关;同时电池的 V_{oc} 还与表面复合速率有关,表面复合速率越小, V_{oc} 越高。由于 SHJ 电池的界面两边是两种不同的材料,界面缺陷态密度可能很高,因此要获得高开路电压就需要减小界面态密度,降低表面复合速率。良好的表面钝化在微观表现上便是缺陷态密度降低,界面复合减小,而宏观表现则是少数载流子寿命的增加和 V_{oc} 的上升[43]。

高 V_{oc} 是钝化接触太阳能电池的关键特性之一,对于常用的高品质硅吸收层, V_{oc} 通常远高于 700mV,对于良好的器件, V_{oc} 取决于本征复合。在 SHJ 太阳能电池中,a-Si:H 层通常仅为几纳米,如何在沉积之后保持 a-Si:H 的表面钝化是一个重大挑战,而且后续工艺可能会破坏表面钝化。例如溅射沉积 TCO 时,离子轰击和 UV 等离子体发光在 a-Si:H 中会产生缺陷,导致表面钝化的减弱。虽然根据溅射过程中的工艺条件,可以用低温(<200℃)退火恢复表面钝化,但是,a-Si:H 微观结构会产生不可逆的改变[44]。在溅射之前使用诸如原子层沉积(ALD)这样的无损伤技术沉积一个 TCO 保护层可以防止由于溅射损坏导致的 V_{oc} 损失,还可以使用诸如离子电镀等其他沉积技术来减少 TCO 沉积期间的离子轰击损伤。要获得高 V_{oc},除了晶硅体内和表面的复合足够低之外,另一个要求是接触对载流子的选择性足够高。对于基于 a-Si:H 的接触,掺杂不充分或者与 TCO 的功函数不匹配都会导致载流子选择性降低,造成 V_{oc} 的损失。

4.4.4 填充因子

Si 太阳能电池的 FF 的损失主要由于:
① 复合,包括体内复合和界面复合;

② 相应接触的多数载流子的导电性不足。

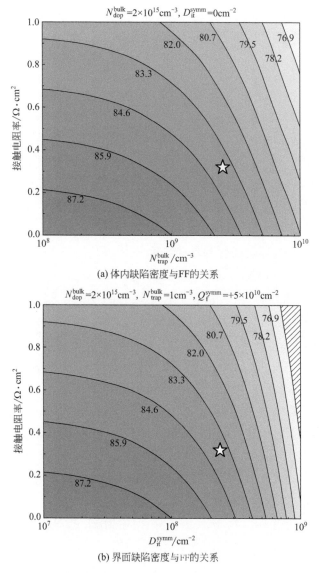

(a) 体内缺陷密度与FF的关系

(b) 界面缺陷密度与FF的关系

图 4-11　FF 和复合（包括体内复合与界面复合）以及接触电阻率的关系

（星号位置为 IBC-SHJ 器件的实验数据）[39]

关于由于复合造成的 FF 损失，原因与 V_{oc} 相同，例如溅射损伤会导致界面缺陷态密度增加而降低 FF。对于②，SHJ 太阳能电池中存在异质结会影响收集效率，从而影响填充因子（FF）。以 n 型衬底 SHJ 电池为例，如前所述，较大的带阶 ΔE_v 虽然可以在 a-Si:H / c-Si 界面形成有效钝化并改善 V_{oc}，但是其形成的势阱会限制载流子的输运因而减少 FF。图 4-11 是数值模拟的 FF 和复合（包括体内复合与界面复合）以及接触电阻率的关系[39]，从图中可以看出，相同的 FF 可以由不同的缺陷密度（反应材料的复合状况）和电阻率组合得到。但是显然，高 FF 只能通过低复合和低串联电阻的组合来实现。

4.5

SHJ 太阳能电池技术的发展展望

异质结电池具有能量转换效率高、低温制造工艺简单、薄硅片应用、温度系数低、可双面发电等一系列优势。异质结电池实现低成本量产的关键在于设备国产化、提高良率和产能以及降低硅片、低温银浆、TCO 靶材和清洗制绒化学品等的成本。日本松下、上澎、晋能、福建金石和中智电力等已实现异质结电池量产。SHJ 电池虽然效率已达 26%，成本也在逐渐降低，但发电成本仍然远高于传统方法的发电成本。在以后的研究中，一方面应开发新技术，在保证电池转换效率的前提下降低 HIT 电池的厚度；另一方面要通过使用廉价材料代替昂贵的单晶硅材料来降低成本，如多晶硅，同时也可以通过开发新技术来降低单晶硅的生产成本。HIT 电池今后努力的方向：研制低电阻低温浆料，优化沉积工艺，改善钝化层性能，寻求光透过率高及导电性好的发射层取代材料等。同时，精简工艺流程，尝试新型组件结构，进一步降低大面积制备成本，真正实现 SHJ 异质结电池大规模、产业化。

《参考文献》

[1] Chapin D M，Fuller C S，Pearson G L. A New Silicon p-n Junction Photocell for Converting Solar Radiation into Electrical Power. Journal of Applied Physics，1954，25（5）：676-677.

[2] De Wolf S，et al. High-efficiency Silicon Heterojunction Solar Cells. A Review，in green，2012：7.

[3] Green M A, et al. Solar cell efficiency tables (version 51). Progress in Photovoltaics: Research and Applications, 2018, 26 (1): 3-12.

[4] Chittick R C, Alexander J H, Sterling H F. The Preparation and Properties of Amorphous Silicon. Journal of The Electrochemical Society, 1969, 116 (1): 77-81.

[5] Le Comber P G, Spear W E. Electronic Transport in Amorphous Silicon Films. Physical Review Letters, 1970, 25 (8): 509-511.

[6] Lewis A J, et al. Hydrogen Incorporation in Amorphous Germanium. AIP Conference Proceedings, 1974, 20 (1): 27-32.

[7] Knights J C. Substitutional doping in amorphous silicon. AIP Conference Proceedings, 1976, 31 (1): 296-300.

[8] Street R A. Doping and the Fermi Energy in Amorphous Silicon. Physical Review Letters, 1982, 49 (16): 1187-1190.

[9] Carlson D E, Wronski C R. Amorphous silicon solar cell. Applied Physics Letters, 1976, 28 (11): 671-673.

[10] Energy, U.S.D.o. and S.E.R.I.S.E.R. Division. U.S.Photovoltaic Patents: 1951-1987. 1988, Solar Energy Research Institute.

[11] Descoeudres A, et al. >21% Efficient Silicon Heterojunction Solar Cells on n- and p-Type Wafers Compared. IEEE Journal of Photovoltaics, 2013, 3 (1): 83-89.

[12] Chavali R V K, De Wolf S, Alam M A. Device physics underlying silicon heterojunction and passivating-contact solar cells: A topical review. Progress in Photovoltaics: Research and Applications, 2018, 26 (4): 241-260.

[13] Battaglia C, et al. Silicon heterojunction solar cell with passivated hole selective MoOx contact. Applied Physics Letters, 2014, 104 (11): 113902.

[14] Peter Seif J, et al. Amorphous silicon oxide window layers for high-efficiency silicon heterojunction solar cells. Journal of Applied Physics, 2014, 115 (2): 024502.

[15] Alam M A, Khan M R. Thermodynamic efficiency limits of classical and bifacial multi-junction tandem solar cells: An analytical approach. Applied Physics Letters, 2016, 109 (17): 173504.

[16] Nakamura J, et al. Development of Heterojunction Back Contact Si Solar Cells. IEEE Journal of Photovoltaics, 2014, 4 (6): 1491-1495.

[17] Qiu Z, et al. Efficiency Potential of Rear Heterojunction Stripe Contacts Applied in Hybrid Silicon Wafer Solar Cells. IEEE Journal of Photovoltaics, 2015, 5 (4): 1053-1061.

[18] Albrecht S, et al. Monolithic perovskite/silicon-heterojunction tandem solar cells processed at low

[19] 广州能源研究所文献情报室，广东省新能源生产力促进中心．晋能科技发布 HJT 超跑技术．能量转换科技信息，2018（11）．

[20] 中国科协企业创新服务中心．新能源行业与科技发展监测报告，2018.

[21] 刘恩科，罗晋生．半导体物理学．北京：国防工业出版社，2007.

[22] Sun X，et al. Optimization and performance of bifacial solar modules：A global perspective. Applied Energy，2018，212：1601-1610.

[23] Bivour M，et al. Rear Emitter Silicon Heterojunction Solar Cells：Fewer Restrictions on the Optoelectrical Properties of Front Side TCOs. Energy Procedia，2014，55：229-234.

[24] Mingirulli N，et al. Efficient interdigitated back-contacted silicon heterojunction solar cells. physica status solidi（RRL）-Rapid Research Letters，2011，5（4）：159-161.

[25] Stang J-C，et al. Optimized Metallization for Interdigitated Back Contact Silicon Heterojunction Solar Cells. Solar RRL，2017，1（3-4）：1700021.

[26] Yoshikawa K，et al. Exceeding conversion efficiency of 26% by heterojunction interdigitated back contact solar cell with thin film Si technology. Solar Energy Materials and Solar Cells，2017，173：37-42.

[27] Taguchi M，Maruyama E，Tanaka M. Temperature Dependence of Amorphous/Crystalline Silicon Heterojunction Solar Cells. Japanese Journal of Applied Physics，2008，47（2）：814-818.

[28] Haschke J，et al. The impact of silicon solar cell architecture and cell interconnection on energy yield in hot & sunny climates. Energy & Environmental Science，2017，10（5）：1196-1206.

[29] Shoukry I，et al. Modelling of Bifacial Gain for Stand-alone and in-field Installed Bifacial PV Modules. Energy Procedia，2016，92：600-608.

[30] 沈文忠，李正平．硅基异质结太阳电池物理与器件．北京：科学出版社，2014.

[31] Taguchi M，et al. Obtaining a higher Voc in HIT cells. Progress in Photovoltaics：Research and Applications，2005，13（6）：481-488.

[32] Wang T H，et al. Effect of emitter deposition temperature on surface passivation in hot-wire chemical vapor deposited silicon heterojunction solar cells. Thin Solid Films，2006，501（1）：284-287.

[33] Das U K，et al. Surface passivation and heterojunction cells on Si（100）and（111）wafers using dc and rf plasma deposited Si：H thin films. Applied Physics Letters，2008，92（6）：063504.

[34] Descoeudres A，et al. Improved amorphous/crystalline silicon interface passivation by hydrogen plasma treatment. Applied Physics Letters，2011，99（12）：123506.

[35] El Mhamdi E M，et al. Is light-induced degradation of a-Si:H/c-Si interfaces reversible? Applied

Physics Letters, 2014, 104（25）: 252108.

[36] Staebler D L, Wronski C R. Reversible conductivity changes in discharge-produced amorphous Si. Applied Physics Letters, 1977, 31（4）: 292-294.

[37] Wang T H, et al. Effective interfaces in silicon heterojunction solar cells. In Conference Record of the Thirty-first IEEE Photovoltaic Specialists Conference, 2005.

[38] Morales-Masis M, et al. Transparent Electrodes for Efficient Optoelectronics. Advanced Electronic Materials, 2017, 3（5）: 1600529.

[39] Haschke J, et al. Silicon heterojunction solar cells: Recent technological development and practical aspects-from lab to industry. Solar Energy Materials and Solar Cells, 2018, 187: 140-153.

[40] Holman Z C, et al. Current Losses at the Front of Silicon Heterojunction Solar Cells. IEEE Journal of Photovoltaics, 2012, 2（1）: 7-15.

[41] Mazzarella L, et al. Nanocrystalline n-Type Silicon Oxide Front Contacts for Silicon Heterojunction Solar Cells: Photocurrent Enhancement on Planar and Textured Substrates. IEEE Journal of Photovoltaics, 2018, 8（1）: 70-78.

[42] Hermle M, et al. Shading effects in back-junction back-contacted silicon solar cells. In 2008 33rd IEEE Photovoltaic Specialists Conference, 2008.

[43] Chavali R V K, Wilcox J R, Gray J L. The effect of interface trap states on reduced base thickness a-Si/ c-Si heterojunction solar cells. In 2012 38th IEEE Photovoltaic Specialists Conference, 2012.

[44] Demaurex B, et al. Damage at hydrogenated amorphous/crystalline silicon interfaces by indium tin oxide overlayer sputtering. Applied Physics Letters, 2012, 101（17）: 171604.

第 5 章

n 型隧穿氧化层钝化接触
（TOPCon）太阳能电池技术

5.1

钝化接触太阳能电池技术的发展历程

表面钝化后的 n 型单晶硅片，少数载流子寿命可达 1ms 以上。但是在金属和半导体直接接触区域，金属层在接触界面附近的带隙内引入了巨量的电子态，导致电池端有超过 50% 的载流子复合损失 [1]。接触区域的复合可通过一些方法来降低：①减少金属 / 半导体的接触面积，进行金属接触区域的局部重掺杂；②采用超薄介质薄膜将金属和半导体隔离，钝化硅片表面，同时薄膜超薄，可实现载流子的隧穿效应以保证载流子的传导，这种技术被称为钝化接触技术。此技术的难点在于：①超薄钝化膜的制备及钝化激活，薄膜的厚度需精确控制在 1 ～ 2nm 的范围，为此需要重点开发介质材料和生长技术；②接触钝化层的制备工艺，目前受限于匹配的设备及其还不成熟的生长工艺技术；③如何实现接触钝化层的合理掺杂以形成良好的金属半导体接触及背面场钝化效果。

接触钝化电池结构的理论基础可认为源自 HIT 电池。1985 年日本的 Yablonovitch 开始研究一种理想的太阳能电池，他认为这种太阳能电池需要建立在由两个异质材料所形成的透明异质结构上，并且这两种材料需要形成相反类型的掺杂 [2]，例如 HIT 电池 [3]。这种结构的电池通过氢化非晶硅层和硅接触，有效减少了金属接触区的载流子复合电流密度。但是，氢化的非晶硅层对温度的要求非常苛刻，成膜后其他后续制程（透明导电膜的制备以及金属化工艺）的温度不可超过 200℃。

多晶硅薄膜对温度忍耐度高，结合对电子和空穴具有选择性通过的隧穿薄膜形成钝化接触结构，而本征多晶硅薄膜在半导体工艺上被作为硅器件的表面钝化层 [4]，并通过高温扩散等工艺完成掺杂的异质发射极 [5]。这种称为 SIPOS（semi-insulating polycrystalline-silicon）结构的电池，其性能已经被验证，在电池端得到了非常理想的开路电压 720mV[2]。除了 SIPOS 结构电池外，这种提出的钝化接触技术与多晶硅发射极技术密切相关，该钝化技术显著提高了当时双极结型晶体管的电流收集效果 [6]。多晶硅薄膜发射极技术在 1980 年的半导体集成电路工艺上已经实现商业化应用，一些研究人员又将此技术应用于晶体硅太阳能电池，用于提高电池的开路电压 [7～9]。在早期的双二极管研究工作中，发现薄 SiO_x 层加掺杂的多晶硅层可以获得低复合速率 [10]，并在 1990 年证明可以应用于晶体硅太阳能电池的接触钝化 [11]。

隧穿氧化层钝化接触（tunnel oxide passivated contact，TOPCon）太阳能电池 [12]，是 2013 年在第 28 届欧洲 PVSEC 光伏大会上德国 Fraunhofer 太阳能研究所首次提出的一种新型钝化接触太阳能电池，电池结构如图 5-1 所示。首先在电池背面制备一层 1～2nm 的隧穿氧化层，然后再沉积一层掺杂多晶硅，二者共同形成了钝化接触结构，为硅片的背面提供了良好的界面钝化。该钝化结构可以使电子隧穿进入掺杂多晶硅层，同时阻挡空穴，降低了金属接触复合电流，而进入掺杂多晶硅层的电子纵向传输被背面全接触金属收集，因而该结构具有载流子选择性。

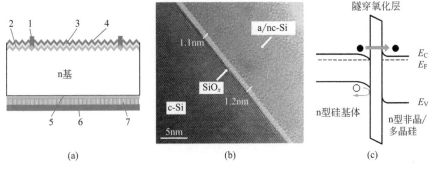

图 5-1   TOPCon 电池结构示意图（a）、TOPCon 截面的 TEM
图（b）和选择性钝化接触示意图（c）

1—金属栅线；2—p+ 发射极；3—钝化薄膜；4—coating：减反射膜；
5—超薄隧穿氧化层（SiO_2）；6—金属化；7—磷掺杂多晶硅层

薄氧化层在接触钝化中起关键作用，主要是因为经过氢退火处理后，界面复合速率低至 $10^3 ～ 10^4$cm/s [13,14]。这层薄的氧化层起到扩散阻挡层的作用，保证绝大部分掺杂剂在多晶硅层内，从而避免在硅基体中产生典型的扩散结。由于掺杂多晶硅引起的电场作用，减少了硅基体界面处少数载流子的密度，然而对于多数载流子，多晶硅能提供良好的传导性能。界面薄氧化层结合掺杂多晶硅层可保证少数载流子的低传输，所以在多晶硅和金属接触区复合速率较低。

2015 年，Fraunhofer ISE 报道了新一代 TOPCon 电池，电池效率达到 25.1%[15]。该电池背面仍然采用上述钝化接触技术，正面采用选择性发射极，并采用 AlO_x/SiN_x 叠层膜对界面进行钝化，降低表面复合速率。在基于产业化的接触钝化技术发展上，乔治亚理工介绍了 n^+ 多晶硅隧道氧化层钝化接触的制备及优化，并应用于大尺寸 n 型前表面结高效晶体硅太阳能电池。除了制备电池的基础工艺条件，优化了 PECVD 工艺的 SiH_4/PH_3 气体流量、H_2 的体积分数、结晶退火温度、隧道氧化层的生长温度及沉积的功率。使用 n 型 CZ 硅片（约 4Ω·cm，170μm），双面对称结构隧穿氧化层钝化，潜在开路电压达到 730mV，硅基体的反向饱和电流密度低至 $4.3fA/cm^2$，潜在填充因子大于 84.5%，这表明隧穿氧化层 /n^+ 多晶硅接触结构具有非常好的钝化效果。在 $239cm^2$ 商业等级的 n 型 CZ 硅片上，用离子注入形成硼发射极并采用 Al_2O_3 钝化，前面印刷 Ag/Al 浆形成接触，电池效率达到 21.2%[16]。

2017 年，他们通过对 TOPCon 电池进行电性能模拟研究，选择最佳厚度和电阻率的硅片，并优化减反膜，降低反射率，减少光学损失，使得电池效率进一步提高到 25.7%（V_{oc} = 725mV，J_{sc} = 42.5mA/cm^2，FF=83.3%）[17]。Fraunhofer ISE 都是基于小面积电池（$4cm^2$）的 FZ 硅片进行实验研究，并不适用工业化生产。2016 年，Yuguo Tao 等基于 6 英寸大硅片（面积 $239cm^2$）的 CZ 上实现 TOPCon 电池效率 21.2%[18]，推动了 TOPCon 技术往大硅片工业化量产方向发展。2017 年，Armin Richter 等 [19] 在 p 型 FZ 硅片上首次应用了 TOPCon，电池效率达到 24.2%。

相比较于 PERL 电池结构，TOPCon 结构无须背面开孔和对准，也无须额外增加局部掺杂工艺，极大地简化了电池生产工艺，且与传统 BSF 电池生产工艺高度兼容。随着 TOPcon 技术研究的不断深入，配套制造设备的逐渐成熟以及背面金属化浆料的进步，再配合掺杂多晶硅层良好的钝化特性以及背面金属全接触结构的优化，其效率还有较大的提升空间。TOPCon 已经与 HIT 并列成为继 PERC 之后的下一代光伏技术风口，或将成为 PERC 技术之后高效电池技术和产品的最有力竞争者。

5.2

隧穿氧化层的影响

在 TOPCon 这个结构中，隧穿氧化层提供了良好的化学钝化性能，极大降低了界面陷阱复合，同时让多数载流子有效地隧穿通过到掺杂多晶硅层。掺杂的多晶硅层与基体形成 n^+/n 高低场，使准费米能级分裂，让少数载流子无法运动到表面。这种让多数载流子通过，少数载流子被阻挡的特性，也归因于氧化硅层在势垒高度及有效钝化质量上的差异[20]。

理想的背面钝化接触太阳能电池的优势包括以下几点：①背面全钝化，彻底避免了背面金属电极与硅基体材料的直接接触，大大降低了背面复合速率，提升了开路电压和短路电流；②背面载流子直接汇集到电极、背面全接触区域，避免局部接触而造成的横向传导电阻，降低串联电阻，改善填充因子；③背面钝化膜无损伤，不需要对背面钝化层进行开槽处理，避免损伤。

由于隧穿氧化层对于表面的钝化效果有着至关重要的作用，氧化层的制备技术也被大家所关注。研究人员对各种氧化隧穿层的生长技术如湿化学氧化、紫外线激发臭氧氧化等也进行了研究[21]，发现臭氧氧化不仅工艺成本低，而且氧化层可承受较高温度的退火工艺，这个优势来源于良好的化学界面生长效果。臭氧形成的表面氧化层有利于改善界面钝化效果（更少的应力，减少过渡层，高密度和更少的缺陷，表面更多的饱和 Si—O 键）以及提升电学性质[22~25]。

良好的钝化接触，也就意味着既要有好的界面钝化效果，又要能实现良好的电接触，为此隧穿接触层材料的选择极为苛刻：①隧穿接触层的材料本身需具有良好的界面悬挂键钝化效果，如果能有电荷注入，形成电荷场钝化效果的话会更佳，若在材料制备过程中还能有氢注入，实现体钝化，也是非常有益的；②材料需要具有良好的隧穿效果，可以协助完成多数载流子在吸收层和掺杂层间的快速输运。钝化接触结构中的隧穿层材料，典型的有 Al_2O_3、SiO_2、a-Si:H、SiN_x 等[26]，这些材料的钝化及隧穿特性如图 5-2 所示。综合考虑材料对界面缺陷以及场钝化的效果，氢化的非晶硅薄膜应是比较理想的，但因寄生光吸收、热稳定性差等原因，目前，在晶体硅电池上研究较多和产业化应用的隧穿层主要采用的是 SiO_2 材料。SiO_2 薄膜作为隧穿接触层的材料，再通过沉积一层高浓度掺杂的多晶硅薄膜形成钝化接触结构。

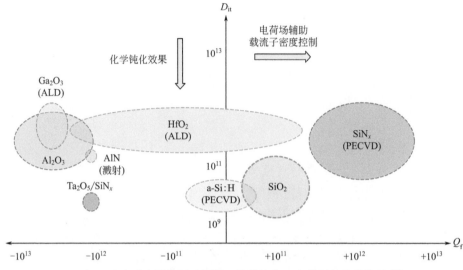

图 5-2　不同隧穿层材料对于界面化学钝化及电荷场钝化的特性 [26]

晶体硅电池的钝化接触，其关键来自一层超薄 SiO_2 层和一层高浓度掺杂的多晶硅薄膜。在这个钝化结构中，隧穿 SiO_2 层起到了至关重要的作用。第一，它使得掺杂多晶硅层与 c-Si 分离，在金属与半导体的接触中形成 MSIS 结构，避免了金属和半导体的直接接触，界面处复合密度可降到 $<10fA/cm^2$ 的水平；第二，极薄的 SiO_2 层作为隧穿层进行载流子的传导，由于在靠近硅表面能带弯曲的势垒效应，使得电子在界面处能够选择性穿过。除此之外，SiO_2 由于其与硅界面在 c-Si /SiO_2 界面处缺陷密度很低，有效地钝化了 c-Si 的表面缺陷 [27]。另外，由于重掺杂的多晶硅沉积在隧穿层 SiO_2 上，形成了额外的场钝化效应。结合这两种钝化机制使得发射极复合电流密度 J_0 非常低。通过使用掺杂 poly-Si/SiO_2 的结构，使得金属电极与 c-Si 不形成直接接触，有助于减少金属诱导载流子复合，同时实现载流子的分离和收集。

电子如何通过超薄 SiO_2 层传输，目前有两种看法，其一认为是通过电子的隧穿进行传输 [28~30]；其二认为是利用薄膜生长过程中形成的微小针孔进行传输[31~33]。良好钝化接触的形成需要在复合电流密度和接触电阻之间进行仔细的平衡[34]。对于 SiO_2 隧穿氧化层，$1 \sim 2nm$ 的厚度一直被认为是最佳的厚度范围，太薄会影响 SiO_2 隧穿氧化层的界面钝化效果，太厚的话对多数载流子的传输性能有影响。

SiO_2 的制备方法有很多种。热 HNO_3 氧化法是利用热 HNO_3 的强氧化性，将硅片浸没在热 HNO_3 溶液中，通过控制浸没时间控制 SiO_2 层的厚度[35]。这种工艺方法过程相对简单，且易重复，成本也较低，可以制备 $1 \sim 2nm$ 厚度的 SiO_2 层。日本科研人员早在 2003 年，在 MOS 器件上应用了这种湿化学法，制备出厚度不到 2nm 的 SiO_2 薄膜[36]。2015 年，德国弗劳恩霍夫太阳能研究所利用臭氧氧化的方法制备了 SiO_2 隧穿氧化层，并应用于晶体硅电池，最高开路电压 V_{oc} 高达 716mV，光电转换率达到 24.8%[37]。2014 年，美国能源部国家可再生能源实验室（NREL）[38] 利用热氧化工艺制备 SiO_2 隧穿氧化层，氧化温度在 700℃，厚度在 1.5nm 左右；同时利用 PECVD 方法生长了一层掺杂的非晶硅层，随后在 850℃ 的高温条件下对非晶硅层进行晶化处理。通过钝化的激活，其界面钝化处的反向饱和电流密度小于 $10fA/cm^2$，最终制备的 n 型晶体硅太阳能电池的 V_{oc} 达 700mV，这是一个非常不错的测试结果，同时也验证了热生长 SiO_2 隧穿氧化层的可行性。热生长的 SiO_2 隧穿氧化层，因为过程可控，设备也与传统晶体硅电池生产线兼容，所以不失为一个产业化的可靠方案。还有一种 SiO_2 隧穿氧化层的生长方法也值得关注，2015 年，澳大利亚西南威尔士大学的研究人员报道了一种新颖的 SiO_2 隧穿层制备方案。他们利用场诱导阳极氧化法来完成这个制备过程[39]，这个工艺的优点就是制备的 SiO_2 层均匀性好且致密。

5.2.1　SiO_2 层对钝化及磷扩散过程的影响

由于在磷扩散工艺过程中，SiO_2 层还可作为一层阻挡层，让磷在多晶硅层以及硅片基底形成不同的掺杂效果[40]。磷扩散对多晶硅层的钝化效果以及金属化时的电极接触有着重要影响。我们研究 SiO_2 隧穿层厚度（$1 \sim 2nm$）对钝化及磷扩散过程的影响[41]。实验中基于 n 型单晶硅制备了钝化接触结构，选择多晶掺杂层的对称结构 poly-Si/SiO_2/c-Si/SiO_2/poly-Si 评估钝化接触性能。通过表征其钝化区 J_0 以确认隧穿 SiO_2 层的厚度对界面缺陷和载流子复合的影响，同时通过 ECV 测试获得 SiO_2 层厚度对 poly-Si 层掺杂过程的影响。n 型硅片基底的电阻率为 $8\Omega \cdot cm$。为了模拟真实的电池表面结构，测试样品的制备，先进行了表面碱抛光去损伤以及标准的碱式金字塔绒面制备，然后模拟真实电池制备工艺中的背表面酸抛光工艺过程。

图 5-3 为氧化层厚度对钝化影响的实验流程（上）以及样品结构图（下）。

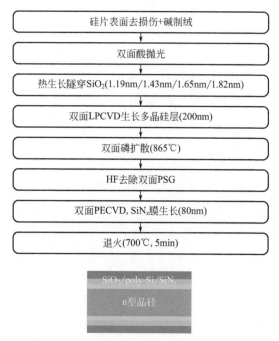

图 5-3　氧化层厚度对钝化影响的实验流程（上）以及样品结构图（下）

相对于湿化学法，热氧化方法更可控。采用热氧化炉管，通过改变热氧化温度（580℃、605℃、630℃、655℃），氧化 10min，获得厚度分别为 1.19nm、1.43nm、1.65nm、1.82nm 的 SiO_2 薄膜，如图 5-4 所示，数据表现的线性拟合程度非常好。但由于氧化过程中氧化硅的生长速率还和表面形貌、表面掺杂浓度以及所处的环境气氛有关，不同的应用条件下需要重新确认氧化温度与厚度的相关性。

利用 LPCVD 制备 200nm 厚的多晶硅薄膜层。在 865℃的温度下对样品进行双面磷扩散掺杂，形成掺杂的多晶硅薄膜以及硅片表面的场钝化层。在 2%（体积分数）的 HF 溶液中清洗掉双面的磷硅玻璃（PSG）

层，然后采用管式 PECVD 进行双面 SiN$_x$ 薄膜沉积，SiN$_x$ 折射率 2.05
（取值波长点 632.8nm），厚度 (80±2)nm。最后将样品在石英炉管中进行
700℃、5min 的退火，增加钝化接触结构表面的氢注入，以充分激活钝
化效果。

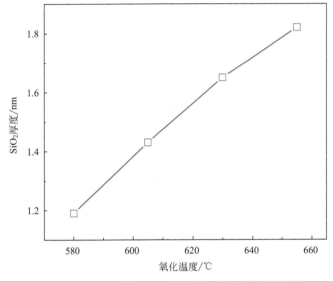

图 5-4　热氧化过程氧化温度与氧化硅厚度的关系曲线

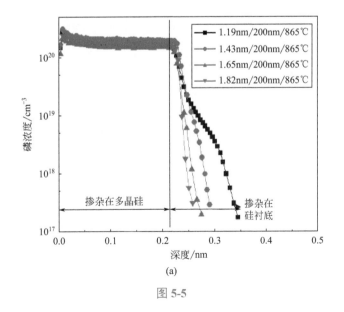

(a)

图 5-5

189

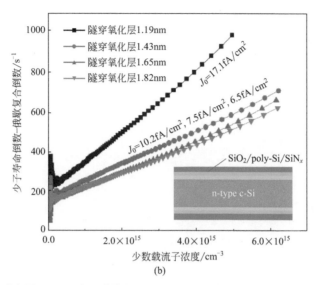

图 5-5　不同隧穿层 SiO_2 厚度下磷掺杂区的 ECV 测试曲线（a）和不同隧穿层 SiO_2 厚度
样品的反向饱和电流密度测试曲线（b）

　　厚度为 200nm 的多晶硅经过相同的 $POCl_3$ 扩散工艺（磷扩散温度为 865℃），掺杂效果不同，ECV 测试曲线如图 5-5（a）所示。随着 SiO_2 层厚度的减小，磷掺杂深度增加。多晶硅层中的磷掺杂分布基本一致。氧化层的厚度影响着硅基体内的掺杂量。对于钝化接触电池结构中的磷扩散过程，SiO_2 有着阻挡层的作用。多晶硅层中需要更高的磷掺杂浓度，这有助于获得更好的金属接触性能 [42]。多晶硅层经过磷扩散后与 n 型晶体硅基底之间并没有形成 pn 结，而是由于势垒差异，形成了额外的场钝化效应。SiO_2 本身作为钝化层，通常也会对硅表面悬空键起到化学钝化的作用。表 5-1 中，详细给出了多晶硅厚度为 200nm 时，不同厚度（1.19nm、1.43nm、1.65nm、1.82nm）的隧穿层对钝化的影响，对应 $POCl_3$ 扩散过程一致的情况下隧穿层起到的阻挡效应和表面钝化效果。基于掺杂深度曲线计算硅基体通过磷掺杂后的方块电阻值，可以看出，较厚的 SiO_2 层对应于较低的硅体内磷掺杂量，即较高的方块电阻值。SiO_2 厚度为 1.19nm 时，硅基体内方块电阻值最小，为 349.3Ω，这也说明了进入硅基体内的磷含量最多。而 SiO_2 层厚度为 1.82nm 时，方块电阻为 547.4Ω，其值最大，该条件下进入硅基体内的磷含量最少。同时，对比多晶硅层方块电阻基本一致，没有较大差异，从 ECV 曲线也可以看出，磷扩散后，多晶硅层中磷掺杂浓度差异并不明显。

表 5-1　不同隧穿接触层厚度对钝化影响

SiO$_2$ 厚度 /nm	多晶硅厚度 /nm	磷扩散温度 /℃	多晶层的 SHR [①] /Ω	体硅的 SHR /Ω	J_0 /(fA/cm^2)
1.19			22.6	349.3	17.1
1.43			21.3	431.2	10.2
1.65	200	865	22.9	487.9	7.5
1.82			22.2	547.4	6.5

① sheet resistance，方块电阻。

为了进一步分析 SiO$_2$ 厚度对钝化区域载流子复合和表面钝化带来的影响，对反向饱和电流密度 J_0 进行了测试。从表 5-1 中同样可以看出，不同厚度的 SiO$_2$ 层对应得到的 J_0 差异非常明显。随着厚度增加，J_0 值依次减小，这主要是由于硅基内磷掺杂浓度的影响，这也进一步证明了在钝化接触结构中，SiO$_2$ 层起到了界面处化学钝化的作用；另一部分钝化效果来自多晶硅层内 P 掺杂引起的 poly-Si/ c-Si 界面处的场钝化效应。硅基体内的方块电阻是反映场效应的关键参数，当方块电阻低于 400Ω 时，poly-Si/ c-Si 的钝化能力急剧变差，俄歇复合更加明显。

图 5-5（b）显示了少子寿命倒数减去俄歇复合倒数与注入浓度的关系，硅基方块电阻由 SiO$_2$ 厚度和磷扩散过程决定，这在钝化接触结构中起到关键作用，从实验分析中可以看出，在较高的磷掺杂浓度下，J_0 值从 6.5fA/cm^2 提升至 17.1fA/cm^2。从中可以推断出，随着掺杂浓度的进一步增加，俄歇复合变得更加严重。相反，硅中磷掺杂含量过低也会影响表面场钝化效果，不能提供充足的场钝化效应。当硅基掺杂的方块电阻从 700Ω 增加到 5000Ω 时，表面复合也呈增加趋势，这应该与 p 型多晶硅掺杂结构的钝化效应一致[43]，另外也有相关报道发现了方块电阻的大小与 J_0 之间的关系[44]。模拟结果表明，由于场效应减弱，掺杂浓度的降低会导致界面复合增加[45]。从相关报道中和通过实验可以证明，在钝化接触太阳能电池结构中，硅基体内过多或过少的扩散分布都会影响到钝化效果。

5.2.2　SiO_2 层对接触电阻率的影响

晶体硅太阳能电池中，优异的钝化效果可以获得更高的开路电压 V_{oc}，但是钝化接触结构还应使得多数载流子能顺利传输以确保较高的填充因子，从而确保获得更高的电池效率。而隧穿氧化硅层作为背表面多数载流子的隧穿传输层，对多数载流子的输运效率将会直接影响到电池背面的接触电阻率，从而对钝化接触电池的串联电阻产生重要的影响。

为了研究不同的隧穿氧化层厚度对背面接触电阻率的影响，设计了针对不同隧穿氧化层厚度下的接触电阻率测试实验。为了避免电流的横向传输而引起接触电阻率测试的异常，测试结构设计模型如图 5-6（a）所示，样品结构为：SiN_x /n^+ poly-Si/SiO_2 /n c-Si。通过 TLM 的方法进行多晶硅（poly-Si）层与金属之间的接触传输特性测试，因为背表面的接触结构是一种复合结构，其包括了金属银浆和掺杂多晶硅层间的接触电阻率以及掺杂多晶硅层通过隧穿层与硅表面的接触电阻率。硅片基体的电阻率为 $4\Omega \cdot cm$，背面 SiO_2 层厚度分别为 1.19nm、1.43nm、1.65nm、1.82nm、2.01nm。为了在两个接触区域间形成完全隔离，样品的制备过程中使用 SF_6 对具有 TLM 图案的结构进行反应离子刻蚀，其中电极部分作为掩护不被刻蚀，未被掩蔽的氮化硅、多晶硅和 SiO_2 层以及下面的少许晶硅区域可以通过反应离子刻蚀去除。

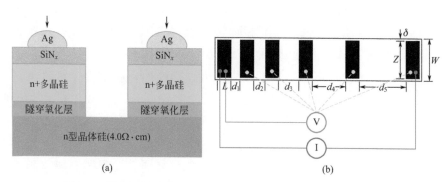

图 5-6　激光切割处理后测试结构（a）以及 TLM 测试模型（b）

通过 TLM 接触电阻率测试的方法分析确定金属银浆和掺杂多晶硅层间的接触电阻以及掺杂多晶硅层通过隧穿层与硅表面的接触电阻率，测试数据为复合结构整体的接触电阻率之和。图 5-7 显示了 SiO_2 厚度对结构为

n⁺ poly-Si/SiO₂/n c-Si 接触电阻率的影响。从图中可以发现，SiO_2 厚度在 1.2～1.6nm 范围内时，接触电阻率约为 $2m\Omega \cdot cm^2$，没有较大幅度的波动，但是当 SiO_2 厚度增加至 1.8nm 时接触电阻率大幅度提高至 $80m\Omega \cdot cm^2$，并且随着 SiO_2 厚度的进一步增加，这种趋势仍在持续。接触电阻率的显著上升与较厚 SiO_2 层的载流子传输特性变差一致，这也证明了 SiO_2 厚度在钝化接触结构中有着非常重要的影响。后续用 1.4nm 厚度的 SiO_2 进行了针对不同掺杂多晶硅层厚度匹配磷扩散工艺的相关实验，获得了良好的实验效果。

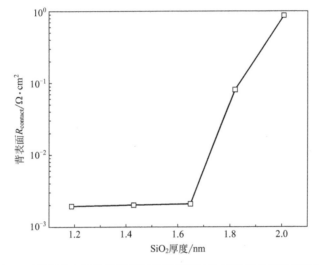

图 5-7　不同隧穿氧化层厚度下的背表面钝化接触结构接触电阻率

5.3

多晶硅薄膜层的影响

5.3.1　多晶硅薄膜的制备研究

从工业技术上来看，镀膜工艺主要分为两大类，一类为物理气相沉积，俗称为 PVD 工艺，像热蒸发、电子束蒸发、溅射等都属于物理气相沉积；另外一类是化学气相沉积，俗称 CVD，像金属有机化学气相沉

积（MOCVD）、等离子体增强化学气相沉积（PECVD）、低压化学气相
沉积（LPCVD）、常压化学气相沉积（APCVD）和热丝化学气相沉
积（HWCVD）都是光伏产业上常用的镀膜技术。HIT 电池上通常使用
MOCVD 或者溅射来沉积透明导电薄膜。美国能源部国家可再生能源实验
室采用 HWCVD 来生长非晶硅薄膜制备 HIT 电池[46]，但是该方法过程复杂，
不易工业量产。目前，Fraunhofer、ANU 等发表的文献中都采用 PECVD
掺杂非晶硅薄膜，再通过高温（850℃）对非晶硅薄膜进行晶化处理。在
制备多晶硅薄膜时用到了等离子体条件下的化学反应和固相晶化过程，在
硅烷等离子体中同时发生着多种十分复杂的基元反应，制备的多晶层不易
受到控制。

　　LPCVD 方法生长的多晶硅薄膜均匀性好、含氧量低，易于匹配钝化
接触电池的其他工艺。LPCVD 沉积多晶硅的反应过程中影响沉积的主要
工艺参数是反应温度、通源浓度和反应时的腔体气压。最佳的沉积温度范
围为 620～650℃。低于 620℃时多晶硅薄膜的沉积速度慢，不利于工业
化制造的过程，且生长的薄膜偏向于非晶硅；高于 650℃时，气相反应变
得过快，在这种条件下沉积的多晶硅薄膜疏松，与基底的附着性差，无法
用在晶体硅太阳能电池的制备工艺中。我们研究了不同温度下 LPCVD 生
长多晶硅薄膜的成膜速率。多晶硅的高温退火晶化过程被结合在 $POCl_3$ 扩
散阶段完成。

　　实验中选择 n 型硅片基底，电阻率为 8Ω·cm。为了模拟真实的电池
表面结构，测试样品先进行了表面碱抛光去损伤以及标准的碱式金字塔
绒面制备，然后模拟真实的电池制备工艺中的背表面酸抛光，采用量产
线的后清洗设备，在 HF/HNO_3 溶液中进行双面的酸抛光。采用热氧化
炉管，进行 605℃温度下 10min 的表面热氧化工艺，生长 1.43nm 左右
隧穿氧化层。

　　从图 5-8（a）中可以看到，610℃下成膜速率约为 0.6nm/min，
650℃时成膜速率增加到了 9.6nm/min，随着温度增加，成膜速率线性
增加。温度增加了 40℃，成膜速率增加到了 16 倍，可以看到温度对
成膜速率的影响巨大。从图 5-8（b）640℃下生长时间与厚度的关系
曲线可以看出，在固定的温度下，多晶硅薄膜的生长速率基本上为一
个常数。

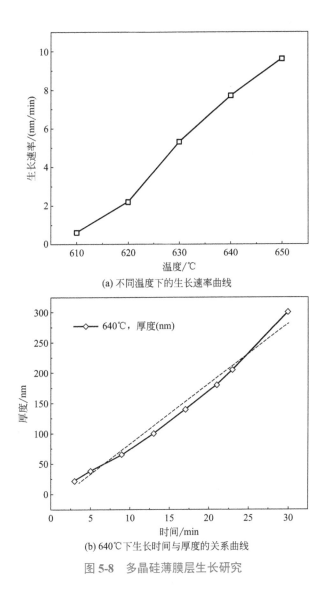

(a) 不同温度下的生长速率曲线

(b) 640℃下生长时间与厚度的关系曲线

图 5-8　多晶硅薄膜层生长研究

5.3.2　多晶硅薄膜层厚度对钝化的影响

钝化接触电池工艺中不同的背表面金属化方式对掺杂多晶硅层的厚度有不同的要求。为了评估不同掺杂多晶硅片厚度下的钝化效果，设计了不同多晶硅薄膜层的厚度（60nm、80nm、100nm、120nm、140nm、170nm、200nm）、相同硅基体掺杂浓度下的钝化实验，实验路线如图 5-9 所示。

隧穿层 SiO_2 厚度＜1.6nm 时，可以确保优异的隧穿效应，考虑到更低的 SiO_2 厚度在量产中的均匀性问题，SiO_2 层的厚度选为 1.43nm 进行实验。为了确保磷扩散过程后硅基中具有几乎一致的场钝化效应，并且在不同的 poly-Si 厚度中磷掺杂浓度基本保持一致，在基于磷扩散温度一致的条件下，将扩散时间进行了微幅优化。经过优化后，在硅基体中获得类似的方块电阻，基本维持在 700Ω 左右。

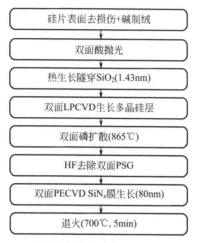

图 5-9　不同掺杂多晶硅层钝化效果工艺流程

图 5-10 是不同多晶硅层的厚度对应的 ECV 测试曲线。从 ECV 测试结果可以看出，不同的多晶硅厚度几乎有着一样的磷掺杂浓度，经过测试数据计算模拟出了 n-Si 基体内的方块电阻在 732.5 ～ 752.1Ω，在该范围内硅基体表面场钝化效应差异非常小，所以钝化结果上的差异可以认为来自掺杂多晶硅层厚度的不同。

钝化接触结构的反向饱和电流密度 J_0 的最小值为 7.8fA /cm^2，最大为 9.7fA/cm^2，具体数值在表 5-2 中详细给出，可以看出 J_0 值差异非常小，完全在误差范围内。因此认为 60 ～ 200nm 的多晶硅层厚度已满足钝化接触要求，在这个厚度范围内掺杂多晶硅层的厚度不影响钝化效果。文献 [47] 提到在钝化接触结构中的德拜长度只需要几个纳米，也就是说在几个纳米的条件下，保证足够的掺杂浓度就可以得到良好的结构性钝化效果，唯一要考虑的就是不同的金属化方式对应不同的掺杂多晶硅层的厚度要求。

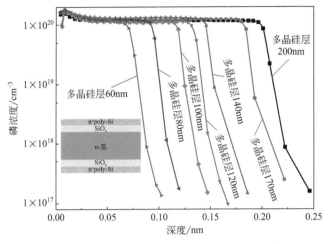

图 5-10　不同多晶硅层厚度对应的 ECV 测试曲线

表 5-2　不同多晶硅厚度条件下的钝化效果

隧穿层厚度 /nm	多晶硅层 厚度 /nm	磷扩散 温度 /℃	多晶层的 SHR /Ω	体硅的 SHR /Ω	J_0 /(fA/cm²)
1.4	200	865	25.3	732.5	9.2
	170		35.8	741.9	9.7
	140		42	752.1	7.8
	120		45.1	739.2	8.9
	100		55.9	740.4	8.3
	80		70.7	751.7	8.7
	60		87.8	733.0	9.5

5.3.3　多晶硅薄膜的掺杂对钝化接触结构的影响

接触钝化结构作为高效太阳能电池的研究方向之一，它们的主要区别就是背表面金属接触区的钝化。为了形成背表面良好的钝化效果，需要制备合适厚度的隧穿氧化硅层。但还有一个对于钝化以及金属接触都有重要意义的影响因素，那就是多晶硅层的掺杂。

在钝化接触结构中，需要了解对多晶硅层进行磷掺杂的作用。第一，这种钝化接触，需要高浓度的掺杂以形成相对于硅基体的能带势垒，形成对载流子进行选择性通过的钝化结构，这也是钝化接触结构优势的来源。第二，磷扩散过程中，需要有少量的磷原子进入了硅体内，在硅片表面形成由浓度差引起的场钝化层，相对优化的掺杂层方块电阻范围为 $700 \sim 5000\Omega$。第三，因为在钝化接触结构的制备过程中，越是平坦的表面越容易得到良好的界面钝化效果，但与金属的接触会越差，这和实验所使用的烧穿型金属浆料的接触机制有关，所以，就需要高浓度的掺杂层（掺杂浓度大于 $1 \times 10^{20} \mathrm{cm}^{-3}$ 以上）以得到较低的金属接触电阻；但多晶硅层的掺杂浓度并不是越高越好。

为了进一步降低背表面复合电流密度，提升背面钝化性能，获得优异的在 n^+ 多晶硅与 n 型体硅之间形成的场钝化效应，实验针对磷掺杂浓度进行了工艺优化。首先，在磷扩散工艺中使用了低压扩散技术。在这种扩散技术的工作过程中，扩散炉管为低压环境，气体分子在炉管中的分布更加均匀，磷源可以充分分布在扩散炉管的每个区域，最终的扩散方块电阻也更加均匀。实验测试结果表明，片内不均匀性为 3% 左右。其次，选定 SiO_2 厚度为 1.4nm、1.6nm，多晶硅厚度为 200nm 进行磷扩散工艺优化。

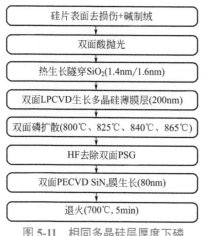

图 5-11　相同多晶硅层厚度下磷
扩散实验的工艺流程

相同多晶硅层厚度下磷扩散实验的工艺流程如图 5-11 所示。n 型硅片基底的电阻率为 $8\Omega \cdot cm$。先进行表面碱抛光去损伤以及标准的碱式金字塔绒面制备，然后背表面酸抛光，在 HF/HNO_3 溶液中进行双面的酸抛光。采用热氧化炉管，进行 605℃、630℃温度下 10min 的表面热氧化工艺，生长 1.4nm 和 1.6nm 左右的隧穿氧化层。热氧化双面生长 200nm 厚的多晶硅薄膜层。在 800℃、825℃、840℃和 865℃的温度下对样品进行双面的磷扩散掺杂，以形成不同掺杂浓度掺杂的多晶硅薄膜以及硅片表面的场钝化层。清洗掉双面的 PSG 层，双面沉积 SiN_x 薄膜，SiN_x 折射率 2.05（取值波长点 632.8nm），厚度 (80±2)nm。最后 700℃，5min 退火。

为了便于观察在不同的磷扩散温度下磷掺杂浓度对钝化性能的影响，

实验中设置的磷扩散温度范围为 800 ～ 865℃，该过程中通源量和沉积时间完全一致。实验中在 poly-Si 层厚度为 200nm 不变的条件下，分别在隧穿 SiO_2 为 1.4 nm 和 1.6 nm 的厚度下进行了磷扩散实验，图 5-12 显示了不同扩散温度的 ECV 掺杂曲线。磷扩散温度在 800 ～ 865℃ 范围内升高，会引起多晶硅层磷掺杂浓度升高，这主要是因为不同的温度下对应多晶硅层对磷原子的固溶度不同，温度越高固溶度越高。多晶硅层和硅基中的方块电阻随温度升高而降低，显然当扩散温度为 800℃ 下并不能使多晶硅层

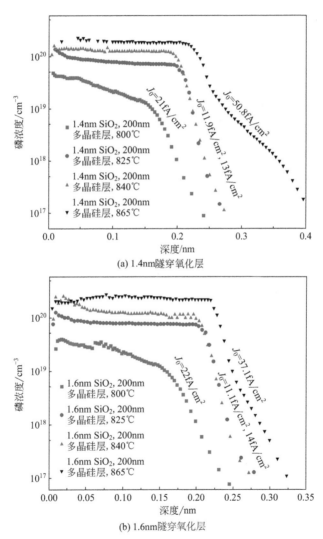

(a) 1.4nm隧穿氧化层

(b) 1.6nm隧穿氧化层

图 5-12　相同厚度的多晶硅层在不同扩散温度下 ECV 掺杂曲线

获得充分的磷浓度，对应表 5-3 可以看出较低的掺杂浓度会使得饱和电流密度 J_0 上升。其原因可能是在接触钝化结构中较低的磷掺杂浓度影响了势垒的形成；另外，由于掺杂浓度过低，方块电阻为 9250Ω，从而基体硅片表面不能形成由合适的浓度差形成的场钝化效应。当扩散温度升高至 $825 \sim 865℃$ 时，ECV 测试显示多晶硅层中的浓度分布恒定，同时也可以发现扩散温度高于 $825℃$ 后会使得更多的磷扩散到硅基中并导致更高的 J_0。

从表 5-3 中可以明显看出，磷扩散温度在 $865℃$，隧穿 SiO_2 厚度为 1.4nm 或 1.6nm 时，硅基体的方块电阻为 252Ω，J_0 分别为 $50.8fA/cm^2$ 和 $37.1fA/cm^2$。当扩散温度为 $845℃$ 时，方块电阻分别为 504Ω 和 523Ω，对应 J_0 分别为 $13fA/cm^2$ 和 $14fA/cm^2$。当扩散温度为 $825℃$ 时，方块电阻分别为 621Ω 和 645Ω，对应 J_0 分别为 $11.9fA/cm^2$ 和 $11.1fA/cm^2$。对比 $825℃$ 和 $845℃$ 的条件，并没有发现更高的掺杂浓度对钝化效果有明显的改善。另外，对比隧穿 SiO_2 层厚度分别为 1.4nm 和 1.6nm 得到了基本一致的结果，这也进一步说明当隧穿 SiO_2 层厚度小于 1.6nm 时可以满足接触钝化电池结构的要求。另外，从数据分析中也可以看出，硅基体内的磷掺杂量会明显影响钝化接触结构的钝化效果，合适的硅体内磷掺杂量才能得到最优化的反向饱和电流密度值。温度不是提高钝化接触结构钝化效果的关键因素，在不同的扩散温度条件下，应优化扩散时间和气体源，得到特定的掺杂曲线。高温可以使多晶硅层的掺杂浓度更高，但硅基的场钝化层是另一个需要优化的关键因素。

表 5-3　钝化接触结构不同磷扩散温度下的掺杂性能表

磷扩散温度 /℃	SiO_2 厚度 /nm	多晶硅厚度 /nm	多晶层的 SHR /Ω	体硅的 SHR /Ω	J_0 /(fA/cm^2)
800	1.4	200	152	9930	21
825			46.5	621	11.9
845			30.8	504	13
865			20.9	252	50.8
磷扩散温度 /℃	SiO_2 厚度 /nm	多晶硅厚度 /nm	多晶层的 SHR /Ω	体硅的 SHR /Ω	J_0 /(fA/cm^2)
800	1.6	200	150	9250	22
825			46.1	645	11.1
845			30.7	523	14
865			20.1	252	37.1

在电池制备工艺中，多晶的厚度除了满足钝化要求外，还需要考虑金属化解决方案，如果采用非烧结的金属化工艺如 PVD，则较薄的多晶硅层可以更好地降低 FCA（自由载流子吸收）造成的损失。但若是基于目前的丝网印刷工艺，需要在较高温度下进行金属化，这就必须考虑由不同扩散温度引起的多晶硅层中的掺杂浓度对金属接触电阻的影响，这在文献中也有相关报道[42]，而对表面掺杂浓度和不同温度下表面浓度的研究也解释了相关报道中引起接触电阻变化的主要原因。较高的扩散温度可以得到较高的表面浓度和在多晶硅中较低的输运电阻，但是很难控制硅基体中磷的掺杂含量。在制备电池时需要综合各方面因素来获得最佳的电学性能。

5.4

钝化接触结构光学特性

钝化接触结构电池可以有效降低背表面复合速率，形成背钝化层。对于 n 型钝化接触的太阳能电池而言，其背表面的内量子效率因为良好的钝化效果以及极低的金属接触区反向饱和电流密度而得到大大的加强。此处，将研究背表面钝化接触结构的光学性能是否也同其钝化性能一样突出。其实通过对钝化接触结构进行光学反射率的测试，发现钝化接触电池的背表面钝化接触区域对于长波光的反射效果比较差，明显出现了长波段光（800 ～ 1200nm 波长范围）的吸收损失。

对于一般的半导体材料，当入射光子的频率不够高时，将导致能带转变或形成激子，但仍被半导体材料吸收。它主要反映在近红外吸收中，随着波长的增加，它会变得更加明显，特别是在载流子浓度高的区域[48, 49]。因此它降低了光的有效强度,但没有产生电子-空穴对。这与带间吸收不同，因为受激发的载流子已经在一个受激发的带内，例如导带中的一个电子或价带中的一个空穴，在那里它可以自由移动。在带间吸收中，载流子从一个固定的、不导电的带开始，对导电的带激发。这是一个主要发生在红外区的自由载流子的吸收过程。因此自由载流子吸收（FCA）在晶体硅电池中作为寄生吸收过程存在，它并不能形成有效的光生载流子，因此需要尽可能地将其减少。当然，在具有高浓度电子或空穴的半导体中，自由载流子吸收更强，例如在重掺杂[50]或高度注入的结构中[51]就体现了这种现象。

以前的研究主要集中在晶体硅中的 FCA，这表明 FCA 在高掺杂浓度的晶体硅中很重要，例如重掺杂或高注入硅。在 n 型晶体硅钝化接触电池的研究中，发现在掺杂的多晶硅层中也存在 FCA 吸收。为了准确获得接触钝化结构的光学特性，针对自由 FCA 的评估，设计了实验并专注在 780 ～ 1200nm 波长范围内研究近红外 FCA 对电池性能的影响。因为磷掺杂的多晶硅层通常位于 n 型硅太阳能电池的背面，波长在 780 ～ 1200nm 的近红外光可以很容易地穿透硅体，到达背面的多晶硅层。在钝化接触电池的结构中，多晶硅层位于背表面，近红外光可以穿透硅基到达背面多晶硅层，从而形成 FCA 以影响电池的性能。实验中制备了没有经过金属化的电池结构，图 5-13 的分图中分别给出了不同多晶硅薄膜条件的反射率曲线。样品制备完全基于工业生产标准进行。本节内容主要包括：①不同厚度的多晶硅通过一定温度的处理过程但不进行磷掺杂（本征多晶硅层），然后进行反射率比较；②多晶硅在掺杂与未掺杂的情况下对比光学反射率；③不同多晶硅厚度经过相同浓度的磷掺杂后进行反射率测试分析；④多晶硅厚度一致但掺杂浓度不同下的反射率比较。表 5-4 中给出了详细的条件对照和通过 ECV 测试的多晶硅层厚度及不同掺杂浓度值。

表 5-4　详细的条件对照和通过 ECV 测试的多晶硅层厚度及不同掺杂浓度值

条件		掺杂温度 /℃	掺杂浓度 /cm⁻³	多晶硅厚度 /nm
掺杂浓度	1	825	9.0×10^{19}	120
	2	840	1.4×10^{20}	120
	3	865	2.3×10^{20}	120
多晶硅厚度	1	825	9.0×10^{19}	30
	2	825	9.0×10^{19}	60
	3	825	9.0×10^{19}	120
	4	825	9.0×10^{19}	200
本征多晶硅厚度	1	—	—	0
	2	—	—	60
	3	—	—	120
	4	—	—	200

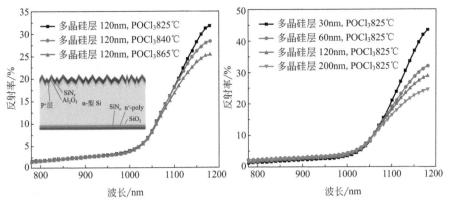

(a) 不同磷掺杂浓度的多晶硅层&背面掺杂多晶硅薄膜的光学测试结构

(b) 相同的磷掺杂浓度，不同的多晶硅厚度

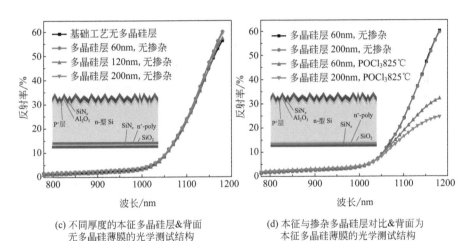

(c) 不同厚度的本征多晶硅层&背面无多晶硅薄膜的光学测试结构

(d) 本征与掺杂多晶硅层对比&背面为本征多晶硅薄膜的光学测试结构

图 5-13　不同多晶硅薄膜条件的反射率曲线

样品的制备条件及过程。真实的钝化接触电池光学结构（无金属化的电池结构）用于自由载流子吸收的评估，如图 5-13 所示。全尺寸准方形 6in（1in=0.0254m）n 型直拉单晶硅片，边长 156.75mm，直径 210mm，厚度 180μm，体电阻率约 1Ω·cm，进行双面 5～7μm 去切割损伤腐蚀清洗和标准 KOH 碱性溶液绒面制备，形成尺寸为 1～2μm 的随机金字塔状绒面。正表面采用工业热硼扩散管炉在 900～980℃的扩散温度下进行硼的扩散，得到了约 95Ω 的方块电阻。后表面整面的 SiO₂ 隧穿层在热氧化炉管中进行 605℃、10min 的氧化，最终形成 1.4nm 厚氧化硅层。然后

通过低压化学气相沉积（LPCVD）分别生长不同厚度的多晶硅层，30nm、60nm、120nm、200nm。用工业磷扩散石英管炉进行热磷扩散，扩散温度在 825 ～ 865℃，包含 25min 沉积和 25min 驱入。用 6nm Al_2O_3 和 75nm SiN_x 叠层进行前表面发射极钝化。Al_2O_3 采用原子层沉积法（ALD）制备，SiN_x 采用管式等离子体增强化学气相沉积（PECVD）法沉积。在 n 型多晶硅背面沉积单层 80nm、折射率为 2.05（取值波长点为 632.8nm）的 SiN_x 层用于背表面的光学减反以及氢钝化。背表面分别通过不同的温度 825℃、840℃、865℃来得到不同的掺杂多晶硅层的掺杂浓度，分别为 $9×10^{19}cm^{-3}$、$1.4×10^{20}cm^{-3}$、$2.3×10^{20}cm^{-3}$，如表 5-4 中所示。调整后不同磷浓度和多晶硅薄膜厚度将分别进行 FCA 评价。表 5-4 为不同实验条件设计的详细信息。

图 5-13 中给出了实验中针对 FCA 测试结果，图 5-13（a）显示多晶硅层中掺杂浓度是影响 FCA 的重要因素，这与晶体硅相似。随着掺杂浓度的增加，FCA 的吸收会显著增加。掺杂浓度从 825℃下的 $9×10^{19}cm^{-3}$ 增加到 865℃下的 $2.3×10^{20}cm^{-3}$。在近 1200nm 的波长段反射率从 31.8% 下降到 25.4%。通过反射率电流计算方法计算了电流密度损失，可以得出由 FCA 引起的吸收电流密度损失为 $0.18fA/cm^2$。图 5-13（b）给出了在相同磷掺杂浓度、不同多晶硅厚度下的反射率，可以发现多晶硅厚度成为 FCA 的重要因素。多晶硅厚度从 30nm 增加到 200nm，掺杂浓度保持在 $9×10^{19}cm^{-3}$，而对应波长近 1200nm 处的反射率从 43.5% 降低到 24.7%，由 FCA 引起的吸收电流密度损失为 $0.32fA/cm^2$。对于本征多晶硅层，厚度对 FCA 的吸收不敏感，或者也可以认为在本征多晶硅层中没有 FCA。另外从图 5-13（c）和图 5-13（d）可以进行本征多晶硅层和掺杂条件的反射率比较。在基于 200nm 厚度掺杂浓度为 $9×10^{19}cm^{-3}$ 的多晶硅条件下，因为寄生吸收而引起的电流密度损失为 $0.89fA/cm^2$。从实验结果分析可知，在接触钝化的电池结构中，背表面钝化多晶硅层存在一定程度的光寄生吸收，这可能会影响到电池的光电效率，由此可知，在钝化接触电池中，优化背钝化层的厚度及掺杂浓度也是获得高转换效率的途径之一。结合前面章节的研究可以发现，如将背表面多晶硅薄膜的表面掺杂浓度及厚度降低，可以有效减少光学的 FCA 损失。如何确认合适的多晶硅层的掺杂浓度以及厚度，需要结合金属化的过程来综合考虑。

5.5

n 型钝化接触太阳能电池制备及性能研究

5.5.1　太阳能电池的制备

　　基于 n 型 PERT 的电池结构，开展新型接触钝化的电池技术研究[41]。考虑在量产线上的可行性和成本，背表面的金属化考虑丝网印刷银浆的方式。图 5-14（a）为 n 型 PERT 的晶体硅太阳能电池结构，图 5-14（b）为 n 型钝化接触晶体硅太阳能电池结构，两者均为双面电池的设计。

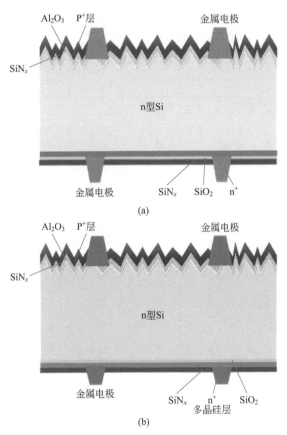

图 5-14　n 型 PERT 晶体硅太阳能电池结构（a）和 n 型钝化接触晶体硅太阳能电池结构（b）

205

　　n型钝化接触的电池，首先生长一层电子选择性隧穿的氧化硅层，厚度在 1.2 ～ 1.6nm；再利用 LPCVD 生长多晶硅薄膜层，然后进行磷的重掺杂，取代 n 型 PERT 晶体硅太阳能电池背表面的 n$^+$ 磷掺杂层；最后再覆盖 SiN$_x$ 层进行背表面的光学减反以及氢原子注入。具体的电池实验方案，如图 5-15 所示。

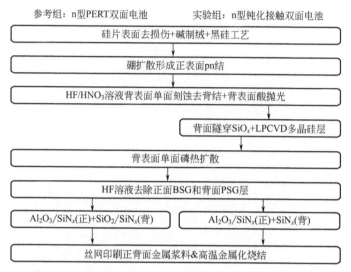

图 5-15　n 型 PERT 双面电池（左）和 n 型钝化接触双面电池（右）的工艺流程

　　电池的制备工艺采用 156.75mm×156.75mm、直径为 210mm 的准方形 n 型单晶硅片，厚度为 180μm，电阻率约为 1Ω·cm。实验过程分为两个组，第一组为 n 型 PERT 双面电池的参考组，用于对比电池结构以及最终的效率增益。第二组为基于 n 型 PERT 电池结构的 n 型双面钝化接触电池，用于确认接触钝化技术在电池端应用的最终效果。所有的实验均在标准的晶体硅太阳能电池试生产线上完成。在标准 KOH 溶液碱性制绒工艺之前，先进行双面碱抛光工艺去除了两面各 5 ～ 7μm 的切片损伤层，最终形成尺寸为 1 ～ 2μm 的随机金字塔表面减反绒面结构。在金字塔绒面的基础上进行了黑硅绒面的叠加制备，以得到更低的表面反射率。硼扩散工艺采用量产硼扩散炉管，扩散温度在 900 ～ 990℃。硼扩散工艺中包括三个主要步骤：15min 源的沉积，15min 推进以及 30min 表面氧化。最终得到的硼掺杂区的方块电阻约为 95Ω。使用量产线的背面酸刻蚀设备，在 HF/HNO$_3$ 酸溶液体系中完成了酸抛光和边缘隔离。在去背结的工序中，正表面的 BSG 被保留下来，用于作为背表面磷扩散的掩膜保护层。完成背表面的处理后，在石英炉管中进行 580℃、10min 的氧化工艺，用于在背表面生长 1.2nm 左右的隧穿氧化层。隧穿氧化层表面采用 LPCVD 生长多晶硅薄膜层。多晶硅薄膜层的厚度分成了两个实验组，一组为 120nm，另一组为 200nm；完成后采用磷的热扩散工艺对多晶硅薄膜层进行掺杂。用工业石英管炉进行高温磷扩散，扩散温度在 825℃，包含 25 ～ 35min 的沉积和 25 ～ 35min 的驱入，在相同表面形态的 p 型单晶监控硅片上测得的方块电阻为 28 ～ 45Ω。LPCVD 的多晶硅薄膜层工艺带来的一个问题是正表面绕镀，这是极不希望看到的。为了去除正表面的绕镀层，开发了碱单面刻蚀的工艺，对正表面的绕镀多晶硅薄膜层进行刻蚀去除。先用 HF 对正表面的 PSG 单面去除，保留背表面的 PSG。背面保留 PSG 的目的是为了作为单面碱刻蚀的掩膜来保护背面掺杂的多晶硅层。这个工艺的难度较大，重点就是要达到在正表面完全刻蚀的基础上背表面有完整的保护，实现绝对的单面刻蚀。正表面的 pn 结采用 6 ～ 8nm ALD Al_2O_3 和 75nm 的 SiN_x 进行叠层的钝化。对于背表面的钝化，参照组和实验组会略有差别。对于参考组而言，背表面也进行高温磷扩散掺杂形成 BSF（背表面场）层，在 BSF 表面生长 5nm 热氧化硅钝化层，温度 700℃，时间 15min，再沉积 80nm 折射率为 2.05（取波长 632.8nm）的 SiN_x 层进行背表面的叠层钝化。n 型接触钝化的实验组背表面完成多晶硅层的磷掺杂及清洗后进行 80nm 的 SiN_x 生长，作为背面光学减反层，同时为接触钝化层提供氢源进行氢钝化。钝化膜的制备工艺中 Al_2O_3 膜采用原子层沉积（ALD）的设备及工艺，在 260 ～ 280℃、6 ～ 9mbar（1bar=10^5Pa）的条件下，进行了 6 个周期的 Al_2O_3 生长。SiN_x 是通过 PECVD 法沉积的，使用硅烷和氨气的混合物，在低频（约 40kHz）等离子石英室中进行，通过硅烷和氨气的气体比例来调节折射率。所有的实验组最后都进行丝网印刷金属浆料，并在 750℃下烧结完成金属化工艺。

单晶硅太阳能电池一般使用碱腐蚀的方法制备正金字塔绒面。利用碱在单晶表面不同晶向的碱腐蚀反应速率不同，其中 <100> 晶向腐蚀最快，<111> 晶向腐蚀最慢，来制备出形状规则的正金字塔绒面，其尺寸一般在 1 ～ 4μm。目前此技术在工业化生产中已经成熟并批量化应用。为了进一步降低表面反射率，开发了基于碱式正金字塔绒面叠加黑硅工艺的制绒技术。利用黑硅绒面尺寸小于金字塔绒面的机理，在碱式金字塔绒面上再制备黑硅绒面。这个技术最大的难度是控制黑硅绒面的尺寸,因为过小的黑硅绒面尺寸会大幅度增加表面复合,所以通过制绒后再使用 HF/H_2O_2 的后刻蚀工艺对黑硅小绒面尺寸进行调节,以保证在反射率下降的基础上还能得到合适的表面钝化效果。图 5-16(a)是调整优化绒面结构后得到的反射率曲线。在 300 ~ 1200nm 的测试波长范围内,平均反射率从碱制绒的 18.94% 降低到碱制绒加黑硅的 16.55%,绝对值降低了 2.39%。在此次电池制备的实验中,采用了碱制绒加黑硅的绒面制备方案。从图 5-16(b)的 SEM 图片可以直观看到表面绒面的形貌,在金字塔绒面的基础上又进行了黑硅垂直孔状的绒面,这样,在不破坏原有大绒面的基础上又引入了小绒面。

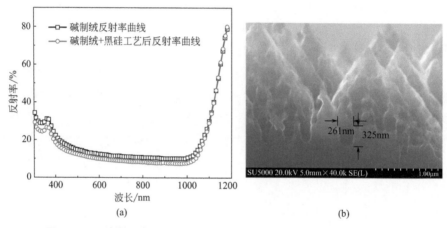

图 5-16　n 型单晶硅电池碱制绒工艺与碱制绒加黑硅工艺的反射率对比
曲线(a)以及金字塔加黑硅绒面的 SEM 图片(b)

在制备的 n 型接触钝化电池工艺过程中,需要进行两次高温的扩散掺杂工艺。第一次为高温硼扩散,其目的是为了制备正表面的 pn 结,扩散温度为 900 ~ 990℃;扩散沉积时间为 15min,900℃;硼源的驱入时间也为 15min,990℃,其目的是为了得到较低的表面掺杂层复合速率,增加表面通氧氧化的工艺过程,同时生长约 30nm 厚的硼硅玻璃层作为背表面磷掺杂的掩膜。正表面硼扩散的掺杂曲线如图 5-17(a)所示,其表面浓度约为 $1.2 \times 10^{19} cm^{-3}$,结深约为 1μm。第二次为背表面磷扩散的实验组,针对两种不同的多晶硅薄膜厚度,调整了不同的磷扩散工艺,在 825℃ 扩散温度不变的基础上,通过不同的扩散通源及驱入时间来得到不同多晶硅薄膜层的掺杂曲线，如图 5-17（b）所示。在两种不同多晶硅薄膜层厚度的情况下，多晶硅薄膜层的掺杂浓度在 $1.5 \times 10^{20} cm^{-3}$ 左右。扩散到硅体内的磷源基本一致，方块电阻都在 780Ω 左右。而多晶硅薄膜层中的方块电阻分别为：$200nm$ 多晶硅薄膜厚度方块电阻 28Ω 和 $120nm$ 多晶硅薄膜厚度方块电阻 45Ω。

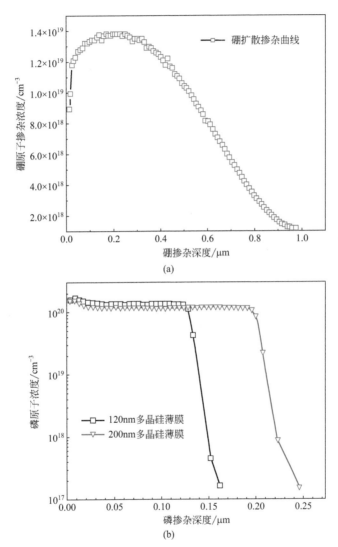

(a)

(b)

图 5-17　正表面硼扩散掺杂曲线（a）和背表面磷扩散掺杂曲线（b）

为了确认多晶硅薄膜层掺杂后的背表面复合情况，分别准备了正表面及背表面对称结构的样品，采用 WCT120 分别测试了 n 型 PERT 电池及 n 型接触钝化电池正背表面钝化区的复合电流密度。正表面掺杂区的反向饱和电流密度，因为工艺一致，两种结构的电池表现也基本一致，为 $28 \sim 31fA/cm^2$，在后面的复合电流分析中统一取值 $30fA/cm^2$。而背表面的反向饱和电流密度，两者有较大的差距。n 型 PERT 因为背表面是重掺杂的磷扩散区域，有较为严重的俄歇复合，其反向饱和电流密度测试值在 $106 \sim 113fA/cm^2$ 的范围内，在后面的复合电流分析中统一取值 $110fA/cm^2$。n 型钝化接触的电池，因为有背表面的钝化接触结构对界面的良好钝化效果，其反向饱和电流密度测试值在 $8.9 \sim 11.3fA/cm^2$ 的范围内，在后面的复合电流分析中统一取值 $11fA/cm^2$。

在完成扩散及表面 PSG、BSG 去除清洗的实验后，对表面进行镀膜，工艺在热氧化炉管 580℃、10min 的条件下生产隧穿氧化层。隧穿氧化层的厚度控制是工艺的关键，需要保证其厚度在 $1 \sim 1.6nm$ 的范围内，这样才能保证良好的隧穿效果以及界面化学钝化效果。为了了解背表面隧道氧化层的真实厚度，对背表面的膜系结构进行了透射电子显微镜（TEM）的截面分析。图 5-18 为背表面隧穿氧化层的 TEM 照片，其氧化层的实际厚度在 $1.15 \sim 1.2nm$ 的范围内。

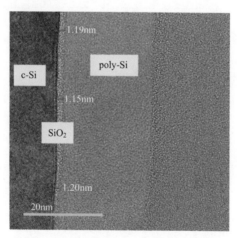

图 5-18　背表面隧穿氧化层的 TEM 照片

c-Si—晶硅；poly-Si—多晶硅

镀膜后的光学监控是电池光学分析的重要步骤。n 型 PERT 电池以及 n 型接触钝化电池在背表面的膜系设计是完全不同的，共同点是两种结构的电池正表面的掺杂及膜系设计是一样的，采用 Al_2O_3/SiN_x 叠层结构作为正表面的钝化及光学减反层。所以可以认为，两种电池具有相同的正面减反及钝化结构，正表面复合及光学吸收一致。

n 型 PERT 电池背表面为了保证良好的金属接触，设计了一层高浓度掺杂的磷扩散层，其方块电阻为 38Ω；再用热氧化工艺对表面进行 SiO_2 的化学钝化。SiN_x 膜作为背表面的光学减反层，也作为内反射的增反层，同时对背表面的钝化起着关键的作用，为 SiO_2 的化学钝化提供氢源，以及对硅的界面和体内进行氢钝化。基于背表面优秀的减反及钝化膜系的制备，n 型 PERT 电池光学性能表现得也非常优异，波长为 1200nm 的长波，反射率可以达到 60%。n 型钝化接触电池的背表面采用钝化接触的技术，在电阻率为 $1\Omega \cdot cm$ 的 n 型硅背表面进行酸抛光，利用热生长氧化层的技术在 580℃、10min 的条件下生长 1.2nm 左右的隧穿氧化层。在隧穿氧化层上利用 LPCVD 工艺生长本征多晶硅薄膜，厚度为 120nm 及 200nm。在前文的研究中发现，本征的多晶硅薄膜不存在 FCA 的现象，所以其前表面反射率是和 n 型 PERT 电池一样的。但是，为了保证背表面形成良好的势垒钝化效果，以及降低金属接触区的接触电阻，需要对多晶硅薄膜层进行高浓度的单面磷掺杂，见图 5-17（b）。如前文的研究所描述，掺杂的多晶硅薄膜层存在 FCA 的现象，这也就是图 5-19 中所显示的，120nm 多晶硅薄膜层的反射率曲线在 1200nm 波长点的反射率只有 28.8%，200nm 多晶硅薄膜层的反射率曲线在 1200nm 波长点的反射率只有 24.7%，和 n 型 PERT 电池在 1200nm 波长点上的反射率差异在 31.2% ～ 35.5%，这将严重影响电池的短路电流。所以在未来的优化方案上，如何降低表面的掺杂浓度以及多晶硅薄膜层需要重点考虑。

金属化设计对于晶体硅太阳能电池最终的光电转换效率的影响很大，因为其与电池的光学、复合及串联电阻均有所关联。最优的金属化设计需要在这三点中取得平衡，以实现最高的转换效率。对于背表面的栅线设计而言，采用接触钝化技术大大降低了背表面金属化对于效率的影响。第一，背表面的金属不影响正面遮光，所以对光学影响较小。第二，背表面的钝化接触技术有效地改善了金属与半导体接触区域的复合，所以金属化面积的改变对电池复合的影响也比较小。第三，钝化接触技术提供的背表面高浓度磷掺杂，使金属和半导体间的接触电阻也大大降低。所以，在电池结构中，金属化设计的关键来自电池的正面金属化栅线设计。

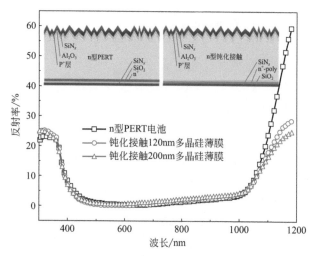

图 5-19 完成镀膜后的 n 型 PERT 电池及 n 型钝化接触电池
的反射率曲线、测试曲线所基于的电池结构

　　为了匹配最优化的正表面金属化设计,基于 n 型钝化接触太阳能电池结构,通过 Quokka[52] 模拟了电池不同栅线数量对于电池效率的影响。因为电池正表面的扩散方块电阻以及栅线的宽高已确定,同时也测试了金属区的金属复合电流密度 $J_{0\,\text{front metal}}$,以及基于正表面扩散方块电阻和表面浓度下的正表面接触电阻率,所以正表面不同栅线设计的影响固定在遮光损失、线电阻损失以及不同金属化比率下的总体金属化复合损失。表 5-5 为 Quokka 模拟的基础参数设定。其中,已测试得到目前正表面栅线的宽度为 42μm,正表面栅线的平均高度为 9μm。通过改变不同的栅线间距,得到了不同的电池效率数据,如图 5-20 所示。最高的效率出现在正表面栅线数 100 ～ 110 根的区间。

表 5-5 Quokka 模拟的基础参数设定

模拟参数设定	值	单位
正表面栅线宽度	42	μm
正表面栅线平均高度	9	μm
正表面发射极反向饱和电流密度($J_{0\,\text{pass}}$)	18	fA/cm^2
正表面金属接触区反向饱和电流密度($J_{0\,\text{front metal}}$)	1050	fA/cm^2
正表面掺杂方块电阻	90	Ω
正表面金属半导体接触电阻率	6.0×10^{-3}	Ω·cm^2
正表面栅线体电阻率	4.3×10^{-6}	Ω·cm

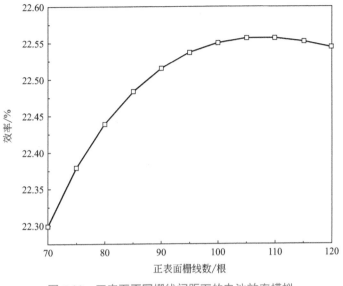

图 5-20　正表面不同栅线间距下的电池效率模拟

　　为了验证模拟的数据结论，找到最佳的电池正表面的细栅线设计，进行了 n 型钝化接触电池工艺的验证。保持电池的其他设计不变，只更改正表面的栅线数量，基于图 5-20 的模拟结论，选择 100 根、106 根以及 110 根三个条件，得到了如表 5-6 所示的电池性能。可以发现，低栅线数设计可以得到更高的开压以及短路电流，但在填充因子 FF 上有明显的损失。100 ～ 110 根栅线区间的栅线数量变化，对开路电压的影响是约损失 4.8mV，主要损失来自金属区复合；短路电流密度约损失 0.1mA/cm²，主要损失来自遮光面积的增加。而因为栅线电阻的降低，填充因子上升了 0.46%。最佳的效率出现在各项数都比较平衡的 106 根栅线组。基于此模拟和实证的结果，后续实验中将电池栅线数量定在了 106 根。

表 5-6　不同正面金属化设计下的电池性能

栅线数量	V_{oc}/mV	J_{sc}/(mA/cm²)	FF/%	E_{ff}/%
100 根	692.6	39.74	81.18	22.34
106 根	689.9	39.76	81.50	22.36
110 根	687.8	39.66	81.64	22.27

5.5.2 太阳能电池电性能分布与数据分析

电池实验采用 120nm 和 200nm 厚度且掺杂浓度为 $1.5 \times 10^{20} cm^{-3}$ 的背表面掺杂多晶硅薄膜作为电池背面钝化接触结构的关键设计。如 ECV 的分析数据，背表面掺杂入硅基体的电阻为 746Ω、120nm 和 757Ω、200nm。用拟合不同金属比例区域面积的方法测量背面金属接触区的 J_0，得到背表面金属接触区域 $J_{0\,metal}$ 为 $40fA/cm^2$。n 型钝化接触电池性能如表 5-7 所示，利用太阳能模拟器在晶体硅太阳能电池的生产线上测量电池效率，在标准太阳条件下（$1000W/m^2$，$25℃$，AM 1.5G 光谱）测量得到。标准电池由 Fraunhofer ISE-Cal 实验室校准效率。120nm 实验组的表现最佳，平均效率达到 22.52%，最高效率 23.04%。

表 5-7　n 型钝化接触电池性能（括号中值为数据方差）

电池性能参数	V_{oc}/V	J_{sc}/（mA/cm^2）	FF/%	E_{ff}/%
n 型 PERT 平均（33 块电池）	0.669（4）	40.08（12）	81.19（28）	21.77（12）
最佳电池	0.668	40.34	81.12	21.86
n 型钝化接触 120nm 平均（61 块电池）	0.693（2）	39.90（10）	81.48（48）	22.52（15）
最佳电池	0.697	40.07	82.47	23.04
n 型钝化接触 200nm 平均（56 块电池）	0.694（2）	39.68（17）	81.35（39）	22.40（14）
最佳电池	0.697	39.79	82.12	22.77

从电池性能数据中可以得到直观的以下结论：相对于 n 型 PERT 电池，n 型钝化接触结构的电池效率绝对值提升约 0.75%，主要的增益表现在开路电压，提升 24mV。这个数据对晶体硅太阳能电池而言是一个里程碑式的增益，也进一步证明了钝化接触结构对于电池整体复合的突出贡献。唯一有所欠缺的短路电流密度，相对于 n 型 PERT 电池，接触钝化电池短路电流密度损失 $0.18 \sim 0.4fA/cm^2$，这还没有考虑本来因为复合降低引入的电流增益，这也是限制钝化接触电池效率提升的重要影响因素。以下章节将对实验中制备出来的钝化接触电池 FCA 吸收、复合损失以及抗衰减的性能进行系统分析。

5.5.3　太阳能电池 FCA 分析

n 型 PERT 电池 J_{sc} 比钝化接触电池高 0.18mA/cm^2，钝化接触低复合的特征没有在 J_{sc} 中反映出来，这是由于在钝化接触多晶硅层上的 FCA 导致了电流的下降。

要分析电池的 FCA 就要看到电池在各个波段的 EQE 的响应情况。首先对电池的 EQE 曲线进行了测量，分别测试了三个实验组平均效率电池的 EQE 以及反射率曲线。因为 EQE 曲线能直接反映硅体内不同波长光吸收和电流的产生情况。为了比较 FCA 在背表面多晶硅层里的吸收情况，分析数据将主要分析波段定在 780～1200nm 的中长波段，并对几个实验组的 EQE 曲线及反射率曲线进行比较。如图 5-21 所示，在 780～1200nm 的波长范围内明显观察到了 FCA 现象，而且可以初步认为其和电池性能表中电流的趋势吻合。

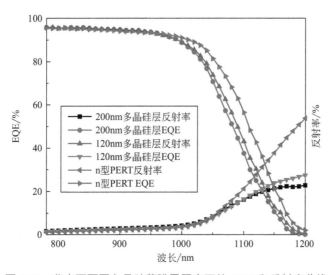

图 5-21　背表面不同多晶硅薄膜层厚度下的 EQE 和反射率曲线

从图 5-21 可以发现，在长波长下，n 型 PERT 电池的 EQE 响应最好。在同样的接触钝化电池结构中，120nm 多晶硅层厚度在 FCA 的表现上要优于 200nm 厚度的条件。通过反射电流的计算方法，基于长波反射率数据的差异，可以算出 120nm 与 200nm 多晶硅之间的 J_{sc} 差异大约为 0.25fA/cm^2，而电池上直接测量出电流密度的差异为 0.22fA/cm^2，两种结果基本是匹配的。从图 5-21 中可以清楚地看出不同厚度的多晶硅层在相同掺杂浓度下的反射曲线的差异。在波长为 1200nm 时，n 型 PERT 电池的长波反射最高，因为其背面没有多晶硅层，中间曲线为 120nm 多晶硅厚度，最差的是 200nm 多晶硅厚度。随着多晶硅厚度的增加，长波反射减弱。基于 120nm 多晶硅厚度组，由于多晶硅中的光吸收，效率损失大于 0.1%，这个损失还没有考虑后表面较低复合情况对于电流的增益。EQE 性能的差异主要是由于长波反射率的不同，而反射率的差异恰恰就是受到 FCA 的影响。

5.5.4 太阳能电池复合电流分析

n 型钝化接触电池性能平均值的结果如表 5-7 所示。与 n 型 PERT 电池相比，n 型钝化接触电池的绝对效率增益约为 0.75%，效率增益主要来源于开路电压的增加。由于后表面钝化和金属区域的改善，可以计算得到背表面 J_0 的总减少值约为 160fA/cm^2，电池 V_{oc} 增益为 24mV。这两种类型的电池因为正表面设计一样，所以在正表面复电流密度上的性能几乎一致。这两个结构电池的复合电流密度的分布，如图 5-22 所示。

电池总的反向饱和电流密度从 n 型 PERT 电池的 277fA/cm^2 下降到 n 型钝化接触电池的 114fA/cm^2。从统计图 5-22 可以看到，其主要的复合电流降低来自背表面的钝化接触结构。$J_{0\,bsf}$ 从 n 型 PERT 电池的 105fA/cm^2 下降到钝化接触电池的 10.5fA/cm^2，下降为原来的 1/10，绝对值减少 94.5fA/cm^2。这个降低主要是由于钝化接触结构的电池背表面硅基体中未进行高浓度的磷掺杂，大大降低了俄歇复合的可能性，同时钝化接触结构还提供了更为良好的背表面界面钝化效果。另外的一大改善来自背表面的金属区复合。$J_{0\,rear\,metal}$ 从 n 型 PERT 电池的 67.1fA/cm^2 下降到钝化接触电池的 1.71fA/cm^2，绝对值减少 65.39fA/cm^2。这个降低主要是由于背表面由金属和半导体的直接接触变成了由金属后多晶硅薄膜层的接触，再通过隧穿层完成载流子传输。

从图 5-22 的 n 型 PERT 电池复合电流分解模型中可以看到，其最主要的复合来自背表面的高浓度磷掺杂层，其次为正表面及背表面的金属接触区复合。从 n 型钝化接触电池的电流分解模型中可以看到，其最主要的复合来自正表面的金属半导体接触区。因为其改善了背表面的掺杂区和金属区复合，所以正表面的复合变得更为突出。这也将是限制电池效率提升的主要因素。

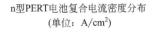
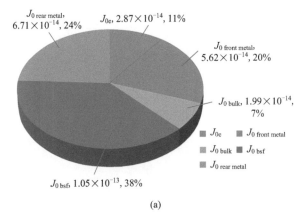

(a)

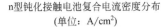
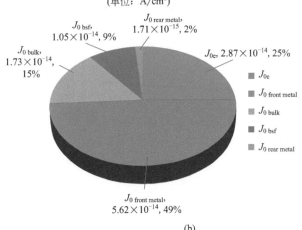

(b)

图 5-22　n 型 PERT 电池（a）及 n 型钝化接触电池（b）的复合电流密度分布

5.5.5　太阳能电池的衰减测试

　　LeTID（热辅助光衰）是一种在晶体硅太阳能电池中广泛存在的光致衰减现象[53]，特别是对于高效电池，其表现更为明显，对于 p 型 PERC 电池而言，一般经过抗衰减处理后的光衰在 1% ～ 2%。如果未经处理，热辅助光衰可超过 5%，是晶体硅太阳能电池在终端应用层面的一个大问题。n 型电池因为其硅片基底掺杂的是磷，所以因硼氧复合体引起的光衰表现比较好 [54,55]，这是行业的一个共识。在完成电池后进行了热辅助光衰的测试，选择略高于平均档位效率的电池，其初始平均效率在 22.6%。采用温度为 75℃，辐照度为 1000W/m^2 的测试条件，在 5kW·h、24kW·h、48kW·h、96kW·h、120kW·h 的条件下进行衰减率的确认，确认稳定后停止测试，结果如图 5-23 所示。

从图 5-23 n 型钝化接触电池的 LeTID 测试数据来看，其初始 5h 基本没有衰减，这个应该是因为累计的辐照量还未达到最低的衰减要求；在 24 ～ 48h，其衰减率达到 0.2% 左右，这个看起来略有上升趋势还未完全稳定。当累计辐照量达到 96kW·h 的时候，其衰减基本稳定，在 0.3% 左右。这个数据看起来是一个非常优异的衰减量，可以基本认为 n 型钝化接触的晶体硅太阳能电池对抗热辅助光衰的能力较强。需要指出的是，这个电池也是经过了 250℃、30min 的电注入抗光衰处理的。但是不管怎么样，相对于目前产业化应用的单晶 p 型 PERC 太阳能电池 1% ～ 2% 的光衰率来看，这个结果还是比较优异的，对 n 型钝化接触电池的商业化应用提供了更多的质量保障。

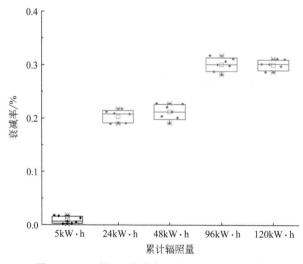

图 5-23　n 型钝化接触电池的 LeTID 测试数据

5.6

n 型钝化接触太阳能电池技术的发展展望

本章设计了 n 型钝化接触的太阳能电池的结构，基于 n 型 PERT 电池结构，更改背表面设计，将原背表面的 BSF 层取消，取而代之的是隧穿氧化层和掺杂多晶硅层的叠层钝化结构。由于结构上的优势，既可以实现良好的表面钝化，又可以避免金属电极和半导体的直接接触，有效降低金属接触区的复合电流密度，实现了真正意义上的背表面金属区钝化。同时，通过对电池制备工艺流程的设计，将接触钝化技术应用到了电池的制备工艺中。过程中解决了单面去多晶硅层绕镀的工艺难题，创新性地应用了碱制绒加黑硅的绒面制备方案，最终实现了良好的电池电性能效果。

电池的制备过程中表征了制绒后绒面的反射率，确认了碱制绒加黑硅方案的优越性。从镀膜后的光学结构分析，在电池制备的过程中发现了 FCA 的现象，在正表面的金属栅线的设计上充分考虑了金属区遮光与复合的影响，模拟并实验测试了最优化的栅线设计，最终达到平均 22.52%、最高 23.04% 的电池效率。

对于目前结构的 n 型钝化接触电池而言，未来的提效需要进一步减少 FCA 的影响，以及降低正表面金属接触区的复合，这也是工作的难点。基于目前的结构和性能数据，采用 SEGA GUI 进行了电池功率损失的分析。选了略高于平均数据的电池性能，22.65% 作为基础数据，结果如图 5-24 所示，为电池功率损失的详细分解。可以看到主要的几大功率损失，第一为正表面电极的遮光损失，影响效率 0.625%。这个主要是因为正表面丝网印刷银浆线较宽，目前正面细栅线线宽为 42μm，这个值需降到 20 ～ 30μm。第二为正表面的接触电阻，影响效率为 0.475%，这个主要是由正面金属浆料与硼掺杂表面的接触电阻引起的，硼扩散的表面浓度很难达到 10^{20} 这个量级。第三大功率损失来自体复合，由杂质和缺陷决定。第四大功率损失来自正表面金属区的复合，影响效率 0.316%，通过 SE、正表面金属区钝化接触等技术达成正表面金属区复合的改善。第五大功率损失是发射极的复合，影响效率 0.304%，来自表面硼扩散区的复合。综合来看，目前的电池结构中最高的损失来自复合总和，影响效率达 1.239%；其次是电阻总和，影响电池效率 0.95%；光学引起的损失为 0.627%。

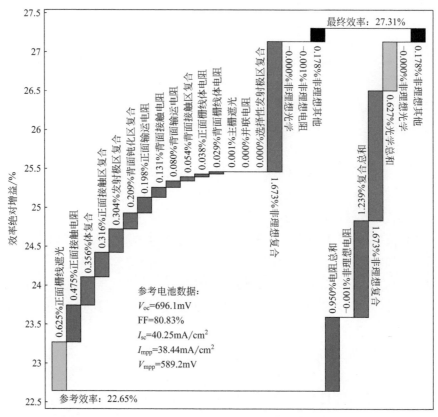

参考电池数据：
V_{oc}=696.1mV
FF=80.83%
I_{sc}=40.25mA/cm²
I_{mpp}=38.44mA/cm²
V_{mpp}=589.2mV

参考效率：22.65%

最终效率：27.31%

图 5-24 SEGA GUI 电池功率损失的分布图

基于以上的分析总结可以看到，未来电池效率的提升还有一定的空间，包括对于绒面结构的进一步优化，对于各部分复合电流密度的进一步降低；还有对于掺杂多晶硅层的厚度优化，在保证钝化的情况下，尽量减少其厚度以削弱 FCA 的影响。

通过对目前数据的分析，图 5-25 给出 n 型钝化接触电池提效技术路线。以上数据是基于参考效率 22.5% 来计算的。要达到 24% 的效率目标，还有以下工作需要开展：

① 正表面光学的优化，进一步优化碱制绒加黑硅的绒面结构，降低

表面反射率，将目前 300 ～ 1200nm 波长范围内的平均反射率从目前的16.55% 下降到小于 13%。

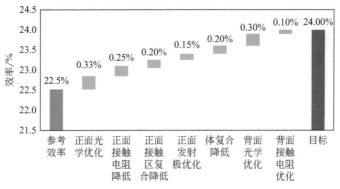

图 5-25　n 型钝化接触电池提效技术路线

② 降低正表面的金属化面积，将目前正面电极细栅线宽度从 42μm 下降到小于 20μm，这样可以有效降低正表面的光学遮光，同时改善正表面金属接触区的反向饱和电流密度。对于金属化面积的优化，预期的绝对效率增益可以达到 0.3% 以上。

③ 采用选择性发射极等技术，进一步优化正表面发射极的反向饱和电流密度，同时降低金属接触区的反向饱和电流密度。通过金属接触区掺杂浓度的提升，降低金属接触区的接触电阻率。正表面金属半导体的接触电阻率预计需要从目前的 $8 \times 10^{-3} \Omega \cdot cm^2$ 下降到小于 $4 \times 10^{-3} \Omega \cdot cm^2$。

④ 基于目前存在的 FCA，要开发新型背表面金属化电子浆料，开发 LPCVD 镀多晶硅薄膜新工艺，尽量减薄背表面掺杂多晶硅层的厚度。希望可以从目前的 120nm 厚度下降到 30nm 以下，如果能采用 10nm 以下的掺杂多晶硅薄膜，则可以基本消除 FCA 对背表面光学吸收的影响。金属化浆料的匹配非常重要，对于越薄的多晶硅薄膜，就越需要烧穿深度小、接触好的金属导电浆料。这也将是多晶硅薄膜减薄的一个难点。

⑤ 更高的电池光电转换效率同时也会对硅片的质量提出更高的要求，希望能在更低的电阻率上（<1Ω・cm）得到更高的体少子寿命（>2ms）。

⑥ 正表面的金属接触区开发钝化接触技术，需要在正表面金属与半导体接触的局部区域应用钝化接触技术，将正表面金属接触区的反向饱和电流密度从 1300 ～ 1500fA/cm² 下降到小于 50fA/cm²。

221

≪参 考 文 献≫

[1]   Benick J, Hoex B, Sanden M C M V D, et al. High efficiency n-type Si solar cells on Al₂O₃-passivated boron emitters[J]. Applied Physics Letters, 2008, 92 (25): 253504-253504-3.

[2]   Yablonovitch E, Gmitter T, Swanson R M, wark Y H K. A 720mV open circuit voltage SiO$_x$: c-Si: SiO$_x$ double hetero structure solar cell. Applied Physics Letters, 1985, 47: 1211-1213.

[3]   Kinoshita T, Fujishima D, Yano A, Ogane A, Tohoda S, Matsuyama K, Nakamura Y. Tokuoka N, Kanno H, Sakata H, Taguchi M, Maruyama E. The approaches for high efficiency HIT solar cell with very thin (100 μm) silicon wafer over 23%. Proceeding of the 26th EU-PVSEC, Hamburg, Germany, 2011: 871-874.

[4]   Aoki T, Matsushita T, Yamoto H, Hayashi H, Okayama M, Kawana Y. Oxygen-doped polycrystalline silicon films applied to surface passivation. Journal of the Electro chemical Society, 1975 (122): (C82-C82).

[5]   Matsushita T, Ohuchi N, Hayashi H, Yamoto H. Silicon hetero junction transistor. Applied Physics Letters, 1979 (35): 549-550.

[6]   Post I R C, Ashburn P, Wolstenholme G R. Poly silicon emitters for bipolar transistors: are view and re-evaluation of theory and experiment. IEEE Transactionson Electron Devices, 1992 (39): 1717-1731.

[7]   Tarr N G. Apoly silicon emitter solar cell. IEEE, Electron Device Letters, 1985 (6): 655-658.

[8]   Lindholm F A, Neugroschel A, Arienzo M, Iles P A. Heavily doped poly silicon- contact solar cells. IEEE, Electron Device Letters, 1985 (6): 363-365.

[9]   Kwark Y H, Swanson R M. N-typesiposand poly-silicon emitters. Solid State Electronics, 1987 (30): 1121-112.

[10] Ashburn P, Soerowirdjo B. Comparison of experimental and theoretical results on polysilicon emitter bipolar transistors[J]. IEEE Transactions on Electron Devices, 1984, 31 (7): 853-860.

[11] Gan J Y, Swanson R M. Polysilicon emitters for silicon concentrator solar cells[C]// Photovoltaic Specialists Conference, 1990. Conference Record of the Twenty First IEEE. IEEE, 1990: 245-250.

[12] Feldmann F, Bivour M, Reichel C, Hermle M, G S W. A passivated rear contact for high-efficiency n-type silicon solar cells enabling high Voc and FF>82%. Proceedings of the 28th EUPVSEC, Paris, France, 2013: 988-92.

[13] Steinkemper H, Feldmann F, Bivour M, Hermle M. Numerical Simulation of Carrier-Selective Electron Contacts Featuring Tunnel Oxides. IEEE Journal of Photovoltaics, 2015, 5 (5): 1348-1356.

[14]　Varache R，et al. Investigation of selective junctions using a newly developed tunnel current model for solar cell applications. Solar Energy Materials & Solar Cells，2015（141）：14-23.

[15]　Glunz S W，Feldmann F，Richter A，Bivour M，Reichel C，Steinkemper H，Benick J，Hermle M. The irresistible charm of a simple current flow pattern –25% with a solar cell featuring a full-area back contact. 31st EUPVSEC，September 2015，Hamburg.

[16]　Tao Y，Chang E L，Upadhyaya A，et al. 730 mV implied V_{oc} enabled by tunnel oxide passivated contact with PECVD grown and crystallized n+ polycrystalline Si[C]// Photovoltaic Specialist Conference. IEEE，2015.

[17]　Richter A，Benick J，Feldmann F，et al. n-Type Si solar cells with passivating electron contact：Identifying sources for efficiency limitations by wafer thickness and resistivity variation[J]. Solar Energy Materials and Solar Cells，2017：S092702481730257X.

[18]　Yuguo Tao，Vijaykumar Upadhyaya，et al.Tunnel oxide passivated rear contact for large area n-type front junction silicon solar cells providing excellent carrier selectivity[J]. AIMS Materials Science，2106，3（1）：180-189.

[19]　Armin Richter，et al. Tunnel oxide passivating electron contacts as full-area rear emitter of high-efficiency p-type silicon solar cells[J]. Prog Photovolt Res Appl，2017：1-8.

[20]　Lee W C，Hu C. Modeling CMOS tunneling currents through ultrathin gate oxide due to conduction-and valenceband electro and hole tunneling. IEEE Transactions on Electron Devices，2001，48（7）：1366-1373.

[21]　Moldovan A，Feldmann F，Krugel G，Zimmer M，Rentsch J，Hermle M，Roth-Fölsch A，Kaufmann K，Hagendorf C. Simple cleaning and conditioning of silicon surfaces with UV/ozone sources. Energy Procedia，2014（55）：834-844.

[22]　Fink C K，Nakamura K，Ichimura S，Jenkins S J. Silicon oxidation by ozone [J]. Phys：Condens，Matter，2009（21）：183001.

[23]　Awaji N，Ohkubo S，Nakanishi T，Sugita Y，Takasaki K，Komiya S. High- density layer at the SiO_2/Si interface observed by difference X-ray reflectivity. Jpn. J.App.Phys，1996（35）：67-70.

[24]　Awaji N. High-precision X-ray reflectivity study of ultrathin SiO_2 on Si. J.Vac. Sci. Technol. A，1996（14）：971.

[25]　Sugita Y，Watanabe S，Awaji N. X-Ray reflectometry and infrared analysis of native oxides on Si（100）formed by chemical treatment. Jpn. J. Appl. Phys，1996（35）：5437-5443.

[26]　Cuevas A，Allen T，Bullock J，et al. Skin care for healthy silicon solar cells[C]// 2015 IEEE 42nd Photovoltaic Specialists Conference（PVSC）. IEEE，2015.

[27] Glunz S W, Frank F. SiO₂, surface passivation layers - a key technology for silicon solar cells [J]. Solar Energy Materials and Solar Cells, 2018, 185: 260-269.

[28] Green M L, Gusev E P, Degraeve R, et al. Ultrathin (≪4 nm) SiO₂ and Si—O—N gate dielectric layers for silicon microelectronics: Understanding the processing, structure, and physical and electrical limits [J]. Journal of Applied Physics, 2001, 90 (5): 2057-2121.

[29] De Graaff H C, De Groot J G. The SIS tunnel emitter: a theory for emitters with thin interface layers. IEEE Trans. Electron Devices, 1979 (26): 1771-1776.

[30] Green M L, Sorsch T W, Timp G L, et al. Understanding the limits of ultrathin SiO₂ and SiON gate dielectrics for sub-50 nm CMOS[J]. Microelectronic Engineering, 1999, 48 (1-4): 25-30.

[31] Gan J Y, Swanson R M. Polysilicon emitters for silicon concentrator solar cells[C]// IEEE Photovoltaic Specialists Conference. IEEE, 2002.

[32] Peibst R, Römer U, Hofmann K R, et al. A simple model describing the symmetric characteristics of polycrystalline Si/ monocrystalline Si, and polycrystalline Si/ monocrystalline Si junctions[J]. IEEE Journal of Photovoltaics, 2014.

[33] Wietler T F, Tetzlaff D, Krügener, J, et al. Pinhole density and contact resistivity of carrier selective junctions with polycrystalline silicon on oxide[J]. Applied Physics Letters, 2017, 110 (25): 253902.

[34] Yan D, Cuevas A, Bullock J, et al. Phosphorus-diffused polysilicon contacts for solar cells[J]. Solar Energy Materials & Solar Cells, 2015, 142: 75-82.

[35] Asuha, Im S S, Tanaka M, et al. Formation of 10-30nm SiO₂/Si structure with a uniform thickness at ∼ 120℃ by nitric acid oxidation method [J]. Surface Science, 2006, 600 (12): 2523-2527.

[36] Asuha H K, Maida O, Takahashi M, et al. Nitric acid oxidation of Si to form ultrathin silicon dioxide layers with a low leakage current density[J]. Journal of Applied Physics, 2003, 94 (11): 7328-7335.

[37] Moldovan A, Feldmann F, Zimmer M, Rentsch J, Benick J, Hermle M. Tunnel oxide passivated carrier-selective contacts based on ultra-thin SiO₂ layers. Solar Energy Materials and Solar Cells, 2015, 142: 123-7.

[38] Stradins P, et al. Passivated tunneling contacts to n-Type wafer silicon and their implementation into high performance solar cells. 6th World Conference on Photovoltaic Energy Conversion, 2014.

[39] Tong J, Wang X, Ouyang Z, Lennon A. Ultra-thin tunnel oxides formed by field-induced anodisation for carrier-selective contacts. Energy procedia, 2015, 77: 840-7.

[40] Stodolny M K, Lenes M, Wu Y, et al. n-Type polysilicon passivating contact for industrial bifacial n-type

solar cells[J]. Solar Energy Materials and Solar Cells，2016：S0927024816302069.

[41]　盛健. 晶体硅太阳能电池钝化接触技术研究 [D]. 常州：常州大学，2019.

[42]　Yan，Sieu Pheng Phang，Yimao Wan，et al. High efficiency n-type silicon solar cells with passivating contacts based on PECVD silicon films doped by phosphorus diffusion[J]. Solar Energy Materials & Solar Cells，2019，193：80-84.

[43]　Yang G，Ingenito A，Isabella O，Zeman M. IBC c-Si solar cells based on ion-implanted poly-Si passivating contacts. Solar Energy Materials & Solar. Cells，2016（158）：84-90.

[44]　Yan D，Cuevas A，Bullock J，et al. Phosphorus-diffused polysilicon contacts for solar cells[J]. Solar Energy Materials & Solar Cells，2015，142：75-82.

[45]　Varache R，Leendertz C，Gueunierfarret M E，et al. Investigation of selective junctions using a newly developed tunnel current model for solar cell applications [J]. Solar Energy Materials & Solar Cells，2015，141：14-23.

[46]　Wang Q，Page M R，Iwaniczko E，et al. Efficient heterojunction solar cells on p-type crystal silicon wafers[J]. Applied Physics Letters，2010，96（1）：013507-013507-3.

[47]　Stodolny M K，Lenes M，Wu Y，et al. n-Type polysilicon passivating contact for industrial bifacial n-type solar cells[J]. Solar Energy Materials and Solar Cells，2016：S0927024816302069.

[48]　Rudiger M，Greulich J，Richter A，et al. Parameterization of free carrier absorption in highly doped silicon for solar cells [J]. IEEE　Transactions on Electron Devices，2013，60（7）：2156-2163.

[49]　Baker-Finch S C，Mcintosh K R，Yan D，et al. Near-infrared free carrier absorption in heavily doped silicon [J]. Journal of Applied Physics，2014，116（6）：063106.

[50]　Schroder D K，Thomas R N，Swartz J C. Free carrier absorption in silicon. IEEE J. Solid State Circuits SC，1978，13（1）：180-187.

[51]　Horwitz C M，Swanson R M. The optical（free-carrier）absorption of a hole-electron plasma in silicon. Solid-State Electron，1980，23：1191-1194.

[52]　PV Lighthouse，https：// www.pvlighthouse.com.au/cms/simulation-programs/ quokka2.

[53]　Kersten F，Engelhart P，Ploigt H C，et al. Degradation of multicrystalline silicon solar cells and modules after illumination at elevated temperature[J]. Solar Energy Materials & Solar Cells，2015，142：83-86.

[54]　艾斌，邓幼俊. 掺硼 p 型晶体硅太阳电池 B-O 缺陷致光衰及其抑制的研究进展 [J]. 中山大学学报（自然科学版），2017，56（3）：1-7.

[55]　Schmidt J. Structure and transformation of the metastable boron- and oxygen-related defect center in crystalline silicon[J]. Physical Review B，2004，69（2）：1129-1133.

第 6 章

背结背接触（IBC）
太阳能电池技术

常规晶体硅太阳能电池的发射区和发射区电极都是位于电池的正面，正面电池栅线区域会遮挡太阳光，阻挡了电池对太阳光的吸收，从而降低了电池转换效率。背接触电池（back contact cell）是指发射区电极和基区电极都位于背面的电池。背接触电池结构一方面将发射区电极转移到电池的背面，从而降低或者消除正面栅线的遮光损失，提升电池效率；另一方面在组件封装时便于组装，由于电极全部在背面，可以减小电池片的间距，提高封装密度，外观美观。背接触电池主要分为以下三类：背结背接触电池（也称作指交叉背接触电池，interdigitated back-contract，IBC）、金属环绕贯穿电池（MWT）和发射区环绕贯穿电池（EWT）。MWT 电池是指通过激光打孔，将前表面的发射极金属栅线通过激光打孔处的金属浆料连接到背面，主栅线被引导到背面，有效减少了正面栅线的遮光，提高了转化效率，它最早由荷兰电池制造商 Solland Solar 提出[1]，其结构如图 6-1（a）[2]所示，可以与 PERC/SHJ 等技术相结合，但是由于其正面还是存在金属副栅线，而且在孔洞处存在金属接触复合，从而限制了效率的提升。EWT 电池结

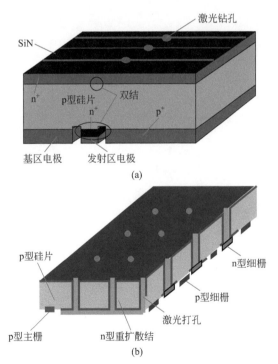

(a)

(b)

图 6-1　MWT 电池结构示意图（a）和 EWT 电池结构示意图（b）[2]

构最早是由 Gee 提出的 [3]，电池正面完全没有栅线，采用激光打孔，前表面发射极通过孔洞连接到背面电极上 [图 6-1（b）][2]，为了保证电流的收集能力，孔的密度要非常高，不太适合工业化生产。早期 IBC 电池结构先进（图 6-2）[4]，是最有发展潜力的产业化的高效电池之一，本章主要介绍背接触电池中 IBC 太阳能电池（以下简称 IBC 电池）的研究进展。

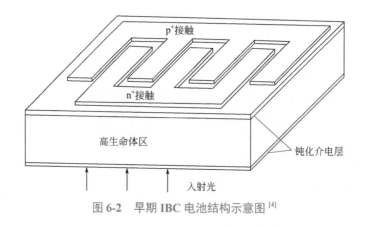

图 6-2　早期 IBC 电池结构示意图 [4]

6.1

IBC 太阳能电池的发展历程

1975 年，Lammert 和 Schwartz[5] 最早提出了 IBC 太阳能电池的概念，最初 IBC 电池主要应用在高聚光系统中。1977 年，Schwartz 和 Lammert[6] 制备的 IBC 电池在标准的光强条件 80mW/cm^2 下效率为 11%，而在光强条件为 5W/cm^2 时的效率为 15%，光强条件为 28W/cm^2 时的效率仍为 15%。1987 年，Sinton 等 [35] 优化点接触 IBC 电池制备工艺，电池在 150 倍聚光条件下的效率提高到 28%。1988 年，Sinton 等 [36] 又将 BPC 电池效率在 200 倍聚光条件下提升到 28.4%。Verlinden[37,56] 指出，由于光电流高，高聚光系统应用要求 IBC 电池通过双级金属化结构降低串联电阻，将钝化接触技术和多晶硅发射结合（图 6-3），可以在 275 倍聚光条件下获得 30% 的效率。

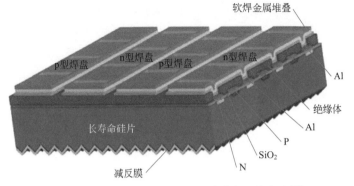

图中标注：
软焊金属堆叠

p型焊盘　n型焊盘　p型焊盘　n型焊盘

Al
绝缘体
Al
P
SiO₂
N

长寿命硅片

减反膜

图 6-3　应用在高聚光系统的点接触太阳能电池 [56]

经过四十多年的发展，IBC 电池在一个太阳标准测试条件下的转换效率已超过 25%，远超过其他单结晶体硅太阳能电池，表 6-1 列出了近年来世界范围内 IBC 电池技术的研究进展。1985 年，Swanson 教授创立了美国 Sunpower 公司，开始商业化制造 IBC 电池。经过 Sunpower 公司和 Stanford 大学光伏研究组的不断改进，1993 年，Sunpower 公司为太阳能汽车公司生产了 7000 片平均效率为 21.1% 的 IBC 电池 [38]。Sunpower 公司在其第一代产品中大量运用了半导体行业中昂贵的光刻技术开膜，相关技术的成本太高，不利于 IBC 电池的大规模应用。为了降低成本，Sunpower 开始简化流程和工艺，2002 年 Cudzinovic 等 [39] 报道了简化版的 IBC 电池制作流程和工艺，减少了 1/3 的主要工艺步骤，制造成本下降 30%，效率绝对值仅仅降低了 0.6%。2004 年，Sunpower 公司报道了新一代 IBC 电池 A-300[40]，在 149cm² 的 n 型硅片上，采用了点接触和丝网印刷技术，效率达到 21.5%，并实现了工业化生产，结构如图 6-4 所示。2007 年，Sunpower 公司第二代 E 系列 IBC 电池实现量产，硅片面积为 155cm²，厚度为 160μm，平均效率达 22.4%[41]。2010 年，Sunpower 公司第三代 X 系列 IBC 电池实现量产，采用 n 型 CZ 硅片，硅片厚度降低到 135μm，极大地降低了制造成本，如图 6-5 所示，平均效率达到 23.6%，最高转换效率为 24.2%，其中开路电压为 721mV，短路电流密度为 40.5mA/cm²，填充因子 82.9%，这一突破让人类看到了未来应用高效电池的潜力 [43]。2014 年，Sunpower 通过优化表面钝化，将 IBC 效率提升至 25%[44]。2016 年，基于 X 系列 IBC 电池结构，采用钝化接触技术，Sunpower 发布了创造当时世界纪录的 IBC 电池，转换效率为 25.2%，V_{oc} 为 737mV，J_{sc} 为

41.33mA/cm^2，FF 为 $82.7\%^{[42]}$。Sunpower 公司在 IBC 电池基础理论研究和研发上处于绝对的领先地位，其他研究机构如 Fraunhofer ISE、ISFH、IMEC 等也对 IBC 电池进行了研发，但是未达到 Sunpower 公司的成绩，ISFH 的 IBC 电池效率达到 $24.6\%^{[45]}$，Fraunhofer ISE 的 IBC 电池效率达到 $23.0\%^{[46]}$，IMEC 的 IBC 电池效率达到 $23.1\%^{[47]}$，但所有这些报道的电池面积都只有 4cm^2，并不是产业化大面积电池的效率。而澳大利亚国立大学 ANU 报道了小尺寸 IBC 电池的最高效率达 24.4%，这刷新了小面积 IBC 电池的世界纪录 $^{[48]}$。

表 6-1　IBC 电池技术的研究进展

公司 / 机构	衬底尺寸	电池类型	关键技术	最高效率	报道年份
Trina solar	6″	IBC	丝网印刷、钝化接触	25.0%	2018[51]
Kaneka	5″	HIBC	异质结	26.6%	2017[55]
Sunpower	5″	IBC	钝化接触	25.2%	2016[42]
ISFH	4cm²	IBC	钝化接触	24.6%	2016[45]
Sharp	5″ or 4cm²	HIBC	异质结、丝网印刷	25.1%	2014[53]
Panasonic	5″ or 4cm²	HIBC	异质结、丝网印刷	25.6%	2014[52]
ANU	4cm²	IBC	光刻	24.4%	2014[48]
Fraunhofer ISE	4cm²	IBC	蒸镀	23.0%	2013[46]
IMEC	4cm²	IBC	蒸镀	23.1%	2013[47]

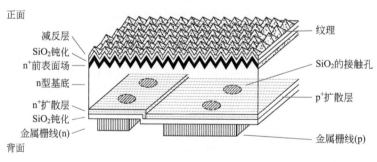

图 6-4　Sunpower 新一代 IBC 电池 A-300 结构示意图 $^{[40]}$

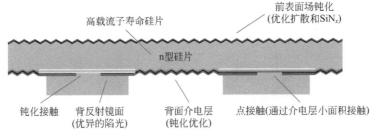

图 6-5　Sunpower 第三代 X 系列 IBC 电池结构示意图 [43]

前表面场钝化（优化扩散和SiN$_x$）

高载流子寿命硅片

n型硅片

钝化接触　背反射镜面（优异的陷光）　背面介电层（钝化优化）　点接触(通过介电层小面积接触)

2014 年，日本松下（Panasonic）公司结合异质结 HIT 和 IBC 两种工艺，制备出了一种新型电池，称为 HIBC（HIT- IBC）电池 [52]，一度成了新的世界纪录电池，效率为 25.6%。HIBC 技术可以使电池效率进一步提升，结构如图 6-6 所示，背面分别采用 n 型和 p 型的非晶硅形成异质结，为电池提高必要的内建电场，氢化非晶硅良好的同时还具有优越的表面钝化性能。夏普（Sharp）公司同时也制备并报道了此种电池，效率达到 25.1%[53]。2016 年 9 月，日本 Kaneka 公司宣布，采用 HIBC 电池结构，其在实用尺寸（180cm^2）晶体硅太阳能电池上实现了世界最高转换效率 26.3%[54]。2017 年 8 月，Kaneka 公司宣布将这一记录提高至 26.6%[55]，这也是目前晶体硅太阳能电池研发效率的最高水平。

我国在 IBC 领域的研究起步较晚，主要研究单位为天合光能（trina solar）光伏科学与技术国家重点实验室，特别是在 6in（1in=0.0254m）156mm×156mm 大尺寸硅片上研究成果显著。相较于小尺寸 IBC 电池，大尺寸的电池才是未来的发展之道。Sunpower 公司在这方面也一直积极探索和努力，简化了 IBC 电池的制造工序和步骤，使其适用于大规模量产。2011 年,天合光能与新加坡太阳能研究所和澳大利亚国立大学（ANU）建立合作，研究开发低成本产业化的 IBC 电池技术和工艺。2014 年，天合光能开发的 IBC 电池在 125mm×125mm CZ 衬底上获得了 22.5% 的效率，在 156mm×156mm CZ 衬底上获得了 22.9% 的效率 [49]，这进一步奠定了 IBC 电池超大面积量产化发展的信息。之后，天合光能依托国家"863"计划项目建成中试生产线，采用最新开发的工艺，多次打破 IBC 电池的世界纪录。2016 年，天合光能又在 156mm×156mm CZ 大面积的 n 型衬底上获得了效率 23.5% 的 IBC 电池 [50]。2018 年，结合钝化接触技术和 IBC 技术，天合光能又将 156mm×156mm 大尺寸 IBC 电池效率提升至 25.04%[51]，其中电池开路电压高达 715.6mV，创造了目前世界上在大面积

6in 晶体硅衬底上制备的晶体硅电池的最高转换效率。除了天合光能以外，晶澳、海润等也投入了 IBC 电池技术的研发，2013 年，海润光伏研发的 IBC 电池效率达到 19.6%。

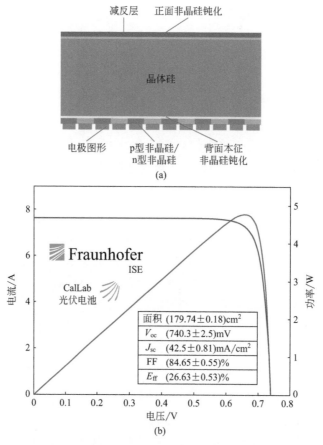

(a)

(b)

图 6-6　HIBC 太阳能电池的结构示意图（a）和 *I-V* 曲线图（b）[55]

产能产量方面，最早实现量产 IBC 电池的仍然是美国 Sunpower 公司。2014 年，Sunpower 公司就持有了年产能 1.2GW 的 IBC 电池，包括年产能 100MW 的第三代高效 IBC 电池生产线。我国首条量产规模 IBC 电池及组件生产线是国家电投集团太阳能电力有限公司西宁公司 200MW n 型 IBC 电池及组件项目，2020 年初投产后，将成为国内第一条电池转换效率大于 23% 的 IBC 量产示范线，组件功率达到 330W（60 片）。中来也在规划建设 3GW 的 IBC 电池。

6.2

IBC 太阳能电池的结构特征

IBC 电池最早是由 Schwartz 和 Lammertz 在 1975 年提出的 [5,6]，其特点是电池正面无电极，正负电极金属栅线指状交叉排列于电池背面，由于不用考虑对电池光学方面的影响，设计时可以更加专注于电池电性能的提高，其常见结构如图 6-7 所示 [7]，最初主要应用于聚光系统。由于 IBC 电池结构的特殊性，前表面附近形成的光生载流子必须穿透整个电池，扩散到背表面的 pn 结才能形成有效的光电流，因此衬底材料中少数载流子的扩散长度要大于器件厚度，且电荷的表面复合速率要非常低 [8]，所以 IBC 电池通常需要采用载流子寿命较高的晶硅片，一般为 n 型 FZ 单晶硅片；在高寿命 n 型硅片衬底的前表面采用 SiO_2 或 SiO_x/SiN_x 叠层钝化减反膜与 n^+ 层结合，形成前表面场（front surface field，FSF），并制备金字塔状绒面来增强光的吸收；背面分别进行磷、硼局部扩散，形成指交叉排列的 p^+ 和 n^+ 扩散区,重掺杂形成的 p^+（发射极）区和 n^+（背表面场）区可有效消除高聚光条件下的电压饱和效应，两个掺杂区中间一般还存在一个间隙（gap），其中发射极用来收集空穴载流子，背表面场用来捕获电子；背面采用 SiO_2、AlO_x、SiN_x 等钝化层或叠层，并通过在钝化层上开金属接触孔，实现电极与发射区或基区的金属接触。p^+ 区和 n^+ 区接触电极的覆盖面积几乎达到了背表面的 1/2，大大降低了串联电阻，有利于电流的引出。IBC 电池的核心问题是如何在电池背面制备出质量较好、呈叉指间隔排列的 p 区和 n 区。为避免光刻工艺所带来的复杂操作，可在电池背面印刷一层含硼的叉指状扩散掩蔽层，掩蔽层上的硼经扩散后进入 n 型衬底形成 p^+ 区，而未印刷掩膜层的区域，经磷扩散后形成 n^+ 区。通过丝网印刷技术来确定背面扩散区域成为目前研究的热点。

从电池结构上看，IBC 有以下几个优点：① pn 结、基底与发射区的接触电极以叉指形状全部处于电池的背面，正面没有金属电极遮挡，因此具有更高的短路电流密度（J_{sc}）;②正面不需要考虑电池的接触电阻问题，可以最优化地设计前表面场和表面钝化，提升电池的开路电压；③正负电极全部在背面，可以采用较宽的金属栅线来降低串联电阻（R_s），从而提高填充因子（FF）。

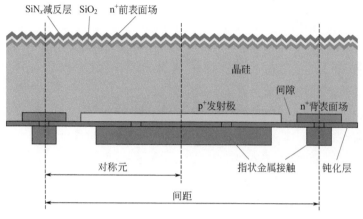

图 6-7　IBC 电池结构示意图 [7]

6.3

IBC 太阳能电池制造的关键工艺技术

　　IBC 电池能够获得较高的转换效率，但是工艺复杂，良率低，成本较高，人们一直在研究如何改进设计和工艺，使其满足工业化量产的要求。IBC 电池的工艺流程大致为：清洗、制绒、扩散（n^+）、刻蚀光阻、刻蚀 p 扩散区、扩散（p^+）、减反射镀膜、热氧化、丝网印刷电极、烧结、激光烧结。IBC 的关键工艺技术问题有如下几点：①前表面陷光和钝化，为了保证光生载流子在流动到背面电极前不被复合，需要对前表面进行很好的钝化，降低表面的复合速率；②如何在电池背面制备出质量较好、呈叉指状间隔排列的 p 区和 n 区掺杂区，掺杂浓度和分布至关重要；③背面栅线金属化设计，IBC 电池的栅线都在背面，不需要考虑遮光，所以可以更加灵活地设计栅线，采用栅线宽度加宽或者高度增加的方式，降低串联电阻。金属接触区的复合通常都较大，所以需要降低栅线接触区域面积，降低复合，提升开路电压（V_{oc}）。

6.3.1 前表面陷光和钝化技术

对于晶体硅太阳能电池，尤其是高效的 IBC 电池，前表面的光学特性和复合直接影响着电池的工作性能，对前表面进行更好的光学损失分析和光学减反设计显得尤为重要。Mclntosh 等 [9] 采用椭偏仪、量子相关测试与数值模拟相结合，定量分析了 IBC 电池的光学损失，包括前表面场反射、减反膜寄生吸收、长波不完美光陷阱、自由载流子吸收等的影响，如图 6-8 所示。IBC 电池前表面通常经过制绒工艺形成陷光结构，如金字塔形 [10,11]、倒金字塔形 [12]、蜂窝形 [13]、纳米线 [14] 等，制绒的方法很多，包括光刻 [15]、化学腐蚀 [16]、纳米压印 [17]、喷墨打印 [12] 等。

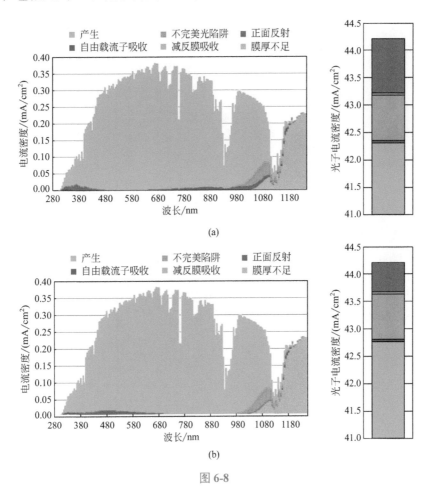

图 6-8

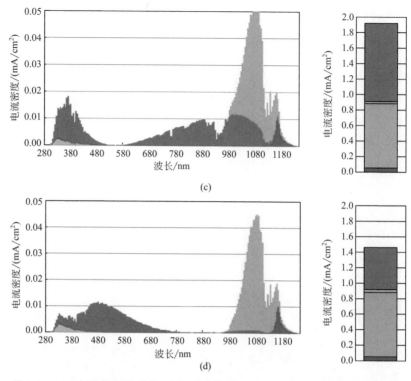

图6-8　IBC电池单层膜（a）、（c）和多层膜（b）、（d）的光学损失分布图[9]

　　前表面陷光结构虽然能够提高入射光的吸收效率，但同时也会提高表面的复合速率，对于IBC电池而言，大部分的光生载流子在入射面产生，这些载流子需要从前表面传输到背面接触电极，才能形成有效的光电流，因此，需要对电池表面进行钝化来降低光生载流子的复合速率。表面钝化通常有化学钝化和场钝化两种方式。化学钝化中应用较多的是氢钝化，比如SiNₓ薄膜中的H键，在热的作用下进入硅中，中和表面的悬挂键，钝化缺陷[18]；场钝化是利用薄膜中的固定正电荷或负电荷对少数载流子的屏蔽作用，比如带正电的SiNₓ薄膜，会吸引带负电的电子到达界面，在n型硅中，少数载流子是空穴，薄膜中的正电荷对空穴具有排斥作用，从而阻止了空穴到达表面而被复合[19]。IBC电池对前表面复合要求严格，通常采用场钝化和化学钝化相结合，首先形成一个低掺杂的n⁺前表面场，再利用SiO₂对其进行钝化[20]。Granek等[21]发现，磷扩散的前表面场不仅可以起到钝化作用，还可以传输光生电子，降低多数载流子的横向电阻，减小电池串联电阻。

6.3.2 背表面掺杂技术

如何在电池背面制出指状交叉间隔排列的 p 区和 n 区是 IBC 电池工艺的关键问题之一，普通硅基太阳能电池的扩散只需在 p 型衬底上形成 n 型扩散区，而 IBC 电池背面既要通过磷扩散形成 n⁺ 区，又要通过硼扩散形成 pn 结，即在 n 型衬底上进行 p 型掺杂。掺杂区域的浓度、深度和掺杂均匀性都会直接影响到电池的性能。常见的定域掺杂方法是掩膜法，通过光刻的方法，在掩膜上形成需要的图形，但光刻方法的成本较高，不适合大规模生产，研究者相继提出了丝网印刷[22, 23]、激光刻蚀[11, 24]、离子注入[25]等技术实现背表面的区域掺杂。

丝网印刷技术已广泛应用于硅电池的生产过程中，这种方法是通过印刷刻蚀浆料来刻蚀掩膜，或印刷阻挡型浆料来挡住不需要刻蚀的部分掩膜，需要两步单独的扩散过程来分别形成 p 区和 n 区。采用丝网印刷技术时，可以直接在掩膜中掺入杂质源（硼或磷），然后通过气相沉积法形成掺杂的掩膜层；也可以在电池背面印刷一层含硼的指状交叉的扩散掩膜层，硼扩散进入 n 型衬底形成 p 区，未印刷掩膜层的区域，经磷扩散形成 n 区。2010 年，Bock 等[22]采用丝网印刷结合激光刻蚀的方法对 IBC 电池背面进行掺杂，电池制备过程如图 6-9 所示。丝网印刷技术工艺成熟，成本低廉，但由于 IBC 电池背面图形特点，需经过重复的印刷和精确的对准工艺，大大增加了工艺难度。

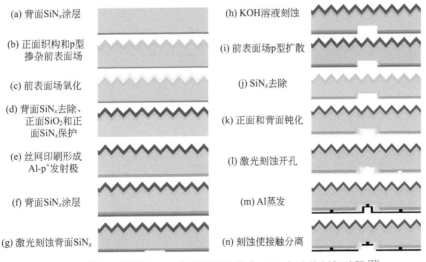

(a) 背面SiNₓ涂层

(b) 正面织构和p型掺杂前表面场

(c) 前表面场氧化

(d) 背面SiNₓ去除、正面SiO₂和正面SiNₓ保护

(e) 丝网印刷形成Al-p⁺发射极

(f) 背面SiNₓ涂层

(g) 激光刻蚀背面SiNₓ

(h) KOH溶液刻蚀

(i) 前表面场p型扩散

(j) SiNₓ去除

(k) 正面和背面钝化

(l) 激光刻蚀开孔

(m) Al蒸发

(n) 刻蚀使接触分离

图 6-9　丝网印刷制备 Al-p⁺ 发射极及整个 IBC 电池的制备过程[22]

准确定位激光刻蚀，是解决丝网印刷对准精确问题的有效途径之一。激光刻蚀包括间接刻蚀掩膜和直接刻蚀掩膜。间接刻蚀掩膜是指利用激光的高能量，使局部固体硅升华，从而使附着在该部分硅上的薄膜脱落；直接刻蚀是钝化层吸收紫外激光能量而直接被刻蚀。激光刻蚀可以得到比丝网印刷更小的电池单位结构、更小的金属接触开孔和更灵活的设计，且减少了工艺步骤，对降低生产成本具有积极的作用。需要注意的是，激光刻蚀可能会造成硅片损伤，并影响接触电阻，且加工时间较长，生产效率低，目前只适合研发应用。

在 IBC 太阳能电池的生产中，传统高温扩散掺杂能够较容易地获得高浓度、深结深的掺杂区域，但长时间高温过程会对硅片晶格结构造成损伤，还会造成掺杂离子侧向扩散，相邻区域相互渗透。离子注入技术可以克服传统高温掺杂的缺点，更可以精确控制掺杂浓度，避免炉管扩散中存在的扩散死层。2011 年，Suniva[26] 首次开发了离子注入太阳能电池技术，获得了 18.6% 转换效率的 p 型单晶硅电池，并将其推向商业化生产。由于 IBC 电池背电极图形的特殊性，在使用离子注入法进行掺杂时，需要同丝网印刷或喷墨打印等掩膜技术相结合，实现背面图形化区域掺杂。利用离子注入技术制备 IBC 太阳能电池的工艺流程如图 6-10 所示[27]。博

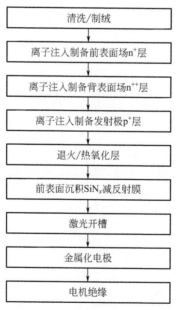

图 6-10　离子注入技术制备 IBC 太阳能电池的工艺流程[27]

世 [28] 和三星 [29] 都成功将离子注入技术运用到 IBC 电池中，获得了 22.1% 和 22.4% 的转换效率。离子注入得到的掺杂区域界面平整，能够减少侧向扩散，制备出的 IBC 电池转换效率有所提高，因此在 IBC 太阳能电池的制备方面有着广阔的应用前景。

6.3.3　金属化接触和栅线技术

IBC 电池的电极都在背面，不需要考虑遮光问题，可以更加灵活地设计栅线，降低串联电阻。在金属化之前，要先在钝化层上开孔。金属接触区的复合通常都较大，在一定范围内接触区的比例越小，载流子复合概率越小，电压损失也越小，因此，电极与掺杂区域的接触方式通常有线接触和点接触两种，通过丝网印刷刻蚀浆料、湿法刻蚀或者激光等方法来将接触区的钝化膜去除，形成接触区。n 区和 p 区的接触孔区需要与各自的掺杂区域对准，否则会造成电池漏电。

线接触式背电极的掺杂区域和钝化层上的开孔均为条形。Engelhart 等 [30] 利用激光刻蚀的方法制备了线形接触区，电池背面有高度不同的两层金属，高度相差 40μm，较高层金属通过钝化层上的条形开孔与硼掺杂区域接触形成背表面场，较低层金属与磷掺杂区域接触形成发射极，最终获得了 22% 的转换效率。为了降低发射复合，Swanson 教授 [31] 提出了一种类 3D 分析模型优化金属接触设计，减小发射区域和金属接触面积，从而形成点接触太阳能电池。该电池将早期 IBC 电池的长条形重掺杂区优化成点阵，从而降低重掺区的面积，降低掺杂区域的饱和电流密度和金属接触区的复合，大幅度提高开路电压和转换效率。Parrott 等 [32] 对不同聚光条件下，点接触式和线接触式 IBC 电池进行了对比，发现聚光比高时点接触式电池能够获得最高的转换效率。Swanson[33] 在实验室中制得了效率达 28.3% 的小面积（3mm×5mm）点接触电池，Slade 等 [34] 报道称，生产线上面积为 1cm^2 的点接触电池效率达 27.6%（光照强度 9.7W/cm^2）。蒸镀和电镀是最常用的 IBC 电池金属化方法，ANU 公司采用蒸镀 Al 作为电极，获得的 IBC 电池转换效率达 24.4%；Sunpower 公司则通常采用电镀 Cu 来形成金属接触。

6.4

IBC 太阳能电池技术的发展展望

从电池结构角度来看，IBC 电池正面无栅线，可以最大化地吸收太阳光，有利于电池效率提升，目前多家科研机构和公司分别实现了 23% 以上的高效 IBC 电池的制备，开路电压 700mV 以上，并有效降低电池的温度系数，使 IBC 电池与常规硅电池相比具有更优越的实际发电能力。但 IBC 电池使用的 n 型硅片价格较高，制备过程中需要多步掺杂等复杂的工艺，使得 IBC 电池成本是普通电池成本的 2 倍左右，这制约了 IBC 电池的大规模应用。从工业化角度来看，IBC 制作流程长、工艺复杂、成本高，所以如何简化制程工艺、发展低成本生产技术是 IBC 量产的关键。随着中国一线光伏制造商的进入，以及新型工艺和新型材料的开发，IBC 电池将沿着提高电池转换效率、降低电池制造成本的方向继续向前发展。此外，IBC 结构可以与接触钝化、叠层电池技术、新型组件封装技术等相结合，进一步提升电池组件效率。IBC 结构在光伏领域还将继续占据重要地位，并在商业化应用和推广方面有着广阔的应用前景。

《 参 考 文 献 》

[1] Van Kerschaver E，Einhaus R，Szlufcik J，Nijs J，Mertens R. A novel silicon solar cell structure with both external polarity contacts on the back surface. Proc. 2th IEEE PVEC, Vienna, Austria, 1998: 1479-1482.

[2] 林阳，高云，贾锐，等 . MWT 和 EWT 背接触太阳电池结构及其技术发展 [J]。微纳电子技术，2012，49（1）: 12-21.

[3] Gee J M，Schubert W K，Basore P A. Emitter wrap-through solar cells [C]. Proc. 23th IEEE PVSC, Louisville，1993，265.

[4] Verlinden P，Van de Wiele F，Stehelin G，David J P. Optimized interdigitated back contact（IBC）solar cell for high concentrated sunlight [C]. 18th IEEE Photovoltaic Specialists Conference，1985: 55-60.

[5] Schwartz R J, Lammert M D. Silicon solar cells for high concentration applications[C]// IEEE International Electron Devices Meeting, 1975: 350-2.

[6] Lammert M D, Schwartz R J. The interdigitated back contact solar cell: a silicon solar cell for use in concentrated sunlight. IEEE Transactions on Electron Devices, 1977, 24（4）: 337-342.

[7] GRANEK F. High-efficiency back-contact back-jiunction silicon solar cells. Freibllrg: Universitat Freiburg, 2009.

[8] Kerschaver E V, Beaucarne G. Back-contact solar cells: a review. Progress in Photovoltaics: Research and Applications, 2006, 14（2）: 107-123.

[9] Mclntosh K R, Kho T C, Fong K C, et al. Quantifying the optical losses in back-contact solar cells. 40th IEEE PVSC, Denver, 2014.

[10] Campbell P, Green M A. Light trapping properties of pyramidally textured surfaces. Journal of Applied Physics, 1987, 62（1）: 243-249.

[11] Nayak B K, Iyengar V V, Gupta M C. Efficient light trapping in silicon solar cells by ultrafast-laser-induced self-assembled micro/nano structures[J]. Progress in Photovoltaics Research & Applications, 2011, 19（6）: 631-639.

[12] Borojevic N, Lennon A, Wenham S. Light trapping structures for silicon solar cells via inkjet printing. Physica status solidi（a）, 2014, 211（7）: 1617-1622.

[13] Nievendick J, Specht J, Zimmer M, et al. Formation of a honeycomb texture for multicrystalline silicon solar cells using an inkjetted mask. Physica status solidi（RRL）-Rapid Research Letters, 2012, 6（1）: 7-9.

[14] Fang X, Li Y, Wang X, et al. Ultrathin interdigitated back-contacted silicon solar cell with light-trapping structures of Si nanowire arrays. Solar Energy, 2015, 116: 100-107.

[15] He J W, Liu B, Liu Y Y, et al. New processing of low cost texture surface silicon solar cells. Acta Energiae Solaris Sinica, 1987, 2: 125-128.

[16] Panek P, Lipiński M, Dutkiewicz J. Texturization of multicrystalline silicon by wet chemical etching for silicon solar cells. Journal of Materials Science, 2005, 40（6）: 1459-1463.

[17] Hauser H, Michl B, Schwarzkopf S, et al. Honeycomb Texturing of Silicon Via Nanoimprint Lithography for Solar Cell Applications. IEEE Journal of Photovoltaics, 2012, 2（2）: 114-122.

[18] Fenner D B, Biegelsen D K, Bringans R D. Silicon surface passivation by hydrogen termination: A comparative study of preparation methods[J]. Journal of Applied Physics, 1989, 66（1）: 419-424.

[19] Hoex B, Gielis J J H, Sanden M C M V D, et al. On the c-Si surface passivation mechanism by the negative-charge-dielectric Al_2O_3[J]. Journal of Applied Physics, 2008, 104（11）: 945.

第6章　背结背接触（IBC）太阳能电池技术

[20]　King R R，Sinton R A，Swanson R M . Front and back surface fields for point-contact solar cells[C]// IEEE Photovoltaic Specialists Conference. IEEE，1988：538-544.

[21]　Granek F，Hermle M，Huljic D M，et al. Enhanced Lateral Current TransportVia the Front n$^+$ diffused layer of n-type high-efficiency back-junction back-contact silicon solar cells. Progress in Photovoltaics：Research and Applications，2009，17（1）：47-56.

[22]　Bock R，Mau S，Schmidt J，et al. Back-junction back-contact n-type silicon solar cells with screen-printed aluminum-alloyed emitter[J]. Applied Physics Letters，2010，96（26）：816.

[23]　Bock R，Schmidt J，Brendel R . n-type silicon solar cells with surface-passivated screen-printed aluminium-alloyed rear emitter[J]. Physica status solidi（RRL）- Rapid Research Letters，2008，2（6）：248-250.

[24]　Engelhart P，Harder N P，Grischke R，et al. Laser structuring for back junction silicon solar cells[J]. Progress in Photovoltaics Research & Applications，2007，15（3）：237-243.

[25]　Kohler I，Stockum W，Meijer A，et al. New inkjet solution for direct printing of local diffusion barriers on solar cells. Proceedings of the 23rd European Photovoltaic Solar Energy Conference，2008.

[26]　Yelundur V，Damiani B，Chandrasekaran V，et al. First implementation of ion implantation to producecommercial silicon solar cells，26th EUPVSEC，2011：831-834.

[27]　董鹏，宋志成，张治，等 . 离子注入技术在高效晶硅太阳电池中的应用 [J]. 太阳能，2014（5）：18-20.

[28]　Press release BOSCH SolarEnergy，14 August 2013，http：//www.solarserver.de/.

[29]　Mo C，et al. High efficiency back contact solar cell via ion implantation. Proceedings of the 27th EU-PVSEC，2012.

[30]　Engelhart P，Harder N P，Grischke R，et al. Laser structuring for back junction silicon solar cells[J]. Progress in Photovoltaics Research & Applications，2007，15（3）：237-243.

[31]　Swanson R M. Point contact silicon solar cells：theory and modeling. Proceedings of the 18th IEEE Photovoltaic Specialists Conference，Las Vegas，1985：604-610.

[32]　Parrott J E，Al-Juffali A A. Comparison of the predicted performance of IBC and point contact solar cells. Proceedings of the 19th IEEE Photovoltaic Specialists Conference. New Orleans，LA，1987：1520-1521.

[33]　Swanson R M. Point contact solar cells：modeling and experiment. Solar Cells，1988，7（1）：85-118.

[34]　Slade A，Garboushian V. 27.6% efficient silicon concentrator cell for mass production. Technical Digest of the 15th International Photovoltaic Science and Engineering Conference，Shanghai，2005：

701.

[35]   Sinton R A, Swanson R M. Design criteria for Si point-contact concentrator solar cells [J]. IEEE Transactions on Electron Devices, 1987, ED-34（10）: 2116-23.

[36]   Sinton R A, Verlinden P, Kane D E, Swanson R M. Development efforts in silicon backside-contact solar cells [C]. 8th EUPVSEC, 1988, 1472-6.

[37]   Verlinden P J, Sinton, R A, Swanson, R M. High-efficiency large-area back contact concentrator solar cells with a multilevel interconnection. International Journal of Solar Energy, 1988, 6: 347-366.

[38]   Verlinden P J, Swanson R M, Crane R A. 7000 high efficiency cells for a dream [J]. Progress in Photovoltaics: Research and Applications, 1994: 2（2）: 143.

[39]   Cudzinovic M J, McIntosh K. Process simplifications to the Pegasus solar cell-Sunpower's high-efficiency bifacial solar cell [C]. Proceedings of the 29th IEEE PVSC, 2002: 70-3.

[40]   Mulligan W P, et al. Manufacture of solar cells with 21% efficiency. 19th European Photovoltaic Solar Energy Conference, 2004: 387.

[41]   Ceuster D De, Cousins P, Rose D, Vicente D, Tipones P, Mulligan W. Low cost, high volume production of >22% efficiency solar cells. 22nd European Photovoltaic Solar Energy Conference, 2007: 816-819.

[42]   Smith David D, Gerly Reich, Maristel Baldrias, et al. Silicon solar cells with total area efficiency above 25%. Proceedings of the 42nd IEEE PVSC, 2016: 3351-3355.

[43]   Cousins PJ, Smith DD, Luan HC, et al. Gen Ⅲ: improved performance at lower cost [C]. 35th IEEE PVSC, 2010: 809-3.

[44]   Smith D, Cousins P, et al. Towards the Practical Limits of Silicon Solar Cells [C]. 40th IEEE PVSC, 2014: 119-121.

[45]   Peibst R, et al. High-efficiency RISE IBC solar cells: influence of rear side passivation on pn junction meander recombination [C]. 28th EUPVSEC, 2013: 132-135.

[46]   Reichel C, et al. Back-contacted back-junction n-type silicon solar cells featuring an insulating thin film for decoupling charge carrier collection and metallization geometry [J]. Progress in Photovoltaics, 2013, 21: 1063-1076.

[47]   Sullivan B O, et al. Process simplification for high efficiency, small area IBC silicon solar cells. 28th EU-PVSEC, Paris, 2013: 198-202.

[48]   Franklin E, Fong K, et al. Fabrication and Characterization of a 24.4% Efficient IBC Cell [C]. 29th EU PVSEC, 2014: 222-224.

[49] Press Release Trina Solar, 28 February 2014, http: //ir.trinasolar.com/.

[50] Guanchao Xu, Yang Yang, Xueling Zhang, Wei Liu, Yan Chen, Zhonglan Li, Zhiqiang Feng and Pierre J. Verlinden. 6 inch IBC cells with efficiency of 23.5% fabricated with low-cost industrial technologies [C]. 31th EUPVSEC, 2016: 1345-32.

[51] https: //www.trinasolar.com/cn/resources/newsroom/wed-02222018-1002.

[52] Masuko K, Shigematsu M, et al. Achievement of more than 25% conversion efficiency with crystalline silicon heterojunction solar cell [C].40th IEEE PVSC, 2014: 129-132.

[53] Nakamura J, Katayama H, Koide N, Nakamura K. Development of Hetero-Junction Back Contact Si Solar Cells [C]. 40th IEEE PVSC, 2014: 198-201.

[54] Yoshikawa K, Kawasaki H, Yoshida W, et al. Silicon heterojunction solar cell with interdigitated back contacts for a photoconversion efficiency over 26% [J]. Nature Energy, 2017, 2: 17032.

[55] Yoshikawa K, Yoshida W, Irie T, et al. Exceeding conversion efficiency of 26% by heterojunction interdigitated back contact solar cell with thin film Si technology. Solar Energy Materials & Solar Cells, 2017, 173: 37-42.

[56] Verlinden, P J. High-efficiency concentrator silicon solar cells. In Solar Cells, Materials, Manufacture and Operation (eds T. Markvart and L. Castañer) . Elsevier Science, Oxford, 2005: 371-391.